西电科技专著系列丛书

云计算及其安全关键技术解析与实践

张志为　沈玉龙　任保全　编著

西安电子科技大学出版社

内 容 简 介

　　本书主要介绍云计算及其安全关键技术，包括云计算概述、云计算关键技术、云计算安全机制和云计算平台构建四个部分，共 18 章。第一部分(第 1～3 章)概述云计算的发展历程、交付模型、部署模式、关键技术、安全需求等；第二部分(第 4～8 章)具体介绍虚拟化技术、存储技术、计算技术、网络技术、平台技术等相关原理和技术；第三部分(第 9～13 章)具体介绍虚拟化安全、存储安全、计算安全、网络安全、系统安全等相关方法与技术；第四部分(第 14～18 章)结合实例介绍 IaaS、PaaS、SaaS 云服务构建与安全保护方法。

　　本书可作为云计算及其安全关键技术的入门读物，还可作为高等学校计算机、软件及相关专业本科生或研究生云计算方面课程的教材和参考书，亦可供从事计算机相关工作的工程技术人员参考。

图书在版编目(CIP)数据

云计算及其安全关键技术解析与实践/张志为，沈玉龙，任保全编著. --西安：西安电子科技大学出版社，2023.6(2024.9 重印)
ISBN 978 - 7 - 5606 - 6790 - 4

Ⅰ. ①云…　Ⅱ. ①张… ②沈… ③任…　Ⅲ. ①云计算—网络安全
Ⅳ. ①TP393.08

中国国家版本馆 CIP 数据核字(2023)第 029407 号

策　　划　明政珠　高　樱
责任编辑　高　樱
出版发行　西安电子科技大学出版社(西安市太白南路 2 号)
电　　话　(029)88202421　88201467　　邮　　编　710071
网　　址　www.xduph.com　　　　　电子邮箱　xdupfxb001@163.com
经　　销　新华书店
印刷单位　陕西博文印务有限责任公司
版　　次　2023 年 6 月第 1 版　2024 年 9 月第 2 次印刷
开　　本　787 毫米×1092 毫米　1/16　印张　16
字　　数　377 千字
定　　价　66.00 元
ISBN 978 - 7 - 5606 - 6790 - 4

XDUP 7092001 - 2

前　言

当前，信息革命飞速发展，人类社会进入万物互联时代，网络虚拟空间与现实世界深度融合，网络空间已经成为继陆地、海洋、天空、外空之外的第五空间。与此同时，云计算作为国家信息基础设施的重要组成部分，是网络空间的基础，为智慧城市、电子政务、医疗健康、金融证券、军事国防等国家重点发展的行业提供着类似于"智慧大脑"的支撑。

云计算的愿景和概念由来已久，它实现了服务定制与按需使用，能够有效提升资源与能源的利用率。然而，云中的计算、存储、网络等软硬件资源与数据的拥有者和使用者不统一，导致云计算既面临着恶意攻击、拒绝服务等外部安全威胁，又面临着非授权访问、监听、窥视等内部攻击。此外，还需要注意的是，当前主流的云计算技术与产品多被国外垄断。面对百年未有之大变局，科技领域特别是信息行业的自主可控既是我国科技发展的战略需求，也是守护国家信息安全的根本途径。以上问题的解决伴随着无尽的挑战与无穷的机遇，直接影响着云计算的进一步发展、应用和普及。

在 2020 年，本书作者开设了"云计算及其安全关键技术"研究生课程，该课程的目标是帮助计算机相关学科的学生快速建立完整的云计算及其安全的理论与技术知识和能力体系。云计算不是单一独立的理论或技术，云计算安全更需要依赖多种机制与方案。但是现有资料对云计算和云计算安全往往是分开介绍或者侧重某一方面阐述的，较少有资料在对等视角下对云计算使能技术和云计算安全技术进行系统全面的讲述。为了避免产生"盲人摸象"或"只见树木不见森林"等问题，本书在教学大纲的基础上，尽力为读者呈现清晰的云计算及其安全的整体轮廓、架构和必要细节。

本书主要涉及云计算及其安全关键技术的解析与实践，对云计算关键使能技术与云安全技术进行了全面的介绍，主要内容包括云计算概述、云计算关键技术、云计算安全机制和云计算平台构建四个部分。第一部分云计算概述，对云计算的起源、交付模型、部署模式、关键技术、安全需求进行了简要的说明；第二部分云计算关键技术，对虚拟化技术、存储技术、计算技术、网络技术、平台技术等原理和技术细节进行了具体的说明；第三部分云计算安全机制，根据第一部分中的安全威胁与安全需求，分别对虚拟化安全、存储安全、计算安全、网络安全、系统安全的相关机制和方法进行了详细的讨论；第四部分云计算平台构建，对 IaaS、PaaS、SaaS 云服务与应用及其安全防御进行了具体的说明，并以作者团队研发的安全多域私有云平台为例，展示了自主可控云计算系统的设计建设过程与效果。

本书由张志为、沈玉龙、任保全合作编写。刘成梁、陈泽瀚、李朝阳、宋阳子、许王哲、景玉、刘家继、刘森鹏、刘蓉、马治东、时小丫、石子炜等研究生参与了文献调研、书稿撰写、检查校对、案例复现、系统演示等相关工作。感谢西安电子科技大学出版社明政珠编辑等工作人员对本书出版给予的支持。

本书的出版得到了国家自然科学基金重大研究计划(92267204)、陕西省重点研发计划项目(2021ZDLGY03－10)、山东省自然科学基金(No. ZR2021LZH006)、国家重点研发计划战略性国际科技创新合作重点专项(2018YFE0207600)、国家自然科学基金重点国际(地区)合作研究项目(62220106004)的支持。

云计算方面的出版物和参考文献可谓是充栋盈车，本书中就引用了不少相关书籍、论文和网络资料，在此对相关作者表示感谢，如有未详细标注之处，请相关作者或读者与本书作者联系。因云计算理论颇深，其相关技术发展很快，其应用领域广泛，而本书作者能力与水平有限，故本书内容的广度和深度或许不能满足全部读者的预期，可能存在不妥之处，欢迎读者来信交流讨论(作者邮箱：zwzhang@xidian.edu.cn)，敬请批评指正。

作　者

2023 年 2 月于西安

目　　录

第一部分　云计算概述

第二部分　云计算关键技术

第三部分　云计算安全机制

第四部分　云计算平台构建

第一部分

云计算概述

云计算(Cloud Computing)是一种按需弹性分配资源的计算模式，通过资源虚拟化技术，使得用户能够以较小的开销，经由网络快捷地获取个性化定制服务。当前，越来越多的传统应用和服务向云计算模式转型，云计算已经成为互联网行业的最佳实践，也与物联网、5G移动通信、大数据、人工智能等新兴电子信息领域方向深度融合，逐渐改变着人们的生产和生活方式。

大量新技术、新模式、新场景的引入，使得云计算既需要处理现有的网络与信息安全问题，也面临着新型的安全威胁与风险。与传统的系统相比，云计算中资源的所有权、管理权与使用权相分离，造成了安全防护边界模糊、淡化、交融；异构机制并存堆叠，加重了安全漏洞与隐患；权限管理复杂失控，造成了内部越权或违规操作安全事件频发。云计算安全防护难，影响大，是新时代国家安全、社会稳定、经济繁荣的信息基础设施保障，对于落实国家网络空间安全战略具有重要的意义。

本部分介绍云计算及其安全的相关背景、基本概念和基础知识。第一章主要涵盖云计算的历史、应用、交付模型与部署模式等；第二章讨论虚拟化技术、存储技术、计算技术、网络技术、平台技术等云计算的关键技术及其与云计算之间的关系；第三章分析说明云计算的安全威胁、安全需求、安全机制等。

第1章　云计算概述

云计算将分散的物理资源(计算、存储、网络等)集中起来形成共享的虚拟资源池,并根据个性化定制的策略,以动态可度量的服务形式通过网络提供给用户。云计算不是某项单一的技术,它是在借鉴和引入分布式计算、并行计算、网络存储、热备冗杂、效用计算、负载均衡和虚拟化等多项技术的基础上,不断混合演进并跃升的结果。

1.1　云计算的历史

"云"是对云计算服务模式和技术实现的形象比喻,由大量的基础单元组成。"云"的基础单元之间由网络相连,汇聚为庞大的资源池。云计算具备四个核心特征:一是采用宽带网络连接,"云"不在用户本地,用户需通过宽带网络接入"云"中并使用服务,"云"内节点之间也通过内部的高速网络相连;二是共享资源,"云"内的资源并不为某一个用户所专有;三是提供快速、按需、弹性的服务,用户可以按照实际需求迅速获取或释放资源,并可以根据需求对资源进行动态扩展;四是服务可测量,服务提供者按照用户对资源的使用量进行计费。图1.1所示为云计算历程图。

图 1.1　云计算历程图

"云"中计算的想法可以追溯到效用计算,是由计算机科学家 John McCarthy 在1961年首次公开提出的:"如果我倡导的计算机能在未来得到使用,那么有一天,计算也可能像电话一样成为公用基础设施……计算机应用将成为一种全新的、重要的产业基础。"

1965年,Christopher Strachey 在其发表的一篇论文中正式提出了"虚拟化"的概念。他提出,虚拟化是云计算技术体系的核心,也是云计算实现和发展的基础。在虚拟化技术出现之前,软件只能被绑定在静态硬件环境中,而虚拟化则打断了这种软硬件之间的依赖性。虚拟化技术将多台服务器整合,屏蔽了底层设备的差异,统一提供处理能力,使得多个不同的计算环境可以存在于同一个物理环境之中,实现了物理服务器资源利用率的提升,从而把20世纪50年代普遍使用的大型机访问模型提升到了一个全新的高度和水平。

之后,为了提高计算机资源的管理和使用效率,并行计算、网格计算以及存储和网络等相关理论与技术经历了多轮次的迭代升级,特别是网格计算的可恢复性、可扩展性、网络接入和资源池等理念直接影响和启发了云计算的多项设计。网格计算以在计算资源上部署的中间件层为基础,将这些IT资源构成一个网格池,实现统一的分配和协调,因此,网格计算被广泛认为是云计算的雏形阶段。

1997 年，南加州大学教授 Ramnath K. Chellappa 提出了"云计算"的第一个学术定义。他认为计算的边界可以不是技术局限，而是经济合理性。1999 年，Marc Andreessen 创建了 LoudCloud，这是第一个商业化的基础结构（即服务平台）。同年，Salesforce 率先在企业中引入了远程提供服务的概念，通过一个简单的网站提供企业应用，成为最早出现的云应用服务。2002 年，Amazon 启用 Amazon Web 服务（Amazon Web Service，AWS）平台，该平台不仅提供了一套面向企业的服务，还提供了远程配置存储、计算资源以及业务功能。

2006 年 8 月，谷歌公司在搜索引擎大会上首次提出了"云计算"的概念。

2009 年 7 月，中国首个企业云计算平台诞生（即中化企业云计算平台）。

2012 年，中国信息通信研究院发布《云计算白皮书》。其中分析了中国云计算发展过程中面临的机遇和存在的问题，提出了未来发展的思考与建议。

2016 年，中国信息通信研究院发布的《云计算白皮书 2016》显示：随着国家对云计算产业的支持，2015 年，我国云计算市场总体规模为 102.4 亿元，同比增长 45.8%。

2019 年，我国云计算整体市场规模达 1334 亿元，增速为 38.6%。其中，公有云市场规模达到 689 亿元，相比 2018 年增长了 57.6%。

1.2　云计算的应用

目前，云计算已经发展到较为成熟的阶段。雾计算、边缘计算等各种后云计算时代的新模式正在为各行业提供有特色的应用与服务，并不断改变着人们的生产生活方式。随着技术的进步与普及，基于云的服务也将继续保持较高的增长速度，云计算的应用必将更加广泛和深入。

1. 利用云计算提供基础设施的应用场景

在云计算提供基础设施的应用场景中，云供应商以高度自动化的交付模式为用户提供硬件设备、操作系统、服务器、存储系统、各种其他软件及 IT 组件，资源高度可扩展，并可根据需求的变化动态调整。在短时、高负荷处理任务对资源存在爆发式需求的情景，如春运购票、"双十一"促销等，云计算提高了 IT 基础设施与业务的灵活性和可扩展性。以下列举一些云基础设施服务的具体应用场景。

（1）传统数据中心改造升级：在许多组织中，云计算提供的基础设施服务正在逐渐替代或补充传统的本地数据中心基础架构。在这种情况下，云计算所提供的基础设施与组织内部虚拟化环境相似，组织通常从开发环境或不太关键的生产应用程序开始，逐渐扩展其使用云计算的基础设施来承载关键应用程序，以获得更多的经验和信任。

（2）大规模批量计算：这是云计算提供基础设施服务最常见的需求。高德纳（Gartner）公司表示，在大规模批量计算场景下，云计算可以替代传统的高性能计算或网格计算，为应用提供强大而稳定的计算能力。这一场景适用的应用包括渲染、视频编码、遗传测序、建模、仿真、数值分析和数据分析等。

国内外主流的支持云计算并提供基础设施服务类产品的供应商包括亚马逊（AWS）、微软（Microsoft）、谷歌（Google）、国际商业机器公司（IBM）、甲骨文（Oracle）、威睿

（VMware）、阿里巴巴（Alibaba）、腾讯（Tencent）、华为（Huawei）等。

2. 利用云计算提供平台的应用场景

在云计算提供平台的应用场景中，云供应商向用户提供开发、运行、管理商业等的平台，使客户不用构建和维护大多数同类软件开发过程所需要的共性组件。客户可以在云供应商提供维持应用程序所需的主要 IT 元素时控制软件（包括服务器、存储系统、网络、操作系统和数据库）的部署。

云计算提供平台服务并不会为了软件开发而替换掉公司的整个 IT 基础设施，而是提供了几项关键的服务，如应用程序运行或 Java 开发。部分平台还具有应用程序设计、开发、测试和部署等功能。利用云计算提供平台的应用还包括网络服务整合、开发团队合作、数据库整合等。以下列举一些利用云计算提供平台的具体应用场景。

（1）开发框架：云计算提供平台提供了一个框架，开发人员可以在其基础上进行开发或自定义基于云的应用程序。与创建 Excel 宏的方式类似，云计算提供平台服务让开发人员能够通过内置软件组件创建应用程序，包含了可扩展性、高可用性和多租户功能等云功能，减少了开发人员必须编写的代码量。

（2）API 开发和管理：公司可以使用云计算提供的平台服务来开发、运行、管理应用程序编程界面、微服务并保障其安全，包括新 API 的创建以及端到端的 API 管理。

（3）物联网（Internet of Things，IoT）：IoT 是目前利用云计算提供平台的主要应用之一，它支持多种应用程序环境、编程语言和不同 IoT 部署使用的工具。

目前，越来越多的开源或商用云平台产品被推出，包括通信领域的中国移动、中国联通、中国电信，互联网领域的阿里巴巴、腾讯、百度，软件系统服务领域的 IBM、微软、PTC，垂直领域中以三一重工、GE、西门子等为代表的工业类企业和以基本立子、普奥云、涂鸦智能等为代表的创业企业等。

3. 利用云计算提供软件的应用场景

在云计算提供软件的应用场景中，云供应商提供完整的软件解决方案，客户只需登录并通过浏览器访问应用程序。对于最终用户来说，其体验与使用本地安装的软件基本相同，不同之处在于用户只需从云服务提供商处以即用即付方式进行购买，就可以从任何连接到互联网的设备访问应用程序。在这类应用场景中，软件的使用和维护成本降低，可靠性提高。

利用云计算提供软件的应用场景与相关产品极为丰富，以下列举一些常见的类型。

（1）电子邮件服务：如 Outlook、Hotmail 或 Yahoo Mail 等。

（2）办公工具软件：如 Microsoft Office 365，用户可以实时创建、编辑和共享任何 PC、Mac、iOS、Android 或 Windows 上的内容，并通过一系列工具（从电子邮件到视频会议）与同事或客户建立联系。

（3）客户关系管理（CRM）系统：客户关系管理解决方案使企业能够在单个在线平台内收集有关客户、潜在客户的所有信息，使授权员工可以随时访问任何连接设备上的关键数据。

Salesforce 公司是最早实践云计算提供软件的应用服务提供商之一。

1.3　云计算交付模型

在 1.2 节的各种应用场景中，云运营商以服务的形式向用户提供各类基础设施、平台和应用软件等资源组合。云计算交付模型是对云服务商如何将事先封装好的、可以执行具体功能的 IT 资源组合提供给用户的抽象逻辑描述。面向服务的体系结构提倡一切即服务（Everything as a Service，EaaS 或 X as a Service，XaaS）。本节将重点剖析基础设施即服务（Infrastructure as a Service，IaaS）、平台即服务（Platform as a Service，PaaS）和软件即服务（Software as a Service，SaaS）等三种常见的类型，如图 1.2 所示。

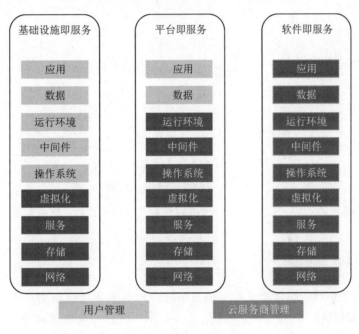

图 1.2　云计算交付模型

云用户可以通过网页、应用、瘦客户机等客户端来访问云服务，如图 1.3 所示。IaaS 提供计算机体系架构和基础服务，用户能够直接使用所有云计算资源，比如计算、存储、网络等，增强了基础架构与资源服务的可扩展性、动态性、可靠性与可用性，使用户对资源使用和管理的掌控度高，灵活性大，但是对用户的专业知识与操作技能要求较高；PaaS 提供开发环境平台，包括编程语言、操作系统、Web 服务器、数据库等组件，用户可直接构建、编译、运行程序而不需要考虑底层基础架构与配置，但是用户可能会受到平台支持能力的限制，或在不同平台之间迁移时存在兼容性等问题；SaaS 提供按需使用、按用付费的应用程序软件，其运维由云服务商完全负责，用户无须在本地安装软件，可以跨平台使用无差异的服务，但是也可能面临浏览器兼容问题，或较高的安全与隐私泄露风险。

注意　不同云计算交付模型之间的关系主要可以从两个视角进行理解：

（1）用户视角。从用户角度看，交付模型之间是独立的，因为不同的交付模型面对的是不同类型的用户。

（2）技术视角。从技术角度看，交付模型之间并不是简单的继承关系，如 SaaS 可以基

应用	SaaS 电子邮件、虚拟桌面、游戏等
平台	PaaS 数据库Web服务器、开发工具等
基础设施	IaaS 虚拟机、服务器、存储资源、负载均衡器等

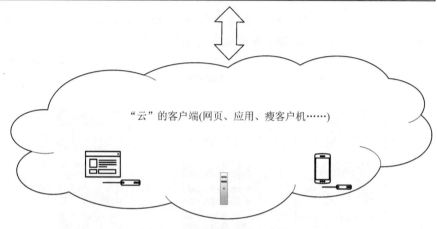

图 1.3　云交付模型层次结构

于 PaaS 或者直接部署于 IaaS 之上，PaaS 可以构建于 IaaS 之上，也可以直接构建在物理资源之上。

1.3.1　基础设施即服务

基础设施即服务(IaaS)侧重于将基础设施资源作为服务提供给用户使用，包括计算资源(如服务器、虚拟机)、存储资源(如网络接入存储 NAS、存储区域网络 SAN)、网络资源(如交换机、路由器、防火墙)。IaaS 的一个重要功能是将物理设备虚拟化，并以虚拟机、虚拟网络、虚拟存储卷的方式为用户提供更优质的服务。

在 IaaS 交付模型中，云计算服务提供商向用户出租其能提供的计算能力、存储功能、网络计算和其他多种资源。IaaS 处于云服务的最底层，隐藏了底层物理基础设施的各种细节，比如物理计算资源、位置、数据分区、扩展、安全、备份等，并将这些原始资源抽象和转化封装成包，以提供灵活、可用性高的网络服务组件，简化了运行时扩展和定制基础设施的操作，实现了资源层面的"弹性"。

IaaS 的最大优势是用户可以自行申请和释放节点，并按照使用的节点量来计费。在该模式下，云平台上的服务器集群规模为几十万台甚至上百万台，用户没有必要考虑资源问题，只要按需申请资源就可以了。云平台的资源由所有用户共享，因此，资源使用效率比较高。

在 IaaS 交付模型中，用户可操控包括操作系统和应用程序在内的任意软件，并对选定的网络组件(如主机防火墙)进行有限的控制，无须管理或控制底层云基础设施。一般情况下，云用户需要自己去修补和维护操作系统和应用软件。云服务提供商会与用户签订服务水平协议(Service Level Agreement，SLA)，基于此协议及资源的实际使用情况进行收费，保障用户容量、性能、可用性等各方面的服务。

大多数云计算用例遵循已经习惯的基础分层结构：一个软件解决方案堆栈或平台被部署在一个网络基础架构上，而一些应用程序在这个平台上运行。

典型的 IaaS 产品与项目有 Amazon EC2、OpenStack、ZStack、VMware Workstations、阿里云、华为云、腾讯云等。

1.3.2　平台即服务

平台即服务(PaaS)是一种云计算服务，为用户提供计算平台与解决方案服务，其功能是将用户创建或获得的应用程序部署到云基础架构上，这些应用程序是使用云提供商支持的编程语言、函数库、数据库、服务、工具等创建的。用户(主要是应用程序开发人员)不需直接购买和管理底层硬件和软件层，而是在云平台上开发、运行云服务商提供的软件。用户无须手动分配资源，底层计算机和存储资源会自动扩展来满足应用需求。用户一般无法直接管理或控制底层的网络、服务器、操作系统、存储等基础设施，但可以控制部署的应用程序以及部署和开发应用程序所需要的资源或服务接口；云提供商通常会提供开发工具包、开发标准和规范，为应用程序开发人员提供开发环境，也会开发分销与支付渠道。

PaaS 交付模型的优势之一是：开发人员或企业在无须花费时间和预算来建立和维护包括服务器、数据库等基础架构的情况下，能够创建、部署新应用程序的环境，从而加快应用程序的开发与交付速度。在希望获得竞争优势或需要快速研发产品与应用的情况下，这是一个显著的优势。PaaS 交付模型支持快速测试验证新的编程语言、操作系统、数据库和其他开发技术的适用性。此外，PaaS 交付模型还能够使升级工具变得更加轻松、快捷。

需要注意的是，PaaS 虽然位于 IaaS 和 SaaS 之间，但并没有取代整个 IT 基础架构来进行软件开发，而是提供了关键服务，如应用程序托管、Java 开发架构。PaaS 能够支持应用程序的设计、开发、测试和部署等软件研发的诸多环节。有些 PaaS 服务还提供 Web 服务集成、开发团队协作、数据库集成和信息安全性等增值功能。

总之，PaaS 为用户提供了一个预先部署好的"就需可用"的环境，类似于"制作东西时的半成品"，用户可以在 PaaS 提供的平台上构建、编译、运行程序，而无须担心其基础架构。PaaS 具有一定的可扩展性，在服务负载过高时，可以为用户调度更多的资源。随着云计算的发展，PaaS 逐渐成为企业需要着重建设的部分。

典型的 PaaS 产品与项目有 Google App Engine、Microsoft Azure、OpenShift、青云、ClickPaaS、得帆云等。

1.3.3　软件即服务

软件即服务(SaaS)向用户提供运行在云基础设施或平台上的应用程序。在 SaaS 交付模型中，云提供商管理、运行应用程序的基础架构和平台，在云中安装部署和运行维护应用软件；用户从客户端通过网络远程访问使用应用程序。除了特定用户的应用设置，用户无须管理或控制底层云基础设施与平台，包括网络、服务器、操作系统、存储器以及单个应用程序。这就避免了用户在本地安装和运行应用程序，从而简化了维护和支持的步骤。

不同于传统的应用程序，SaaS 用户不再需要购买软件，只需在使用期间或按照租期支付费用，即可使用由云提供商负责管理和维护的云端应用程序，降低了使用与运维成本。

云应用程序在运行时可以利用负载平衡器,将任务克隆到多个虚拟机上实现灵活的可扩展性,以满足不断变化的业务需求。这个扩展过程仅对云用户透明,用户可看到一个应用程序的访问入口。同时,为了容纳更大规模的云用户数量,云应用程序经常是多租户架构的。这意味着云中的任何基础设施和平台资源都可以服务于多个用户,或者说,多个云应用程序用户可共享底层的物理硬件资源或操作系统等软件资源,从而导致了租户间安全可靠隔离的迫切需求。此外,通过集中托管应用程序,可以便捷地完成更新升级,用户不需要额外安装新软件。可见,软件即服务应用具有定制化、交付更快、开放式集成等特征。

总之,SaaS 交付模型把应用程序当作共享的云服务,提供"产品"或通用工具,是普通用户最常和最容易接触到的云计算服务形式。需要强调的是,考虑到 SaaS 对用户的专业门槛要求较低,在 SaaS 交付模型应用场景中,安全隔离与隐私保护等需求是研究、应用的热点、重点和难点。

典型的 SaaS 产品与项目有 OwnCloud、Office365、iCloud、Google Apps、钉钉、领雀、今目标等。

1.4　云计算部署模式

根据云计算交付的服务及其资源(如基础设施、平台、软件)的管理域与可用域的不同,云计算的部署模式主要包括公有云、私有云和混合云等三种类型①。

注意:云计算交付模型明确了云提供商和用户之间服务的类型,而云计算部署模式则在一定程度上限定了云提供商和用户之间的信任关系、范围与程度。

1.4.1　公有云

公有云是由第三方云提供者拥有的可公共访问的云环境,面向希望使用或购买的任何客户,它可能免费或按需出售,允许客户仅根据 CPU 周期、存储或带宽使用量等支付费用。拥有、管理或运营这些设施的可以是商业、学术、政府机构或者其组合。

公有云可为用户节省购买、管理和维护本地软件与硬件的成本,云服务提供商将负责系统的所有管理和维护工作。如图 1.4 所示,相较于传统本地化部署,公有云可提供更加快捷和弹性缩放的部署模式。用户只要可以访问互联网,就可以在任何地方通过自选设备使用相同的基础设施、平台环境或应用程序等服务。公有云通常用于多租户环境,不同用

图 1.4　公有云部署模式示意图

---

① 也有包含四种部署模式的分类方法,即公有云、私有云、社区云和混合云。本书采用三种部署模式的表述方式,可以将四种类型中的社区云理解为三种类型中混合云的特例。

户一起在一个共享的资源集合上将其作为自己所定制的服务,用户不一定知道自己的服务具体运行在哪台或哪几台物理设备上。

公有云的特色优势主要体现在以下几个方面:

(1) 按量付费。用户不再采购物理硬件,只需为其所消费的资源付费,可以根据需要随时启用或关停云服务,这在很大程度上减少了固定资产的原始投资成本、使用折旧损耗和升级改造费用。

(2) 弹性调度。用户可以根据业务负载情况,使用灵活的服务调度策略来调整资源分配,以实现对流量高峰和低谷的"削峰填谷"式的资源调度管理解决方案,从而动态地满足服务资源需求。

(3) 专注业务。在本质上,公有云用户将其数据中心或基础设施的管理外包给了那些主营核心业务是管理基础设施的组织,使得用户可以大大降低消耗在管理基础设施上的时间、人力和物力等成本,更专注于自身的核心业务。

与此同时,也需要注意公有云可能存在的风险。

(1) 管控局限。用户必须依赖公有云提供商履行在性能和正常运行时间方面的服务水平协议(SLA)。若公有云提供商的服务中断,且用户没有适当的灾备方案,就只能等待云提供商恢复服务。

(2) 安全隐私。云供应商可以通过浏览器的网络存储、应用程序数据缓存、Cookies、像素标记和匿名标识符等机制收集用户的隐私信息。在传输过程中,也可能会受到黑客的攻击,包括阻隔拦截通信、截取有用信息等。

(3) 监管审计。公有云的管理权、所有权、使用权等相互分离的本质,导致大多数公有云提供商的监管审计措施和效果难以满足网络空间安全相关的国际或国家标准、法律法规的监管条例以及安全隐私需求。

1.4.2　私有云

私有云仅面向特定用户提供交付云计算服务。用户可以通过互联网或专用内部网络访问和使用私有云服务;拥有、管理或运营服务及其资源的可以是用户或其隶属的组织、第三方(或其组合);物理设备的存放点可以在本地,也可以不在本地。也就是说,私有云可以托管在云服务提供商的数据中心里,也可以部署在本地。在这两种情况下,私有云用户不会与其他用户混用物理设备,都只是在一个单一租户环境下进行部署。对于本地私有云的实现[①],用户在各方面都有着完全的自主性,如图 1.5 所示。

私有云既可以提供公有云的优势(如自助服务、可伸缩性),又能够通过专用资源支持额外控制与定制能力,远胜于传统的本地托管信息系统基础结构,同时,利用本地的防火墙和内部托管将安全和隐私提升到更高的级别,避免内部资源、数字化资产、敏感信息等被非授权的用户访问或操作。鉴于私有云部署模式的单租户性质,相对于公有云模式,其数据所有权、隐私和安全等方面的监管风险有所降低。

---

① 在这种情况下,私有云常被称作内部云或公司云,侧重于强调对云物理资源的所有权、管理权和使用权,设备一般被存放在信任或可控的地点。

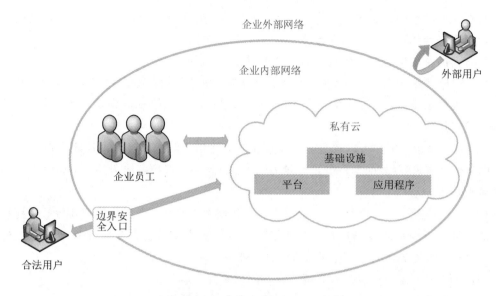

图 1.5　私有云部署模式示意图

注意：由于私有云的建设和运行维护都由其所有者（通常也同时是使用者和管理者）自行承担，因此，就需要为私有云投入与传统数据中心相同的固定设备、人员、管理、维护等成本。

总之，私有云以牺牲按量付费定价模式（这是公有云的特色优势）为代价，实现了用户在一个专属资源池上的可伸缩弹性服务。与公有云可随时访问无穷无尽的资源明显不同，私有云中可访问的资源总量受限于内部所购买和管理的物理资源总量。私有云用户对数据安全、服务质量等可直接控制，是订制化的云计算解决方案，对于对数据安全与隐私有较高要求的应用场景来说是较好的选择。

1.4.3　混合云

混合云是指由两个或者更多不同云部署模式组成的云计算环境。通常来说，混合云是由云服务提供商提供的多种本地资源的组合，但也可以包含多种不带有本地组件的云平台和云服务，如图 1.6 所示。

混合云具有互操作和统一管理的特点。其中，互操作是混合云的基础，如果没有实现互操作，公有云和私有云也可独立存在，但不能将它们视为混合环境，即使它们为同一所有者所用。另外，如果将所有面向外部用户的应用置于公有云中，并将所有内部应用置于私有云中，同时资源调用只涉及未共用同一基础架构的资源，那么这种情况也不属于混合云操作。也就是说，混合云中应存在多个属于不同部署模式的组件，并允许工作负载、资源、平台和应用在各个组件间迁移。

混合云所属企业可以使用云管理平台统一管理混合云环境。这些统一管理平台可将底层技术抽象出来，跨环境进行管理任务整合，从而使操作员和用户能够控制环境生命周期、自助服务、自动化、策略实施。混合云的最佳实践方式是在利用快速伸缩性和资源池方面尽可能多地使用公有云，而在数据所有权和隐私领域使用私有云。这样既可以将数据泄露风险降到最低，又能让用户通过自定义组合灵活安全地扩展产品组合来交付各种 IT 资源

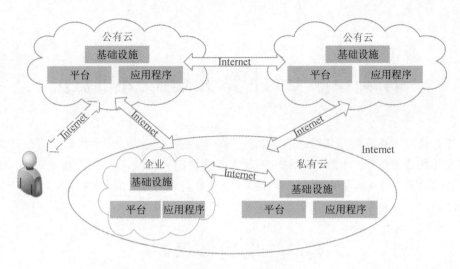

图 1.6 混合云交付模型示意图

和服务。

综上所述，公有云能够以低廉的价格使用户访问和共享基本的计算机基础设施，但公有云通常不能满足许多安全法规的遵从性要求，因为不同的服务器可能驻留在多个国家，需要面对多种不同的安全法规问题，同时，在移动大量数据时，其费用会迅速增加。私有云是为一个客户单独使用而构建的，因而能提供对数据、安全性和服务质量的最有效控制，提供了更高的安全性，但私有云的安装需要一定的成本，而且私有云一经部署，用户可使用的资源仅限于合同中规定的云计算基础设施资源。混合云允许用户利用公有云和私有云的优势，为应用程序在多云环境中的移动提供了极大的灵活性，具有成本效益，用户可以根据需要决定是否使用成本更昂贵的云计算资源，但混合云的设置更加复杂并且难以维护和保护。

第 2 章 云计算关键技术概述

云计算是继计算机和互联网之后信息技术的又一次大飞跃。云计算可以看作诸多技术混合演进并跃升的结果。本章将对实现云计算所涉及的关键技术进行简要介绍，并说明其与云计算的关系，包括虚拟化技术、存储技术、计算技术、网络技术和平台技术等，每种使能技术的详细介绍将在本书的第二部分展开。

2.1 虚 拟 化 技 术

正如第一章所述，虚拟化是实现云计算的重要基础。本质上，虚拟化是指将物理资源进行逻辑表示的过程，可以将一个物理设备表示为多个虚拟设备，也可将多个物理设备表示为一个虚拟设备[①]。虚拟化技术可以提升硬件的利用率，简化资源配置与使用过程。例如，CPU的虚拟化技术可以利用单个 CPU 模拟多个 CPU，允许一个物理机同时运行多个操作系统；不同应用程序可以在相互独立的空间内运行而互不影响，从而提高计算机的工作效率。

2.1.1 技术沿革

云计算利用虚拟化技术实现软硬件资源管理和使用的灵活性与便利性，虚拟化技术是最重要的使能技术之一。虚拟化的理念与方法由来已久，经过了长期的演化和不断的发展，如图 2.1 所示。

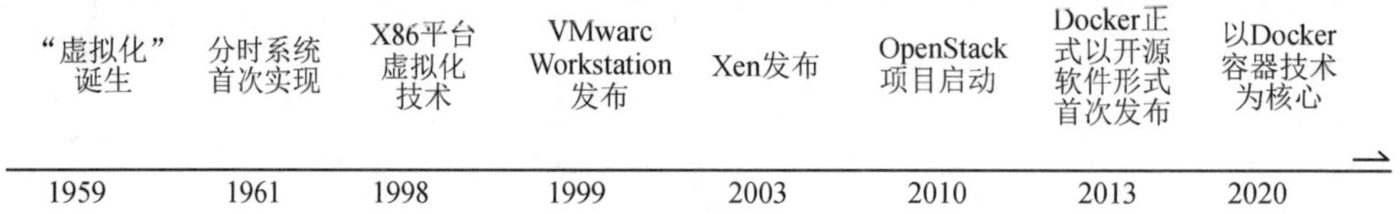

"虚拟化"诞生	分时系统首次实现	X86平台虚拟化技术	VMwarc Workstation发布	Xen发布	OpenStack项目启动	Docker正式以开源软件形式首次发布	以Docker容器技术为核心
1959	1961	1998	1999	2003	2010	2013	2020

图 2.1 虚拟化技术历程图

1959 年，牛津大学克里斯·托弗教授在国际信息处理大会上发表论文《大型高速计算机中的时间共享》，首次提出了"虚拟化"的概念。

1961 年，国际商业机器公司(IBM)推出 IBM709 型计算机，最早实现了分时系统，将 CPU 占用切分为极小的时间片，每个时间片可以执行不同的任务，从而将一个 CPU 虚拟为多个 CPU 并被多个任务共享，此系统就是虚拟机的雏形。1972 年，IBM 公司正式把 System370 型计算机的分时系统命名为虚拟机。1990 年，IBM 公司推出 System390 型计算机，开始支持逻辑分区，一个 CPU 可以分为若干个独立的逻辑 CPU。

1998 年，随着 X86 处理器的普及，虚拟化技术开始在 X86 平台应用并被用于整合服务器

---

① 将多个物理设备表示为一个虚拟设备，通常可以归为高性能计算(HPC)领域。

上的资源。1999 年，VMware 公司发布了它的第一款产品 VMware Workstation。2003 年，VMware 公司推出了 VMware Virtual Center，包括最初的 VMotion 和 Virtual SMP（允许一个虚拟机最多同时使用四个物理处理器）技术，使得 VMware 软件得以进入关键应用领域。

2003 年，剑桥大学的一位讲师发布了开源虚拟化项目 Xen。Xen 是一个 X86 虚拟化研究项目，大约由 150 000 行代码组成，可创建一个用来管理客户操作系统和系统资源的虚拟机管理程序，其管理方式与传统操作系统中的管理程序非常相似。很快，Xen 就超出了研究范畴，依托 Xenoserver 项目，一家名为 XenSource 的公司得以创立。

2004 年，微软发布 Virtual Server 2005 计划，象征着虚拟化技术正式进入主流市场。2005 年，OpenVZ 发布，这是 Linux 操作系统的容器化技术实现，同时，也是 Linux Container(LXC) 的核心实现。

2006 年，Intel 和 AMD 等厂商相继将对虚拟化技术的支持加入 X86 体系结构的中央处理器中（如 AMD-V、Intel VT-X），使原来依靠纯软件实现的各项功能可以借助硬件的力量实现提速。同年，红帽将 Xen 作为 RHEL 的默认特性；Amazon Web Services(AWS) 开始以 Web 服务的形式向企业提供 IT 基础设施服务。

2007 年，XenSource 被 Citrix 以 5 亿美金收购，之后 Citrix 将其产品整合，统一更名为 XenServer。2009 年，XenServer 发布 XenServer5.5.0。XenServer5.5.0 是 Citrix 免费的、功能丰富的服务器虚拟化软件。其功能包括合并（consolidation）备份、增强搜索工具、与 ActiveDirectory 整合以及给 Windows、Linux 等操作系统提供更大的支持。

2008 年 6 月，Linux Container(LXC) 发布 0.1.0 版本，其可以提供轻量级的虚拟化，用来隔离进程和资源，是 Docker 最初使用的容器技术支撑。同年 9 月 4 日，Red Hat 收购以色列公司 Qumranet，并着手使用 KVM 替换在 Red Hat 中使用的 Xen。

2009 年 9 月，红帽发布 RHEL 5.4，在原先的 Xen 虚拟化机制之上，将 KVM 添加了进来。同年，阿里云工程师写下了计算机操作系统"飞天"的第一行代码。

2010 年 7 月，美国国家宇航局（NASA）和 Rackspace 携手其他 25 家公司启动了 OpenStack 项目。OpenStack 既是一个社区，也是一个项目和一个开源软件，它提供了一个部署云的操作平台或工具集。其宗旨在于，帮助组织运行为虚拟计算或存储服务的云，为公有云、私有云，也为大云、小云提供可扩展的、灵活的云计算服务。

2013 年，Docker 正式以开源软件形式在 PyCon 网站发布，最初的 Docker 就使用了 LXC 并封装了其他功能。可以看出，Docker 的成功与其说是技术的创新，还不如说是一次组合式的创新。2014 年 6 月，Docker 发布了第一个正式版本 v1.0。同年，Red Hat 和 AWS 就宣布了为 Docker 提供官方支持。Docker 与虚拟机 VM 等虚拟化的方式不同，容器虚拟化不属于全虚拟化、部分虚拟化或半虚拟化中的任何一个分类，而是一个操作系统级虚拟化。操作系统虚拟化（OS-Level Virtualization）是一种在服务器操作系统中使用的、没有虚拟机监视器 VMM 层的轻量级虚拟化技术，内核通过创建多个虚拟的操作系统实例（内核和库）来隔离不同的进程（容器），不同实例中的进程完全不了解对方的存在。

2020 年以来，Docker 容器技术逐渐成为云计算服务的核心。Docker 容器技术取得了许多用传统虚拟化技术无法实现的成果，并且提供了远远超过传统虚拟化技术的技术级别。

近年来，我国虚拟化技术快速发展，在各种应用中也取得了良好的成绩。但在未来发展的过程中，云计算虚拟化技术仍存在着巨大的潜力，并将为用户提供质量更高、安全性更强的服务。

2.1.2 概念

虚拟化是广义的术语，是资源的逻辑表示，其不受物理资源的约束。将任何一种形式的资源抽象成另一种形式的技术都是虚拟化。在计算机方面，虚拟化通常是指将计算机的各种物理资源（如 CPU、内存、磁盘空间、网络适配器等）予以抽象、转换，然后呈现出来的一个可供分割并且可任意组合为一个或多个（虚拟）计算机的配置环境。虚拟化技术打破了计算机内部实体结构间不可切割的障碍，使用户能够以更好的配置方式来应用这些计算机硬件资源。这些资源的虚拟形式不受现有架设方式、地域或物理配置的限制，简化了软件的重新配置过程，从而显著提高了计算机的工作效率。

虚拟化技术和多任务操作系统的目的一样，就是让计算机能够满足处理多个任务的需求。虚拟化技术已经成为当前企业构建 IT 环境的必备技术，在很多企业里虚拟机的数量已经远远超过了物理机的数量。

1. 虚拟化技术的特点

虚拟化技术的主要特点如下所示。

1）同质

虽然虚拟机的运行环境和物理机的环境在表现上可能存在一些差异，但本质上是相同的。例如，虚拟机的处理器与其宿主物理机的处理器必须是同一种架构类型/指令集，而处理器的核数/主频可以不一样。

2）隔离

虚拟化技术提供的虚拟机之间相互隔离，只能通过配置的网络进行通信；虚拟机监管器（VMM）对物理机的所有资源有绝对的控制权，虚拟机不能直接执行敏感指令。

3）高效

虚拟机的性能接近物理机的性能。为达到此目的，软件在虚拟系统上运行时大多数指令可直接在硬件上执行，只有少量指令需要 VMM 的模拟或翻译处理。

4）便于移植

虚拟机的本质与物理机的本质相同，可以运行不同的操作系统和应用。虚拟机监管器（VMM）提供了集中化管理，必要时可以将虚拟机移植到其他物理主机上，避免了因为物理主机故障等原因造成虚拟机停用。

2. 虚拟化技术的对象

虚拟化技术根据对象分为软件虚拟化和硬件虚拟化。

1）软件虚拟化

软件虚拟化是指下层软件模块通过向上一层软件模块提供一个与其原先所期待的运行环境完全一致的接口的方法，抽象出一个虚拟的软件接口，使得上层软件可以直接运行在虚拟的环境上。常见的软件虚拟化有指令集虚拟化、操作系统虚拟化、编程语言虚拟化及库函数虚拟化。

2）硬件虚拟化

硬件虚拟化是指对用户隐藏真实的计算机硬件，通过重定向的硬件支持和指令的截获，表现出另一个抽象计算平台。常见的硬件虚拟化有 CPU 虚拟化、内存虚拟化、网络虚拟化及 GPU 虚拟化。支持完整虚拟化技术的硬件平台包括 X86/X86_64、AMD-V、Intel VT、IOMMU 等。

3. 虚拟化的类型

目前，虚拟化主要可以分为三种类型，分别是全虚拟化、半虚拟化和硬件辅助虚拟化。

1) 全虚拟化

全虚拟化是指通过直接执行或采用二进制翻译(Binary Translation，BT)的方式，允许未经修改的用户操作系统(Guest OS)隔离运行。采用二进制翻译方式的全虚拟化无须修改操作系统，且对客户虚拟机透明，任何可以运行在裸机上的软件都可以未经修改地运行在虚拟机中，但需使用影子页表，因此，对性能具有负面的影响。目前全虚拟化的应用产品主要有 VMware Workstation、QEMU、Virtual PC。

2) 半虚拟化

半虚拟化主要采用 Hypercall(超级调用)技术。由于 Guest OS 的部分代码被改变，因而 Guest OS 和与特权指令相关的操作转换为发给 VMM 的 Hypercall，由 VMM 进行处理。Hypercall 支持的批处理和异步这两种优化方式，使得通过 Hypercall 能得到近似于物理机的速度。但由于半虚拟化需要修改 Guest OS 的核心源码，因此其兼容性较差。目前半虚拟化的应用产品是 Xen。

3) 硬件辅助虚拟化

硬件辅助虚拟化主要有 Intel 的 VT-x 和 AMD 的 AMD-V 两种技术。其核心思想是：在通常情况下，Guest OS 的指令可以直接下达到计算机系统硬件并执行，而不需要经过 VMM；当 Guest OS 执行到特权指令的时候，系统会切换到 VMM，由 VMM 处理特殊指令。在硬件辅助的虚拟化下，CPU 需要在两种模式之间切换，会产生性能开销，但是其性能接近半虚拟化。目前硬件辅助虚拟化的应用产品主要有 VMware SEXi、Microsoft Hyper-V、Xen、KVM。

4. 主流的虚拟化软件

主流的虚拟机软件有 VMware、Xen、Hyper-V、KVM、QUEM 等，容器软件有 LXC、Docker、OpenStack、Kubernetes 等。

1) VMware

VMware 是云基础架构和移动商务解决方案的厂商，在 1999 年发布了第一代产品，随后发布了较为全面的产品线，如 VMware Workstation、VMware Fusion、VMware Server 等。

2) Xen

Xen 始于剑桥大学的一个开源项目，是开放源代码虚拟机监视器。Xen 无须特殊硬件支持，就能达到高性能的虚拟化。2007 年，Xen 被 Citrix 公司收购并发布了管理工具XenServer。

3) Hyper-V

Hyper-V 是 Microsoft 的本地虚拟机管理程序。它可以在运行 x86 64 位的 Windows 上创建虚拟机。Hyper-V 结构精简，无须额外付费，但仅具有命令行接口。

4) KVM

KVM 是一种用于 Linux 内核中的虚拟化基础设施，可将 Linux 内核转化为一个虚拟机监视器。KVM 于 2007 年 2 月 5 日被导入 Linux 2.6.20 核心中。同时，KVM 开放了/dev/kvm 接口，供用户模式的主机使用，具有良好的兼容性。

5) QEMU

QEMU 是一个开源托管的虚拟机镜像，通过动态的二进制转换模拟 CPU，并且提供一组设备模型，可运行多种未修改的客户机操作系统，通过与 KVM 一起使用，从而接近本地速度运行虚拟机(接近真实主机的速度)。

6) LXC

LXC 是一种操作系统层虚拟化技术，是 Linux 内核容器功能的一个用户空间接口。它将应用软件系统打包成一个软件容器，包含应用软件本身的代码，以及所需要的操作系统核心和库，通过统一的名字空间和共享 API 来分配不同软件容器的可用硬件资源，创造出应用程序的独立沙箱运行环境，使得 Linux 用户可以轻松地创建和管理系统或应用容器。

7) Docker

Docker 既是一个开放源代码软件，又是一个开放平台，用于开发、交付、运行应用。Docker 允许用户将基础设施中的应用单独分割出来，利用 Linux 内核中的资源分离机制(如 cgroups)以及 Linux 核心名字空间(如 namespaces) 来创建独立的容器(Container)，从而提高交付软件的速度。

8) OpenStack

OpenStack 是美国国家宇航局(NASA)和 Rackspace 合作研发的一系列开源软件的组合，包含若干项目。OpenStack 现已发展为一个在业内广泛使用的领先的开源项目，提供部署私有云及公有云的操作平台和工具集，并且在许多大型企业中支撑核心生产业务。

9) Kubernetes

Kubernetes(简称为 K8s)是用于自动部署、扩展和管理容器化(containerized)应用程序的开源系统，旨在提供一个可以共同提供部署、维护和扩展应用程序的机制，一个跨主机集群的自动部署、扩展以及运行应用程序容器的平台。Kubernetes 支持一系列容器工具，包括 Docker。

5. 虚拟化与云计算的关系

虚拟化技术是云计算的主要支撑技术之一。虚拟化技术使得在一台物理服务器上可以运行多台虚拟机，虚拟机可共享物理机的 CPU、内存、I/O 硬件资源，打破了实体结构间不可切割的障碍，以便构建大规模计算资源池，实现计算与网络资源联动。这些资源的新虚拟部署不受现有资源的架设方式、地域或物理组态的限制，可实现资源自身功能的抽象化、自动化及可度量化，为云计算的实现提供了重要的技术支持。

2.2　存　储　技　术

数据存储的本质是记录信息。自古以来，人们都在不断地探索存储的方法与技术。起初，人们借助绳子、石头等载体进行低密度、少量的信息记录；文字的出现促进了信息记录方式的变化，印刷技术的成熟和普及使人类记录信息的能力水平得到了大幅提升；第二次工业革命之后，人类历经电气化、信息化、智能化时代，对电子信息的依赖达到了前所未有的程度，目前信息的产生、存储、传播、处理已渗透到人类社会的方方面面。

2.2.1　技术沿革

云计算存储技术的发展历程如图 2.2 所示。

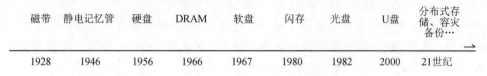

图 2.2　云计算存储技术发展历程图

1928 年，可存储模拟信号的录音磁带问世，每段磁带随着音频信号电流强弱的不同而被不同程度地磁化，从而使得声音被记录到磁带上。1951 年，磁带开始应用于计算机领域，最早的磁带机每秒钟可以传输 7200 个字符。20 世纪 70 年代后期出现的小型磁带盒可记录约 660 KB 的数据。

1946 年，Jan A. Rajchman 团队发明的静电记忆管（Selectron Tube）是最早的随机存取数字存储器（RAM），可在真空管内使用静电荷存储数据。它能够短暂存储大约 4000B。1947 年，Freddie Williams 和 Tom Kilburn 发明了与 RAM 原理类似的威廉姆斯–基尔伯恩管（Williams-Kilburn tube），并进行了商用。IBM 的第一台商用科学计算机就使用了 72 个该管做内存，后来磁芯存储器取代了这种存储器。

1956 年，世界上第一个硬盘驱动器出现，应用在 IBM 的 RAMAC305 计算机中，该驱动器能存储 5 MB 的数据，传输速度为 10 kb/s，这标志着磁盘存储时代的开始。1962 年，IBM 发布了第一个可移动硬盘驱动器，它有 6 个 14 英寸（注：1 英寸 ≈ 2.54 厘米）的盘片，可存储 2.6 MB 数据。1973 年，IBM 发明了温氏硬盘，其特点是工作时磁头悬浮在高速转动的盘片上方，不与盘片直接接触，这便是现代硬盘的原型。1978 年，IBM 第一个提出 RAID（独立磁盘冗余阵列）并申请了技术专利。

1965 年，美国物理学家 Russell 发明了第一个 Compact Disk/CD（数字–光学记录和回放系统），并于 1966 年提交了专利申请，这就是 CD/DVD 的前身。1982 年，索尼和飞利浦公司发布了世界上第一部商用 CD 音频播放器 CDP-101，光盘开始普及。

1966 年，IBM Thomas J. Watson 研究中心的 Robert H. Dennard 发明了 DRAM（动态随机存取存储器）。1970 年，英特尔公司推出 Intel 1103，这是第一个商用 DRAM 芯片。至今，DRAM 仍是最常用的随机存取器（RAM），作为个人电脑和工作站的内存（即主存储器）。DRAM 内存能够问世，主要是基于半导体晶体管和集成电路技术的发展。

1967 年，IBM 公司推出世界上第一张软盘。软盘大小有 8 英寸，可以保存 80 KB 的只读数据。在随后的 30 年中，软盘成为个人计算机中最早使用的可移动介质。1971 年，可读写软盘诞生。至 20 世纪 90 年代，软盘尺寸逐渐精简至 3.5 英寸，存储容量也逐步增长到 250 MB。截至 1996 年，全球使用的软盘多达 50 亿张。直到 CD-ROM、USB 存储设备出现，软盘销量才开始下滑。

1980 年，日本人 Fujio Masuoka 在东芝公司工作时发明了 NAND Flash 闪存技术。1988 年，英特尔公司推出第一款商用型 NOR Flash 芯片。1989 年，东芝发布了世界上第一个 NAND Flash 产品。1994 年,闪迪(SanDisk)公司第一个推出 CF 存储卡(Compact Flash),这种存储卡基于 NOR Flash 闪存技术,广泛用于数码相机等产品。1995 年,以色列公司 M-Systems(2006 年被 SanDisk 收购)发布了第一个闪存驱动器 DiskOnChip。1997 年,西门子和闪迪使用东芝的基于 NAND 的闪存开发了 Multi Media Memory(MMC 卡)。1999 年 8 月,东芝在现有 MMC 中添加了加密硬件,并将其命名为 SD(Secured Digital)卡,之后便有了 MiniSD、MicroSD、MS Micro 和 Micro SDHC 等。

2000 年,Trek 公司发布了世界上第一个商用 USB 闪存驱动器(U 盘)。

进入 21 世纪,信息爆炸导致数据量成倍增长,硬盘容量也随之飙升,单盘容量已达到 TB 级别。即便如此,单块磁盘所能提供的存储容量和速度已经无法满足实际业务需求,磁盘阵列应运而生。磁盘阵列使用独立磁盘冗余阵列技术(RAID),把相同的数据存储于多个硬盘,输入/输出操作能以平衡的方式交叠进行,既改善了磁盘性能,也增加了平均故障间隔时间,提高了容错能力。RAID 作为高性能、高可靠的存储技术,已经得到了广泛的应用。

随着计算机存储技术的飞速发展,快速高效地为计算机提供数据以辅助其完成运算成为存储技术新的突破口。在 RAID 技术实现高速大容量存储的基础上,网络存储技术的出现弱化了空间限制,使得数据的使用更加自由。网络存储将存储系统扩展到网络上,存储设备作为整个网络的一个节点,为其他节点提供数据访问服务。即使计算主机本身没有硬盘,仍可通过网络来存取其他存储设备上的数据。基于网络存储技术,分布式存储、容灾备份、虚拟化和云计算等技术得以广泛应用。

2.2.2　概念

存储利用有效、合理和安全的方法在不同应用环境中将数据保存在存储介质中,以保证数据长期和临时存放的完整性,并保证数据可被有效地访问。当有大量的数据需要计算机存储、管理和计算时,就需要大量的存储设备。

1. 常见的存储介质

按照介质的不同,常见的存储介质可以分为持久存储介质和非持久存储介质(见图 2.3)。磁带、光盘、磁盘驱动器和闪存驱动器属于持久存储介质,而非持久存储介质主要有寄存器、内存等。

图 2.3　常见存储介质图

磁带:一种按顺序进行访问的磁记录材质。磁带通常用于记录图像、声音等信号,存储的时间开销比较大。

光盘:一种利用激光的存储载体。光盘可以存储声音、文字、动画等,容量有限。

磁盘驱动器:一种利用磁盘的存储载体。它可以分为硬盘驱动器和软盘驱动器。硬盘驱动器速度快、容量大,而软盘驱动器则速度低、容量小。

闪存驱动器:USB 闪存驱动器的常用名称,它是一种可重读、可重写的存储设备。闪存驱动器轻而小,既可以用来存储视频、图片、文件等,还可以实现两台计算机之间的数据传输,比较受使用计算机者的欢迎。

寄存器：CPU 内部用来存放数据的一些小型存储区域，用来暂时存放参与运算的数据和运算结果。寄存器可用来暂存指令、数据和位址，既是中央处理器的组成部分，又是有限存储容量的高速存储部件。

内存：又称主存，用于暂时存放 CPU 的运算数据，是 CPU 直接寻址的存储空间。内存的特点是存取速率快，是外存与 CPU 进行沟通的桥梁，计算机中所有程序的运行都在内存中进行，内存性能的强弱会影响计算机整体发挥的水平。

2. 存储的对象

存储的底层是对磁盘进行操作的块存储，因其在对外接口上表现不一致，分别应用于不同的业务场景，可分为文件存储、对象存储。

块存储：就是将一个存储卷分为若干个块，各个块独立存在，可以各自进行格式化。块存储的操作对象主要是磁盘，可以用来存放数据库、应用程序、操作系统等。块存储读写速度快，但是不能共享。

文件存储：指运用文件系统来映射数据存储在存储设备上的位置。文件存储的操作对象主要是文件和文件夹，可以存储多个虚拟机、用户、数据库所需要的文件。文件存储造价低、方便文件共享，但是速度慢。

对象存储：是用来解决离散单元的方法。对象存储的操作对象主要是对象，由于可以容纳庞大的数据集，因此在分析服务的数据、图像等存储方面得到广泛的应用。对象存储读写速度快，可共享。

3. 存储的组织

按照存储的组织形式及规模，存储组织可以分为适用于大规模存储的光纤通道存储区域网络、适用于中小规模存储的 IP 通道存储区域网络和拥有更高效率的网络连接存储。

光纤通道存储区域网络：光纤通道存储区域网络是指可以在服务器和存储设备之间进行高性能数据传输，可使多个服务器访问存储设备的技术。光纤通道存储区域网络的传输带宽高、性能稳定、成本昂贵，在大规模存储和关键技术领域广泛使用。

IP 通道存储区域网络：IP 通道存储区域网络是指使用 IP 通道将服务器与存储器连接起来的技术。IP 通道存储区域网络成本低廉、网络技术成熟、存储范围超越了地理距离的限制，可以很容易地实现异地存储、远程容灾备份等，适合于中小规模存储网络。

网络连接存储：网络连接存储是一种连接到局域网的基于 IP 的文件共享设备。网络连接存储具有支持全面信息存取、提高效率、增强灵活性、集中式存储、管理简单化、可扩展性好、可靠性高的优势，虽然开销高昂，但是它能更高效地执行文件共享任务。

4. 与云计算的关系

云存储是在云计算概念上延伸和发展出来的一个新的概念，是指通过集群应用、网格技术或分布式文件系统等功能，将网络中大量不同类型的存储设备通过应用软件集合起来协同工作，共同对外提供数据存储和业务访问功能的一个系统。当云计算系统运算和处理的核心是大量的数据存储和管理时，云计算系统就需要配置大量的存储设备，那么云计算系统就转变成为一个云存储系统，所以云存储是一个以数据存储和管理为核心的云计算系统。

2.3　计算技术

广义地讲，计算（Calculation）可以理解为将输入值按照某种规则进行处理转换并输出结果的过程。在计算机领域的计算（Computation）是指能够按照以算法的形式被理解和表示的既定模型进行的任何计算（Calculation）。其主要涉及两个方面的问题，即计算的理论（研究什么能计算、如何进行计算的问题）和计算的物理实现（关注计算机器如何设计和制造）。让机器计算或者制造能够计算的机器（Computer），一直是人类的不断追求。

2.3.1　技术沿革

计算理论（Theory of Computation）是数学的一个分支，是现代密码学、计算机设计等的基础，主要包括计算模型、可计算性理论、计算复杂性理论。计算理论的"计算"并非指纯粹的算术运算（Calculation），而是指从已知的输入通过算法来获取一个问题的答案（Computation），因此，计算理论属于计算机科学和数学，计算理论早于现代计算机发明前的 20 世纪便开始了。

从计算的物理实现的角度来看，计算可以被视为是一种纯粹的物理现象，这种现象发生在被称为计算机（Computer）的封闭的物理系统内部，数字计算机（Digital Computer）、机械计算机（Mechanical Computer）、量子计算机（Quantum Computer）、DNA 计算机（DNA Computer）、分子计算机（Molecular Computer）、微流控计算机（Microfluidics-Based Computer）、模拟计算机（Analog Computer）、湿件计算机（Wetware Computer）等都是此类物理系统的实例。

如图 2.4 所示，自古以来，人类就在不断地发明和改进计算工具。从"结绳记事"中的绳结开始，计算工具由简单到复杂、从低级到高级，它们在不同的历史时期都发挥了各自的历史作用。

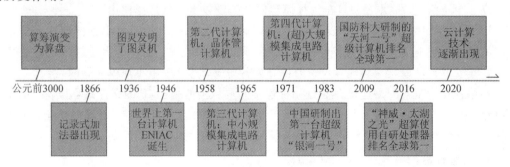

图 2.4　计算技术历程图

1633 年，奥芙特德发明了计算尺，接着齿轮式加法器、四则运算计算器、孔卡片式织布机、差分机相继出现。

1936 年，图灵发明了图灵机。

1945 年，普林斯顿大学的数学教授冯·诺依曼（Von Neumann）发表了 EDVAC 方案，确立了现代计算机的基本结构，提出了计算机应具有五个基本组成成分：运算器、控制器、存储器、输入设备和输出设备。

1946—1956 年，第一代计算机主要使用电子管作为运算元器件。世界上第一台计算机 ENIAC 在美国宾夕法尼亚大学诞生，是计算机发展历史上的一个里程碑。

1956—1964 年，晶体管的出现使得计算机技术得到了根本性突破，产生了第二代计算机——晶体管计算机。

1964—1970 年，随着半导体技术的兴起，中小规模集成电路成为第三代计算机的核心，并将半导体与微程序技术结合到一起。

1970 年至今，产生了第四代计算机，它以大规模集成电路为部件，将大容量的半导体存储器作为计算机内存，进一步减小了计算机体积，运算性能也得到大幅度提高。

最早的计算技术为公元 3000BC，是我国发明的算筹，之后演变成为算盘。

1949 年以前，我国的计算机研究基本上是空白的。

1958 年 9 月，我国研制成功第一台电子管计算机—103 机。

1964 年初，我国第一台自行设计研制的大型通用数字电子管计算机 119 机通过国家级鉴定。119 机的研制成功标志着我国自力更生发展计算机事业进入一个新的阶段。

1965 年 6 月，我国第一台晶体管大型计算机 109 机调试完毕，并以高质量交付国家使用。

1983 年，我国研制出第一台超级计算机"银河一号"，成为继美国、日本之后第三个能独立设计和研制超级计算机的国家。

1991 年，我国国防科技大学研究出了银河二号巨型机。

2008 年，我国研制成功的超级计算机"曙光-5000A"的运算速度达到了每秒 230 万亿次。

2009 年，中国国防科技大学研制的"天河一号"超级计算机，以每秒 2570 万亿次的运算速度，登顶世界第一，这是国产第一台运算速度达到每秒千万亿次的超级计算机。

2013 年，由国防科技大学研制的"天河二号"超级计算机再次成为世界第一，并且从 2013 年—2015 年，连续 6 次在全球 HPC TOP500 中蝉联世界第一。

2016 年，"神威·太湖之光"超级计算机使用了自主研发的"神威 26010"众核处理器登顶榜单之首，不仅速度比第二名"天河二号"快出近两倍，其效率也提高了 3 倍，连续 4 次夺得世界第一超级计算机称号。

2020 年以来，云计算技术由于其强大的计算功能，逐渐出现在人们的视野中。用户可以根据自己的需求，在云计算平台对数据进行处理，同时具有较高的运算效率。

计算技术的不断发展，为企业以及用户提供了更高效的计算能力，使企业和用户能够以更低的成本，更加精准地处理数据，具有重要的实际应用价值。

2.3.2　概念

1. 计算模式的类型

随着数据体量的不断增大和种类的日益丰富，针对不同数据的分析与处理也不尽相同，本节将介绍当前常用的几种计算模式。

高性能计算（High Performance Computing，HPC）：是指超过了平均资源水平的一种计算，它不是单一的，而是密集型应用的产物。HPC 的类型有很多，涉及标准计算机的大型集群、高度专用的硬件。大多数基于集群的 HPC 系统使用高性能网络互连。基本的网络拓扑和组织可以使用一个简单的总线拓扑，而在性能很高的环境中，网状网络系统在主机之间提供较短的潜伏期，可改善总体网络性能和传输速率。高性能计算将若干个处理器有目的地连接在一起，形成一个系统提供服务，为高性能计算应用提供了坚实的基础。关于高性能计算的详细内容将在第 6 章中进一步讲解。

并行计算（Parallel Computing）：将一个任务拆分为多个子任务，在不同的处理机上同时处理子任务，处理完成后，返回到主存中。相对于串行计算，并行计算可以划分成时间并行和空间并行。时间并行即指令流水化，空间并行则是使用多个处理器执行并发计算。空间上的并行将导致两类并行机的产生——单指令流多数据流（SIMD）和多指令流多数据流（MIMD），与之相对应，串行机也被称为单指令流单数据流（SISD）。MIMD 类的机器通常可分为五类：并行向量处理机（PVP）、对称多处理机（SMP）、大规模并行处理机（MPP）、工作站机群（COW）和分布式共享存储处理机（DSM）。此外，从程序和算法设计人员的视角考虑，也可以把并行计算分为数据并行和任务并行，其中数据并行是把大的任务化解成若干相同子任务，一般处理起来比任务并行更简单。

网格计算（Grid Computing）：通过互联网将多个孤立的闲置资源连在一起，形成一个虚拟的大型计算机系统，提供与资源所在位置无关的服务。与并行计算不同，网格计算通常没有与之关联的时间依赖关系，而是在闲置时才使用网格中的计算机，操作人员可随时执行与网格无关的任务。使用计算机网格时必须考虑安全性，因为系统对成员节点的控制通常比较宽松。同时还需内置冗余，因为许多计算机可能在数据处理期间断开连接或出现故障。网格计算的应用领域极其广泛，如在分布式仪器系统、数据密集计算等方面都有应用。

分布式计算（Distributed Computing）：在计算机科学中，主要研究分布式系统（Distributed system）如何进行计算。分布式系统是一组电脑通过网络连接相互传递消息，并协调它们的行为而形成的系统。组件之间彼此进行交互，把需要进行大量计算的工程数据分割成小块，由多台计算机分别计算，再上传运算结果，将结果统一合并得出科学的结论数据。分布式系统的例子来自面向不同服务的架构、大型多人在线游戏、对等网络应用等。

外包计算（Outsourced Computing）：是指一个计算能力有限的用户，将其计算任务委托给第三方来完成。外包计算是一项可通过网络使用的外部服务，它既有软件的便利性和简单性，又有传统计算的灵活性。外包计算的系统架构主要有两类参与者：用户（客户端），计算方（服务器）。主要处理流程为：首先，用户确认计算任务与计算数据，并将计算任务通过密钥 K 加密后传输给服务器；然后，服务器计算出结果，该结果为密文形式，同时生成一个证明，该证明可用于计算结果的验证；最后，用户可以通过服务器端获得的信息，通过密钥 K 解密出计算结果，同时可以验证结果的正确性。另外，服务器可以本地保存一个与上传任务相关的加密数据库，并且用户与服务器可以通过多轮交互计算完成一个计算任务。外包计算中，存储在远程的用户数据是脱离用户控制的，所以外包计算对安全性的要求极高，因此需要可验证协议的支持，对用户进行验证，保护用户数据安全。一个可验证协议需要满足正确性、合理性、隐私性、可验证性和高效性五个性质。

众包计算（Crowdsourced Computing）：与外包计算十分类似，不同点在于用户将原本发送给特定云服务器的计算任务和计算数据发送给多个云服务器，由多个云服务器协作完成计算任务。交易平台为复杂的在线平台，因此会出现质量控制的问题，该问题也是当前需要解决的重大问题。

云计算（Cloud Computing）：是一种能够通过网络以便利的、按需付费的方式获取计算资源（包括网络、服务器、存储、应用和服务等）并提高其可用性的计算模式，这些资源来自一个共享的、可配置的资源池，并能够以最省力和无人干预的方式获取和释放。云计算为用户提供了更加便捷的服务，具有省时、省力、省钱、省人、省地、省电的优势。

雾计算（Fog Computing）：是对云计算概念的延伸，它主要使用的是边缘网络中的设备，数据传递具有极低时延。雾计算具有辽阔的地理分布，带有大量网络节点的大规模传感器网络。雾计算移动性好，手机和其他移动设备可以互相之间直接通信，信号不必到云端甚至基站去绕一圈，支持很高的移动性。由于雾计算距离终端设备的距离更近，因此处理速度更快，而且雾计算使得数据更加精简，大大减少了对传输容量的需求。在雾计算架构中，数据可以在靠近用户的本地雾节点上进行处理，减少了数据传送到云端的操作，从而降低了网络上核心节点需要传输的数据总量，同时也让用户请求的响应时间变短了。雾计算的结构可以分为用户层、雾层和云层。

边缘计算（Edge Computing）：是指在靠近物或数据源头的一侧，采用网络、计算、存储、应用核心能力为一体的开放平台，就近提供最近端服务。其应用程序在边缘侧发起，产生更快的网络服务响应，满足行业在实时业务、应用智能、安全与隐私保护等方面的基本需求。边缘计算可处于物理实体和工业连接之间，也可处于物理实体的顶端。云端计算虽然可以访问边缘计算的历史数据，但边缘计算则具有数据安全、数据时延短、贷款成本低等优势。

2. 计算的内容

根据数据的不同用途，计算的内容可以分为大数据、机器学习与人工智能、物联网等。

大数据：即大量的、海量的数据，指的是需要处理的资料量十分庞大，无法通过现有的方法来处理出结果，因而引导用户来找出最适合的方法的资料。大数据具有数据量大、数据类型多、商业价值巨大、处理速度快的特点。当前，大数据产业蓬勃发展，由于数据量大、潜在价值高，极易成为攻击目标，因此大数据计算的安全将是未来研究和应用的重要问题。

机器学习与人工智能：人工智能就是指具有与人类智慧同等性质的机器，机器学习则是实现人工智能的方法。目前，可实现的是"弱人工智能"，机器能够像人类一样，甚至可以比人类更好地完成特定的任务。机器学习与人工智能本质是根据数据或以往的经验，通过计算与分类策略自动地改进计算机算法。当前，机器学习在计算机视觉方面最为成功。

物联网：是指通过各种信息传感器、射频识别技术、全球定位系统、红外感应器、激光扫描器等各种装置与技术，实时采集任何需要监控、连接、互动的物体或过程，采集其声、光、热、电、力学、化学、生物、位置等各种需要的信息，通过各类可能的网络接入，实现物与物、物与人的泛在连接，实现对物品和过程的智能化感知、识别和管理。物联网是一个基于互联网、传统电信网等的信息承载体，它让所有能够被独立寻址的普通物理对象形成互联互通的网络。

3. 与云计算的关系

从某种意义来看，计算机中的所有的数据处理都可视为"计算"，输入/输出、存储、网络都是特殊形式的计算，因此，计算技术是最基础和最核心的使能技术，计算技术的发展支撑着云计算技术的演进与发展。

2.4　网络技术

20世纪50年代初，美国为了自身的安全，在美国本土北部和加拿大境内，建立了一个半自动地面防空系统，简称 SAGE 系统。SAGE 系统是人类首次将计算机与通信设备结合使用，服务于国防，后来逐渐进入民用领域。通过不断地发展，现今计算机网络已经以极其快速的发展速度融入生活中的方方面面，如电子银行、信息服务、电子商务等。

2.4.1　技术沿革

计算机网络的发展可以分为四个阶段（如图 2.5 所示）。

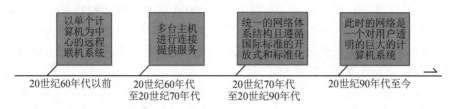

图 2.5　网络技术历程图

第一个阶段是诞生阶段。20 世纪 60 年代以前，第一代计算机网络是以单个计算机为中心的远程联机系统。当时，人们对计算机网络的定义是"以传输信息为目的联系起来，以达到远程信息处理以及资源共享的系统"，此时的网络雏形已经显现。

第二个阶段是形成阶段。20 世纪 60 年代至 20 世纪 70 年代之间，第二代计算机网络是将多台主机进行连接，为用户提供服务。此时，网络的定义是"以资源共享为目的而连接起来的具有独立计算能力的计算机群体"，网络的基本概念由此而生。

第三个阶段是互联互通阶段。20 世纪 70 年代至 20 世纪 90 年代，第三代计算机网络是具有统一的网络体系结构并且遵循国际标准的开放式和标准化的网络。在第二代计算机网络兴起以后，各大公司或企业相继推出了他们自己的网络结构体系，由于没有统一的标准，相互之间通信困难，需要统一的标准来解决这个问题，因此，TCP/IP 体系结构和 OSI 体系结构便应运而生。

第四个阶段是高速网络技术阶段。20 世纪 90 年代至今，随着局域网的成熟，第四代计算机网络出现了高速网络技术，此时的网络是一个对用户透明的巨大的计算机系统。

2.4.2　概念

现代网络技术是从 20 世纪 90 年代中期发展起来的技术，它将互联网上分散的资源融为有机整体，实现资源的全面共享和有机协作，使人们能够透明地使用资源并按需获取信息。资源包括高性能计算机、存储资源、数据资源、信息资源、知识资源、专家资源、大型数据库、网络、传感器等。

注意　互联网侧重只能实现信息共享，而网络技术则更关注网络系统的设计、建设和管理等，形态上可以是各种规模的区域性网络——局域网、区域网、个人网、企业内部网等。但是，各类网络的根本目标就是消除资源的孤立性，实现资源共享。

1. 网络技术的类型

根据网络规模的分布，网络技术有以下几种类型。

局域网（Local Area Network，LAN）：局域网是指将小范围内的通信设备连接起来形成网络，主要适用于房间内、大楼内或者小区内。由于局域网范围小、距离近，因此传输速率较快。它的常用设备有网卡、集线器、交换机等。

城域网(Metropolitan Area Network，MAN)：城域网的覆盖范围为一个城市，一般通过局域网或者广域网来实现。具有传输时延小、传输速率快的特点。它的常用设备有核心网路由器/交换机、接入服务器等。

广域网(Wide Area Network，WAN)：广域网的覆盖范围通常是一个国家或者一个洲，将分布距离较远的局域网连接起来，由末端系统和通信系统两部分组成。它的常用设备有路由器和调制解调器。

2. 与云计算的关系

网络是将云资源池中的元素与用户连接起来的媒介。云计算只是将多个资源整合到了一起，并不能实现与用户之间的通信，当然也无法为用户提供服务，而网络则解决了这一问题，将用户与资源连接起来，为用户顺利提供服务。因此，没有了网络，云也将不会存在。简单来说，所有的云都必须连接到网络，这个必然需求形成了云计算对网络技术的固有依赖。因此，一个云平台的潜力通常是与网络技术的互联互通和服务质量同步提升的。

2.5　平　台　技　术

平台技术是根据云计算的需求应运而生的。

2006 年，Cloud Computing 被首次使用。2008 年，Cloud Computing 在中国被译为"云计算"。随着云计算的发展，在 IaaS 云平台的基础上，国内外大多数主流的云平台开始发展自己的平台软件，如图 2.6 所示。

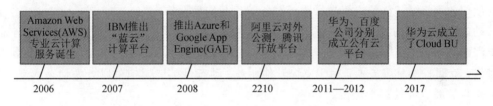

图 2.6　计算技术历程图

2.5.1　技术沿革

2006 年，亚马逊公司推出了 Amazon Web Services(AWS)专业云计算服务，以 Web 服务的形式为企业提供基础设施服务。

2007 年，IBM 推出了"蓝云"计算平台，使得数据就像是在互联网环境下运行。

2008 年，开放式架构的 Azure 被推出。Azure 可以创建云中的应用，同时也可以对现有的应用进行加强。

2008 年，谷歌发布了 Google App Engine(GAE)，用于应用程序的开发和托管。在 Amazon 对市场的占领下，2013 年，谷歌又发布了 Google Container Engine(GCE)，进入产品阶段，得到普遍使用。

2010 年，阿里云对外公测，次年正式上线，提供大规模的服务。

2010 年，腾讯开放平台，腾讯云正式对外提供服务。

2011 年，华为公司成立华为云，致力于为用户提供一站式云计算基础设施服务。

2012 年，百度推出百度云公有云平台。多年来，百度云共推出了 40 余款高性能的云计算产品。

2017 年，华为云成立了 CloudBU，提供了可靠的公有云平台。

2020 年以来，多个省市相继搭建云平台，推进大数据开发建设工作。江西省搭建完成"云上江西"平台；浪潮云宣布成立"云舟联盟-山东"，努力构筑一个拥有更多智慧体、更具开放性、更强生态化的云上生态体系。

随着云计算越来越流行，预计会有新的应用场景出现，同时也会带来新的挑战。云平台服务在适当场景下有着巨大的优势，但同时也面临着许多亟待解决的技术难题。

2.5.2 概念

平台是指可以独立存在，并且可以为上层系统以及应用程序提供运行的环境，使得服务可以被顺利提供。随着时代的发展以及 IT 行业的进步，平台技术的使用也越来越重要，在很多地方都需要使用到平台技术，平台的架构也越来越多种多样。

1. 主流的平台技术

目前，主流的平台技术主要有以下几种：

负载分布架构：实际上就是负载均衡在分布式架构上的一个使用。

服务负载均衡：是将多台服务器连接起来形成一个服务器集群，集群中的每一台服务器都可以单独提供服务。通过某种负载技术将外部任务请求均匀地分配到某一台服务器上，服务器接收到服务请求后提供相应服务。负载均衡增大了服务器的带宽，提高了服务器的使用效率。服务负载均衡是针对云服务的负载均衡架构。

动态可扩展架构：就是指根据服务的需求量来动态地调整服务器的数量。当业务需求量上涨的时候，应相应地增加服务器的数量，使得服务能够顺利提供；当业务需求量降低的时候，就回收部分服务器，用于支撑其他业务。动态可扩展架构可以分为动态水平扩展、动态垂直扩展以及动态重定位。

弹性磁盘供给架构：就是根据云用户的实际需求来为其分配存储空间以及计费。

虚拟机监控集群架构：就是建立一个跨多个物理服务器的虚拟监控集群。这个监控集群由虚拟化基础架构管理（Virtual Infrastructure Management，VIM）来进行控制，如 VIM 向 hypervision 发送心跳信息检测 hypervision 是否正常，若无应答，则异常，进行虚拟机在线迁移。

动态故障检测与恢复架构：是指通过一个看门狗监测系统来监测故障。监控器将预先设定的故障场景等进行记录，根据场景进行响应，对于不能解决的问题反馈升级，是高级的云架构。

2. 与云计算的关系

云计算一共经历了三个阶段：1.0 计算虚拟化、2.0 软件定义与整合以及 3.0 云原生与重构业务。对于一个云计算的使用者而言，需求会时常发生变化，针对这种变化，技术人员需要对架构做出相应的调整。云计算的前进也需要架构自身调整的推动，即 IaaS 需要向 PaaS 和 SaaS 转变，因此，提出了平台化。随着云计算的流行，平台技术对云计算的实现具有重大意义，云计算和平台技术在适当的场景下有着巨大的优势，许多的技术难题也迎刃而解。

第 3 章　云计算安全概述

本章通过三个部分内容讲解云计算中存在的安全问题以及如何处理这些安全问题。首先，分析云计算安全中的危险因素，通过带领读者回顾云计算发展过程中发生的经典安全事件，分析云计算的安全特征以及安全需求，使读者对云计算安全有个大致的了解；接着，对云计算中的参考安全模型进行分析，挖掘云计算安全模型架构的底层知识；最后，介绍云计算安全机制中的认证与授权机制、隔离机制和监控机制，深入阐述如何对云计算中的安全威胁进行针对性对抗。

3.1　云计算安全威胁

云计算的发展并非一帆风顺，伴随着各种云使能技术的出现，云计算中存在的安全威胁也越来越大，技术中的安全问题愈加需要得到重视，以防由于技术上存在的安全威胁问题而对整个云系统造成不可估量的破坏。

3.1.1　典型云计算安全事件回顾

事件一：Google 邮箱断线事件。2009 年 2 月 24 日，谷歌的 Gmail 电子邮箱爆发了全球性的故障，服务中断长达 4 个小时。官方给出的解释是：在欧洲数据中心例行维护之时，新的程序代码出现问题，导致欧洲另一个资料中心过载，连锁反应扩及其他数据中心，最终导致 Google 邮箱全球性的断线。

事件二：Terremark vCloud Express 断供故障。2010 年 3 月，VMware 的合作伙伴 Terremark 发生了长达 7 小时的停机事件。在这段时间里，用户不能访问存储在数据中心的数据，这让 Terremark vCloud Express 服务的可靠性大打折扣，同时也险些将 vCloud Express 的未来断送掉。Terremark 官方解释是：Terremark 失去连接导致迈阿密数据中心的 vCloud Express 服务中断。但是关于如何解决这个突发事件，公司并没有给出明确的方案。

事件三：Amazon 云计算中心宕机事件。2011 年 4 月 21 日，Amazon 公司位于弗吉尼亚州的云计算数据中心宕机，导致包括问答网站 Quora，社交媒体 Reddit、Hootsuite 和手机地理位置社交网络服务 Foursquare 等在内的数千家商业客户受到了影响。该故障持续了 4 天，主要原因是：在修改网络设置进行主网络升级扩容的过程中，工程师不慎将主网的全部数据切换到备份网络上，由于备份网络带宽较小，承载不了所有数据，因此造成了网络堵塞，所有 EBS(Elastic Block Store)节点通信全部中断，导致存储数据的 MySQL 数据库宕机。事故发生后，Amazon 公司重新审计了网络设置修改流程，加强了自动化运维手段并改进了灾备架构，以提高 EC2(Elastic Compute Cloud)的竞争力。

事件四：盛大云数据丢失事件。2012 年 8 月 6 日，盛大云在无锡的数据中心因为一台服务器的磁盘发生损坏，导致部分用户的数据丢失。为此，盛大云就其提供的服务中用户数据丢失事件在官方微博中发表声明，并向公众道歉。此次事件的发生，引发了人们对于信息存储安全的热议。深究这次事件发生的主要原因，是因为盛大没有对其信息存储设备（即主机）进行相关的物理层面的数据备份处理，而直接采用寄主机的物理磁盘作为虚拟机的虚拟磁盘，因此在寄主机发生故障的情况下，虚拟机也不可避免地发生了数据丢失。此事件所带来的严重影响是由于盛大对此事件的事后处理没有让用户满意。

事件五：Apple 服务安全事件。2014 年 9 月，黑客攻击了苹果 iCloud 云存储服务账户，导致美国好莱坞超过 100 位明星的私密照片和视频泄露。苹果公司在 9 月 3 日发表声明称，在本次泄露事件中，黑客并没有利用此前受怀疑的 iCloud 服务漏洞，而是因为"这是对特定账户的攻击，一些明星的账户在用户名、密码以及安全问题的设置上存在重大隐患"，也就是说，部分受害者设置的密码信息太过简单。另外，调查结果显示，泄露照片的拍摄设备并非都是 iPhone，还包括 Android 手机和数码相机，而且一部分照片明显经过通信软件的处理，再通过某款通信 App 发送或接收。经技术专家判定，本次泄漏的照片并非都来自 iCloud，还可能来自 GoogleDrive、Dropbox 等云服务应用，或者某些通信 App 的聊天记录，这很可能是一些受害者在多个网络服务中使用了相似甚至相同的密码导致的。本次泄露事件的原因并非云服务器端泄露，而是黑客针对性地攻击，得到用户账户的密码或者密码保护问题的详细资料，然后冒充用户身份登录，窃取到云端数据，本质上采用的是身份欺骗的手段。黑客利用的是云端对用户的身份认证只通过用户名和密码，即认证强度不够导致被盗窃。

事件六：微软 Azure 服务安全事件。2014 年 11 月 19 日，微软 Azure 出现大面积服务中断现象，但 Azure 服务健康仪表控制板却显示一切应用正常运行。此次事故造成的影响波及美国、欧洲国家和部分亚洲地区，导致 Azure Storage、Azure Search、SQL Server Import(export)、应用网站等大量应用无法使用，故障时长近 11 个小时。究其原因在于：微软为 Azure 存储组件更新以提高性能、减少 CPU 占有率时产生了错误，导致 Blob 前端进入无限循环状态，从而造成流量故障。尽管技术维护团队在发现问题后，及时恢复了之前的配置，但由于 Blob 前端已经进入死循环模式，配置无法刷新，因此只能采取系统重启模式，使得流量恢复过程消耗了相当长的时间。

事件七：Google GCE 流量丢失事件。2015 年 2 月 18 日晚 11 时至 19 日凌晨 1 时，超过一半 Google 计算引擎 GCE(Google Compute Engine)的实例出现外部流量丢失现象，导致大量应用程序无法使用。经过事后调查发现，流量损失时间为 2 小时 40 分钟，从 18 日 22 时 40 分至 23 时 55 分，GCE 外部流量损失由 10％增长到 70％，19 日 1 时 20 分，流量恢复了正常。此次事件发生的原因为：GCE 虚拟机的内部网络系统停止了更新路由信息，虚拟机的外部流量数据被视为过期数据而遭到删除。为防止类似事件的再度发生，Google 的工程师将路由项的到期时间由几个小时延长到了一周，并添加了路由信息的监控和预警系统。

事件八：AcFun 数据泄露事件。2018 年 6 月 13 日凌晨，AcFun 弹幕视频网（以下简称 A 站）发出公告，声称他们有 800 万到 1000 万的用户数据被黑客所窃取。黑客在获取到 A 站用户的数据信息后便将其放置到暗网上进行非法售卖，平均 1 元就能购买到 800 条用户数据。此次数据泄露事件的发生对 A 站及其用户造成了巨大的影响。之后，收购 A 站的快手公司在技术上全力支持其提升安全能力，保护用户数据的安全。A 站也在随后对其系统安全等级进行了升级，对服务器进行了全面系统的加固，以保证以后不会再发生此类事件。

事件九：微盟删库事件。2020 年 2 月，微盟的 SaaS 业务服务突然宕机，商家所有的后台数据全部被删除，导致微盟股价大跌，累计市值一度蒸发 30 亿港元。其原因在于：微盟研发中心的核心运维人员通过个人 VPN 登入公司内网跳板机，对微盟的线上生产环境及数据进行了严重的恶意破坏。之后，微盟在腾讯云的帮助下经过七天七夜的努力，将300 万左右的商家数据全部找回，同时，微盟对经受此次事件影响的商家进行了巨额赔偿，但还是遭到了大量商家的集体投诉。

近年来，随着云计算技术的兴起，发生的云计算安全事件比比皆是，对用户数据的不完善保障可能会导致数据的丢失、泄露及被盗窃，使企业以及用户遭受严重损失；权限的不当管理也可能会导致内部员工的非法侵入。随着云计算的体量不断扩大，云计算在安全方面还存在许多不足。因此，我们需要根据其特征进行分析，寻找相应的技术措施，避免技术故障，并不断完善相关实施准则，建设更加安全的云计算生态系统，只有这样，云计算技术才能发展得更加迅速且稳定。

3.1.2　云计算安全特征分析

云计算作为一种全新的计算模式，所面对的安全问题必然与传统的信息安全问题存在着区别。从安全的原则来看，云安全与传统的信息安全并无区别。就安全的目标而言，云安全与传统信息安全的目标是一致的，即保护系统、保护数据。但是作为新的计算模式，云计算本身具有资源虚拟化、服务化等特性，因此相对于传统安全而言，云计算安全具备了一些独有的特征。

1. 安全边界模糊

传统安全中，IT 系统是封闭的，对外暴露的只是网页服务器、邮件服务器等少数接口，通过在物理上和逻辑上划分安全域，可以清楚地定义边界，如设置防火墙、网段、访问控制等安全措施。但对于云环境而言，由于云计算本身的技术特性(如虚拟化技术以及多租户模式)，再加上云暴露在公开网络中，传统的物理边界逐渐模糊，基于物理安全边界的传统防护机制难以在云环境上得到有效应用，而组建一个无边界的安全防护网络是很不现实的，所以其无边界性是亟待解决的问题。同时由于云平台本身深度开放，平台内部极有可能存在恶意租户，这将导致云计算资源的滥用以及租户之间的攻击，因此多租户安全隔离也是云计算安全的重要特征。

2. 资源动态变化

传统安全问题一般针对少数接口和相对稳定数量的用户，而在云计算平台中，租户数量不断变化并且分类不同，使得整个云平台资源变化频率相对较高，具有动态性、随机性和强移动性等特点。针对资源高频率变化的特征，其防护措施也需要进行相对应的动态适配。

3. 服务安全保障

云平台服务的连续性、SLA 服务等级协议和 IT 流程、安全策略、事件处理和分析与用户的业务流程息息相关。因此需要对服务的全生命周期进行保障，确保服务的可用性和机密性。由于云计算平台用户、信息资源高度集中，极易成为黑客的攻击目标，因此服务的安全保障至关重要。

4. 数据安全保护

云计算安全除了和传统信息安全一样，需要注重数据私密性和完整性之外，还需要进一步考虑数据的可恢复性。传统服务器数据安全通常由物理措施和系统安全保障相结合（包括严密的数据中心准入机制、RAID10 磁盘阵列、服务器防火墙等）来保证，针对传统物理存储的安全防护系统需要不断维护，数据存储可靠性较高。而云计算中数据存储在云端或远程服务器中，因此数据的备份更加重要。云环境中数据集中的特性使得各种数据混杂在一起，若做不好数据防护，数据极易丢失。由于没有考虑到数据的可恢复性，因此在云计算企业的发展过程中出现过很多用户数据丢失的安全事例。恶意黑客会使用病毒、木马或者采用其他方式永久删除云端数据，这会对云系统造成极大的危害。采用数据隔离、数据加密、数据完整性保护、数据恢复等数据安全保护手段做好数据安保工作，可确保云环境中存储的数据的私密性、安全性和合规性。

5. 独立监管审计

相比传统安全技术，云计算技术缺少应用标准，政策法规也不够健全，再加上云计算信息流动性大，信息服务或用户数据可能分布在不同的地区或者国家，在政府信息安全监管等方面存在法律差异与政策不同的问题和挑战。此外，由于云计算模式使得服务提供商的权力巨大，从而使得用户的权利难以保证，所以如何维护两者之间的平衡也需要可信的第三方监管和审计。

3.1.3　云计算安全需求

云计算安全需求分析应包括基础设施安全需求、平台安全需求、应用软件安全需求、终端安全防护需求、安全管理需求、法规和监管需求等 6 个方面。

1. 基础设施安全需求

基础设施为用户提供计算、存储、网络和其他基础计算资源的服务，用户可以使用云提供商提供的各种基础计算资源，在其上部署和运行任意软件，而不用管理和控制底层基础设施，但将同时面临软件和硬件方面综合复杂的安全风险。

1）物理安全

物理安全是指云计算所依赖的物理环境安全。云计算在物理安全上面临多种威胁，这些威胁通过破坏信息系统的完整性、可用性或保密性，造成服务中断或基础设施的毁灭性破坏。物理安全需求包括设备安全、环境安全以及灾难备份和恢复、边境保护、设备管理、资源利用等方面。

2）计算环境安全

计算环境安全是指构成云计算基础设施的硬件设备的安全保障及驱动硬件设施正常运行的基础软件的安全。若承担系统核心计算能力的设备和系统缺乏必要的自身安全和管理安全措施，则所带来的威胁最终将导致所处理数据的不安全。计算环境安全需求应包括：硬件设备需要必要的自身安全和管理安全措施，基础软件需要安全、可靠和可信，设备性能稳定，为确保云服务的持续可用性应制订完善的灾备恢复计划。

3）存储安全

数据集中和新技术的采用是产生云存储安全问题的根源。云计算的技术特性引入了诸多新的安全问题，多租户、资源共享、分布式存储等因素加大了数据保护的难度，增大了数据被滥用和受攻击的可能性。因此，用户隐私和数据存储保护成为云计算运营者必须解决的首要问题。

存储安全需求包括以下几个方面：

（1）采用适应云计算特点的数据加密和数据隔离技术防止数据泄露和窃取。

（2）采用访问控制等手段防止数据滥用和非授权使用。

（3）防止数据残留，多租户之间的信息资源需进行有效的隔离。

（4）多用户密钥管理要求密钥隔离存储和加密保护，加密数据的密钥明文不出现在任何第三方的载体中，且只能由用户自己掌握。

（5）制订完善的数据灾备与恢复方案。

4）虚拟化安全

云计算通过在其部署的服务器、存储、网络等基础设施之上搭建虚拟化软件系统来实现高强的计算能力。虚拟化和弹性计算技术的采用使得用户的边界模糊，传统的采用防火墙、IDS 和 IPS 技术实现隔离和入侵检测的安全边界防护机制在云计算环境中难以得到有效应用，用户的安全边界模糊，带来一系列比在传统方式下更突出的安全风险，如虚拟机逃逸、虚拟机镜像文件泄露、虚拟网络攻击、虚拟化软件漏洞等安全问题。

虚拟化安全防范需求主要包括：

（1）虚拟系统软件安全。虚拟化应用中的许多安全问题是由虚拟化软件环境引发的，需要保护虚拟化程序（如 Hypervisor）的完整性、可信性，阻止病毒、木马和漏洞。

（2）虚拟机隔离。需要采用包括加密、认证和访问控制等技术对虚拟机、应用程序和数据进行隔离。

（3）虚拟化网络和通信安全。

（4）虚拟机安全迁移。

2. 平台安全需求

PaaS 的本质在于将基础设施类的服务升级抽象成为可应用化的接口，为用户提供开发和部署平台，建立应用程序。因此，平台安全需求包括：

1）API 接口及中间件安全

在 API 接口及中间件安全方面，应做到以下几点：

（1）保证 API 接口的安全。PaaS 服务的安全性依赖于 API 的安全。接口不安全是云平台面临的主要安全威胁，如果 PaaS 提供商提供的 API 及中间件等本身具有可被攻击者利用的漏洞、恶意代码或后门等风险，将给云计算 PaaS 资源和底层基础设施资源造成数据破坏或资源滥用的风险。

（2）防止非法访问。PaaS 平台提供的 API 通常包含对用户敏感资源的访问或者对底层计算资源的调用，同时，PaaS 平台自身也存在着不同用户的业务数据。因此，需要实施 API 用户管理、身份认证管理及访问控制，防止非授权使用。

（3）保证第三方插件安全。

（4）保证 API 软件的完整性。

2) 保证服务的可用性

PaaS 服务的可用性风险是指用户不能得到云服务提供商提供服务的连续性。例如，Google 的云计算平台发生故障和微软 Azure 云计算平台崩溃等事件中，用户无法访问服务并损失了大量的数据。云服务提供商应有服务质量和应急预案，当发生系统故障时，保证服务和用户数据的快速恢复是一个重要的安全需求。

3) 可移植性安全

目前，对于 PaaS API 的设计还没有统一的标准。因此，跨越 PaaS 平台的应用程序移植相当困难，API 标准的缺失影响了跨越云计算的安全管理和应用程序的移植。

3. 应用软件安全需求

应用软件服务安全需求主要包括：

（1）数据安全。这里的数据安全主要指动态数据安全问题，包括用户数据传输安全、用户隐私安全和数据库安全问题，如数据传输过程或缓存中的泄露、非法篡改、窃取，病毒，数据库漏洞破坏等。因此，需要确保用户在使用云服务软件过程中的所有数据在云环境中传输和存储时安全。

（2）内容安全。由于云计算环境的开放性和网络复杂性，内容安全面临的主要威胁包括非授权使用、非法内容传播或篡改。内容安全需求主要是版权保护和对有害信息资源内容实现可测、可控、可管。

（3）应用安全。云计算应用安全主要建立在身份认证和实现对资源访问的权限控制的基础之上。云应用需要防止以非法手段窃取用户口令或身份信息。采用口令加密、身份联合管理和权限管理等技术手段，可实现单点登录应用和跨信任域的身份认证服务。对于提供大量快速应用的 SaaS 服务商来说，需要建立可信和可靠的认证管理系统和权限管理系统，将其作为保障云计算安全运营的安全基础设施。

Web 应用安全需求应重点关注传输信息保护、Web 访问控制、抗拒绝服务等。

4. 终端安全防护需求

终端使用浏览器等接入云计算中心，以访问云中的 IaaS、PaaS 或 SaaS 服务，终端接入的安全性直接影响到云计算服务的安全。

（1）终端浏览器安全。终端浏览器是接收云服务并与之通信的重要工具，浏览器自身漏洞可能使用户密钥或口令泄露，为保护浏览器和终端系统安全，应重点解决终端安全防护问题，如反恶意软件、漏洞扫描、非法访问和抗攻击等。

（2）用户身份认证安全。终端用户身份盗用风险主要表现在因木马、病毒等的驻留而产生的用户登录云计算应用的密码遭遇非法窃取，或数据在通信传输过程中被非法复制、窃取等。

（3）终端数据安全。终端用户的文件或数据需要加密保护以维护其私密性和完整性。代理加密技术也许解决了服务提供商非授权滥用的问题，但仍需解决可用性问题。无论将加密点设在何处，都应考虑如何防止加密密钥和用户数据的泄露以及数据安全共享或方便检索等问题。如先传送到云平台再加密，还是在终端加密以后再送至云平台存储？

（4）终端运行环境安全。终端运行环境是指用户终端提供云计算客户端程序运行所必需的终端硬件及软件环境。

（5）终端安全管理等。

5. 安全管理需求

云计算环境下，用户的应用系统和数据移至云服务提供商的平台，无论对 IaaS、PaaS 或 SaaS 服务模式，提供商都需要承担大部分的安全管理责任。云计算环境的复杂性、海量数据和高度虚拟化动态性使得云计算安全管理更为复杂，也带来了新的安全管理挑战。

(1) 系统安全管理。系统安全管理主要包括：① 可用性管理，需要对云系统不同组件进行冗余配置，保证系统的高可用性以及在大负载量下的负载均衡；② 漏洞、补丁及配置 (VPC) 管理，VPC 管理需成为维护云计算系统安全的必须手段；③ 高效的入侵检测和事件响应；④ 人员安全管理，需要采用基于权限的访问控制和细粒度的分权管理策略。

(2) 安全审计。除了传统审计之外，云计算服务提供商还面临新的安全审计挑战，审计的难度在于需要为大量不同的多租户用户提供审计管理，以及在云计算大数据量、模糊边界、复用资源环境下的取证。

(3) 安全运维。云计算的安全运维管理比传统信息系统的运维管理更具难度和挑战性。云计算的安全运维管理需要从对云平台的基础设施、应用和业务的监控以及对计算机和网络资源的入侵检测、时间响应和灾备入手，提供完善的健康监测和监控、有效的事件处理及应急响应机制、在云化环境下有针对性的安全运维。

6. 法规和监管需求

云计算作为一种新的 IT 运行模式，监管、法律、法规的建设比较滞后。从健康发展要求来看，法律法规的体系建设与技术体系和管理体系同等重要。

(1) 法规需求。目前，中国针对云计算安全的法律制度还不健全，而且保密规范欠缺，这是一个急需解决的问题。法规需求来源于合规性管理要求，这就意味着应对所有规划、操作、特权策略和标准的合规性进行监控及追踪。法规需求主要有：责任法规(安全责任的鉴定和取证)、个人数据保护法(个人隐私法)、信息安全法(信息安全管理办法)、电子签名法及电子合同法、取证法规、地域法规(资源跨地域存储的监管、隐私保护)以及知识产权保护法。

(2) 安全监管需求。安全监管需求有以下几个方面：安全监管，对云计算平台网络流量进行监控、攻击识别和响应；内容监管，对云计算环境下流通内容进行监管，防止非法信息的传播；运行监管；云安全系统测评标准；法规遵守监管。

3.2 云计算安全参考模型

云计算安全模型是协助指导安全建设、管理和决策的工具。目前，业界已经推出了一些云计算安全模型，以帮助企业满足合规要求。下面将对三种业界较为认可的云计算安全参考模型进行详细介绍。

3.2.1 云立方体模型

2009 年 2 月，Jericho Forum(杰里科论坛，一个致力于定义和促进去边界化的国际组织)从安全协同的角度提出了云立方体模型，该模型从数据的物理位置(Internal 和 External)、云计算相关技术和服务的所有关系状态(Proprietary 和 Open)、应用资源和服务时的边界状态(Perimeterised 和 De-Perimeterised)、云服务的运行和管理者(Insourced 和 Outsourced)

4 个影响安全协同的维度上，将云立方体模型分成了 16 种可能的云计算形态。云立方体模型如图 3.1 所示，云立方体模型的维度如表 3.1 所示。

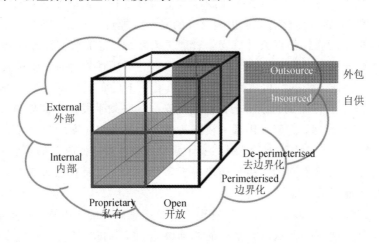

图 3.1 云立方体模型

表 3.1 云立方体模型维度表

序号	维　度	备　注
1	Dimension1：Internal(I)/External(E)	维度 1：内部/外部
2	Dimension2：Proprietary(P)/Open(O)	维度 2：私有/开放
3	Dimension3：Perimeterised(Per)/De-Perimeterised(D. P)	维度 3：边界化/去边界化
4	Dimension4：Insourced(In)/Outsourced(Out)	维度 4：自供/外包

维度 1：内部/外部。维度 1 表达的是数据物理位置，衡量依据是数据是否在组织内部。如果数据部署在组织内则是内部维度，反之，是外部维度。例如，虚拟化硬盘位于公司的数据中心，属于内部维度；亚马逊 SC3 位于"场外"，属于外部维度。这里需要说明的是，内部不一定比外部安全，有时，结合实际情况将两个维度进行有效结合能提供更加安全的模型。

维度 2：私有/开放。维度 2 表达的是技术路线，该维度定义云技术、服务、接口等所有权，表明了云间的互操作性程度，即私有云和其他云间的数据和应用的可移植性。在私有云中，不进行大的改动，是无法将数据和应用转移到其他云中的。然而，云计算技术的进步和创新却大多发生在私有云，私有云服务提供商也以专利和商业技术的形式对新技术加以限制和保护。公有云则通过使用开放技术，使数据在云之间共享，使云之间的相互协作不再受限，也使公有云成为提高多个组织之间合作的最有效的云计算模式。

维度 3：边界化/去边界化。维度 3 表达的是体系理念，即云在企业的传统 IT 边界以内还是以外。边界化意味着在以防火墙为标志的传统 IT 边界内运行云计算，但是这种做法阻碍了企业与企业(如私有云与私有云)的合作。在边界化的情况下，可以通过 VPN 来简单地将组织边界延伸到外部云，在公司的 IP 域内运行虚拟服务，当计算任务完成后，把边界退回到原来的传统位置。去边界化是指逐渐移除企业传统的 IT 边界，使企业能够越过任何网络与第三方企业(如业务伙伴、用户、供应商、外包方等)进行全球性的安全合作。目前，可以在维度 3 中运营四种云计算形态(I/P、I/O、E/P、E/O)。云立方体模型中的云计算形态 E/O/D.P 称为最优点，能够实现最优的灵活性和合作。然而，私有云服务提供商出于商业利益的考虑，会限制私有云迁移，将用户留在立方体的左侧。

维度 4：自供/外包。维度 4 表达的是运维管理，描述运维管理权的归属问题。8 个云计算形态 Per(I/P、I/O、E/P、E/O)和 D.P(I/P、I/O、E/P、E/O)里每个云计算形态都有两种运维管理状态，分别为自供和外包。公司自己控制运维管理属于自供维度，运维管理服务外包给第三方属于外包维度。

从对云立方体模型的分析可以看出，云立方体模型可以很好地对位置、所有权、架构和维护模式进行边界界定，并区分云从一种形态转换到另外一种形态的四种准则/维度，以及各种组成的供应配置方式，对理解云计算所具有的安全问题有很好的帮助。用户需要根据自身的业务和安全需求选择最为合适的云计算形态。然而，云立方体定义的云计算形态维度主要用于商业决策，对技术的概述相对薄弱，因此，将对云计算安全的架构和技术问题的研究置于云立方体模型的下一层次，并结合每种云计算形态的安全特点分析云计算安全的应对策略和核心技术。

3.2.2　CSA 模型

云安全联盟(Cloud Security Alliance，CSA)从 2009 年发布《云计算关键领域安全指南 1.0》版本开始，逐步更新，并于 2017 年发布了《云计算关键领域安全指南 V4.0》。指南从架构(Architecture)、治理(Governance)和运行(Operational)三个方面的 14 个领域(如安全性和支持技术等)提供最佳实践指导。

《云计算关键领域安全指南 V3.0》指出了云计算技术架构模型(Cloud Model)、安全控制模型(Security Control Model)以及相关合规模型(Compliance Model)之间的映射关系，如图 3.2 所示。结合图 3.2 中的安全控制模型，可以确定不同云服务类型的云服务提供商

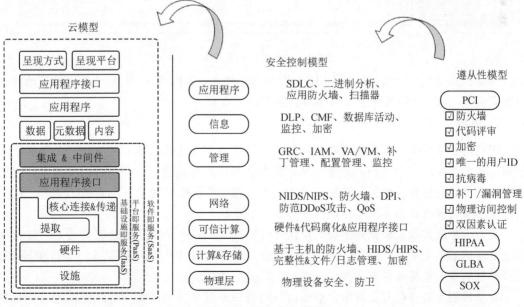

图 3.2　CSA 参考模型

和用户的安全控制范围和责任，可以帮助用户评估和比较不同云服务模式的风险，以及现有安全控制与要求的安全控制之间的差距，以帮助云服务提供商和用户作出合理的决策。

3.2.3 NIST 云计算安全参考框架

2013 年 5 月，美国国家标准与技术研究院（NIST）发布了 SP500 - 299《云计算安全参考框架（NCC - SRA）》草案，描绘了云服务中各种角色的安全职责，具体如图 3.3 所示。

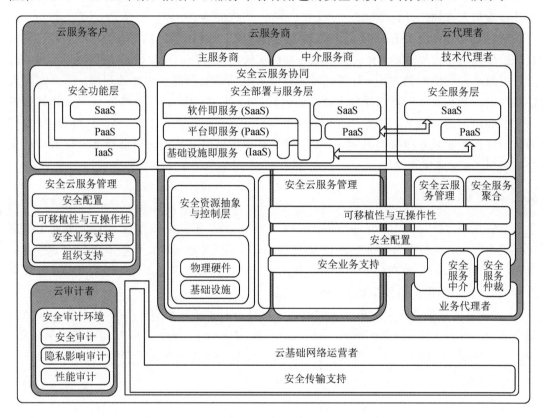

图 3.3　云计算安全参考架构

该架构基于角色分层描述，从用户、云服务提供商、云代理者、云审计者和云基础网络运营者五个层面，详细描述了如何保障云服务的安全。

1. 用户

用户需要从安全云服务协同和安全云服务管理两方面支持云计算的安全。安全云服务协同是系统组件的一个组合，支持云服务提供商对计算资源进行部署、协调与管理，为用户提供安全的云服务。安全云服务协同是一个过程，需要所有的云参与者通力合作，基于云服务类型与部署模型不同程度地实现各自的安全职责。

安全服务层涉及云服务提供商、云代理者与用户。用户仅需确保云服务接口，以及接口之上功能层的安全。根据云部署模型的不同，云服务接口可能位于 IaaS、PaaS 或 SaaS。用户只能依靠云服务提供商或技术代理者保障安全功能层的安全。

安全云服务管理包含支撑用户业务运行与管理所需的安全功能。用户业务运行与管理的安全需求包括：安全业务支持需求、服务提供与配置安全需求、移植与互操作安全需求、组织支持(包括组织处理、策略与步骤)。因此,该模块主要包括安全业务支持、安全配置、可移植性与互操作性、组织支持。

2. 云服务提供商

根据云服务提供商的服务范围与实施的活动,云服务提供商的架构组件为安全云服务管理、安全云服务协同。由于安全与隐私保护、数据内容管理、服务级别协议(SLA)等都是跨组件的,因此,云计算安全参考架构模型将云服务提供商的安全活动交错分布到所有的组件,覆盖了云服务提供商负责的全部领域,并且将安全性嵌入到与云服务提供商有关的全部架构组件中。另外,云部署方式作为云服务的一部分,直接与云服务提供商提供的服务相关。因此,云计算安全参考架构为云服务提供商定义了两个框架组件与子组件。两个框架组件分别是:安全云服务管理,包括安全供应与配置、安全可移植性与互操作性和安全业务支持;安全云服务协同,包括安全物理资源层(物理硬件与基础设施,仅主服务商)、安全资源抽象与控制层(物理硬件与基础设施,仅主服务商)。子组件是安全部署与服务层。

主服务商通过技术代理者直接向用户提供服务,或通过中介服务商间接地向用户提供服务。中介服务商也可将一个或多个主服务商的服务集成后向用户提供服务。多个云服务提供商之间会形成依赖关系,此依赖关系通常对用户不可见,即主服务商与中介服务商提供服务的方式对用户没有区别。中介服务商负责的安全组件、控制措施与主服务商相同,需在多个云服务提供商之间进行协调。

3. 云代理者

云代理者是管理云服务的使用、性能与交付,并协调云服务提供商与用户之间关系的实体。云计算安全参考架构模型中强调了两种类型的云代理者:技术代理者与业务代理者。在实践中,技术代理者保护用户的数据迁移到云的安全组件集(与提供类似服务的中介服务商所使用的安全组件集相同);业务代理者提供业务与关系支持服务(如安全服务仲裁与安全服务中介)。与技术代理者不同,业务代理者不接触用户在云中的任何数据、操作过程与其他组件。

通常云代理者提供的服务组合可以分为五种架构组件:安全服务聚合、安全服务仲裁、安全服务中介、安全云服务管理和安全云服务协同。其中,前四个组件分别对应云代理者所提供的服务,第五个组件则对应云代理者的责任,作为安全云服务协同的一部分保障云服务的安全。

4. 云审计者

云审计者是对云服务、信息系统运维、性能、隐私影响、安全等进行独立审计的云参与者。云审计者可为其他云参与者执行各类审计。云审计者中的安全审计环境可确保以安全与可信的方式从责任方收集目标证据。通常云审计者可用的安全组件与相关的控制措施,独立于云服务模式和被审计的云参与者。

5. 云基础网络运营者

云基础网络运营者是提供云服务连接与传输的云参与者。从用户角度来看,用户与云服务提供商或云代理者有更为直接的关系。除非云服务提供商或云代理者同时充当云基础网络运营者的角色,否则云基础网络运营者的角色将不会被用户注意到。因此,为履行合同义务并满足指定的服务要求,云基础网络运营者应对云服务提供商与云代理者的云服务提供安全传输支持。虽然云基础网络运营者具有安全服务管理功能，如保证安全的服务交付以及满足用户的安全需求，但这些功能并不直接提供给用户。

从上述分析可以看出，NIST 提出的云计算安全参考架构根据参与云计算的五个角色，从云计算的三种服务类型开始，给出了每个角色在不同的服务类型中需要承担的安全责任。

3.3 云计算安全机制

为了抵抗上述的云计算安全威胁以及满足云计算安全需求，一系列的云计算安全机制被提出，并在云计算的发展过程中不断地迭代更新，朝着将云计算安全保护得更好的方向前进。

3.3.1 云计算认证与授权机制

有效的认证与授权机制是避免服务劫持、防止服务滥用等安全威胁的基本手段之一，也是云计算开放环境中最为重要的安全防护手段之一。该类机制从使用主体的角度给出了一种安全保障方法，分别从服务和租户的角度说明了该机制的主要实施方法。

1. 以服务为中心的认证授权

把使用服务的权限分为不同的角色，通过设置相应的认证完成对请求身份的验证和授权是该机制的基本思想。该机制应用于所有的云计算服务中，其基本流程如下：

云计算提供商接收到服务请求时，会询问租户是否有有效的身份信息，如果有则提供完整的认证与授权管理；否则，需要建立身份信息和认证授权信息。租户通过 Internet 访问云计算服务，其认证过程就像使用一套独立的软件系统。在整个过程中，云计算提供商可以独立完成认证，也可以委托或利用第三方机构的系统完成认证。具体认证授权过程中，每个租户通常由多个用户组成，尤其在 SaaS 应用中，认证授权需要应用到用户级别。租户管理员根据用户业务功能确定其角色。用户在访问租户选择的功能模块时，需要根据角色获得对应的权限。

针对上述特性，"RBAC-Based Access Control for SaaS Systems" 提出了一种基于 RBAC(Role-Based Access Controls) 模型的多租户访问控制解决方案，以解决多租户之间角色冲突、租户访问控制异构等问题。

2. 以租户为中心的认证授权

云计算环境中，租户可能会定制来自不同管理域的服务，仅采用基于服务的认证和授权，势必导致其认证过程烦琐，影响租户的使用体验。基于租户的认证旨在简化该过程，通过联合认证的方法可在保证安全性的同时提高租户的使用体验。具有跨级跨域等特点的云计算服务，需要把用户的身份信息交由可信的第三方维护管理，所有签约服务都采用租户唯一绑定的身份和授权信息实现服务的提供，最大程度地消除因租户拥有多个账号和密码可能造成的安全隐患。目前，OpenId 和 SAML 等身份认证协议已经实现上述功能，并且得到了广泛应用。Oauth 作为 OpenId 的补充实现了更为灵活的跨域访问控制，用户只需要提供一个令牌而不是用户名和密码，就可以授权服务在特定时间内访问其他服务的部分信息，进一步简化了认证流程。

3.3.2 云计算安全隔离机制

隔离一方面可保证租户的信息运行于封闭且安全的范围内，方便提供商的管理；另一方面也避免了租户间的相互影响，减少了租户误操作或受到恶意攻击而对整个系统带来的安全风险。下面将重点阐述网络和存储的隔离机制。

1. 网络隔离机制

网络隔离可以提供基本的安全保障、更高的带宽分配以及针对性的计费规则和网络的层次化支持。网络隔离可以从物理和逻辑两个层面得以实现，其中，物理隔离需要网络设备的支持，如基于 Open Switch 和 Cisco Nexus 1000v 的物理交换机的虚拟化功能，除了实现通信隔离，还实现了访问控制管理等安全保障；对于逻辑层的隔离机制，针对不同的网络协议层，可以给出多种实现方式。例如，"VIOLIN：Virtual internet working on overlay infrastructure"一文从网络应用层提出了一种实现隔离的方案 V10LIN。但是已有的网络隔离技术中，较少考虑来自外部或者租户之间的网络攻击，因此，仍需进一步研究具有更高安全性的隔离机制。

2. 存储隔离机制

云计算的多租户特性对存储的隔离带来了新的挑战。云计算环境的底层模块在设计时并没有为多租户、可重配置的平台和软件提供充分的安全保障。在存储设备上，在内存和硬盘等资源的再分配过程中，云服务提供商不会完全擦除其中的内容，那么后一个租户就有可能恢复前一个租户的内容，造成租户的隐私泄露。在存储逻辑上，ORACLE 提出数据库隔离需要考虑安全、操作、容错以及资源等多方面因素。在多租户模式下，需要重新考虑各种数据库存储模式（如 SQL 型、NoSQL 型、XML-based 型等）的效果。例如，是每个租户应该拥有一个数据库，还是所有租户共用一个数据库，甚至是每个租户仅拥有数据库表中的若干行。虽然这些方式都可以支持多租户特性，但是其安全性以及效率各不相同。理论上每个租户都具有独立的数据库和定制化存储模式是最好的安全方式，但是云计算还需要考虑资源的利用率。例如，NIST 从 SaaS 服务的角度定性地分析了两种存储模式隔离与效率之间的平衡关系。另外，微软定量地研究了数据从完全隔离到共享这一连续过程中的安全和效率情况，并在考虑了一些技术和商业因素的基础上，提出了可扩展的安全数据存储模式。

3.3.3 云计算安全监控机制

监控是租户及时知晓服务状态以及提供商了解系统运行状态的必要手段，可以为系统安全运行提供数据支撑。常见的监控机制包括软件内部监控和虚拟化环境监控两种。下面分别对软件内部监控机制和虚拟化环境监控机制进行介绍。

1. 软件内部监控机制

在云计算的动态环境下，软件的安全问题不应该只依赖事后的被动响应，还需要从事后维护向事前设计、主动监控转移，形成动态的安全控制方法。与传统软件运行环境不同，云计算分布式、去中心化等特性对软件监测技术带来了挑战，研究者们致力于开发切合这些特性的高效软件监控技术。例如，佐治亚理工大学提出软件断层（Software Tomography）

技术，将复杂的分布式软件监控任务分解，划分给同一监控目标的多个实例，从而有效减少单一监控目标由于监控所带来的性能损失；美国俄亥俄州立大学 Issos 系统提供了对并行(多处理器)和分布式(集群)系统运行时的监控支持，用户能够为监控操作定义时间约束，并能够更改运行时监控的属性值。云计算环境下典型的研究实践还包括 Google 的 Dapper 和 Berkeley 的 Pinpoint，它们在软件和通信协议中注入了探针，通过跟踪运行时软件调用路径的方法，进行系统性能瓶颈的分析，这样的方法同样适用于安全监控问题。

2. 虚拟化环境监控机制

云计算 IaaS 服务中，租户的使用权限较高，提供商无法对租户的行为进行管理，因此，需要针对虚拟化的监控与分析机制。基于虚拟化技术的监控分析方法包括静态分析监控方法和动态分析监控方法，前者可以将安全监控工具置于独立的受保护空间中，从而保证监控的良好运行，但是静态检测分析方法不能对操作系统的行为，即事件操作进行监控。动态分析监控方法又分为需修改操作系统内核和无须修改操作系统内核两类，前者对事件行为的监控可通过在操作系统中植入钩子实现，当触发钩子时，钩子中断系统并进行相关操作。但是，这种分析监控技术最大的问题是需要修改系统内核，带来了许多不便。在无须修改系统内核的动态分析监控方法中，一些方法通过跟踪系统进程间的信息流，进行入侵检测和病毒清除；另一些方法利用跟踪可疑来源数据(如网络数据)导致的控制流变化进行检测。

第二部分

云计算关键技术

云计算将大量用网络连接的计算资源统一管理和调度，构成一个计算资源池对用户进行按需服务。随着各种云计算使能技术的发展，云计算的功能日趋完善，种类也越发多样，传统企业开始通过自身能力扩展、收购等模式投入到云计算服务中。现阶段的云计算，是分布式计算、负载均衡、网络存储、备份冗杂和虚拟化等计算机技术混合演进并跃升的结果。

云计算作为信息产业的全新业态，是引领未来信息产业创新发展的关键技术和手段，对经济转型和社会和谐发展具有重要的促进和带动作用。近年来，国务院、工信部等部门相继出台一系列法规标准及相关政策，发展云计算基础设施与技术、开发云计算基础软件与云计算服务平台，推进云计算重点项目建设，增强云计算应用和服务能力。

支撑云计算需要各种关键的技术支持，包括但不限于虚拟化技术、存储技术、计算技术、网络技术、平台管理等技术。其中，虚拟化技术是云计算的重要组成部分，能够增强系统的弹性和灵活性，提高资源利用效率；存储技术的发展不但提高了系统的可靠性、可用性和存取效率，还易于扩展；云计算系统的平台管理技术，具有高效调配大量服务器资源，使其更好协同工作的能力。各种技术的协同发展，使未来云计算拥有更广阔的发展空间，能够诞生更多形式的服务和更丰富的应用场景。

本书的第一部分已经简单介绍了支持云计算所需的基本技术，本部分将会更加详细地讲解各类技术的相关内容与应用场景。其中，第四章节描述虚拟化技术的类型与对象；第五章节介绍存储技术的类型、对象与存储载体；第六章节介绍计算技术中的多种计算模式以及计算的主要内容；第七章节描述基本的网络技术以及网络管理知识；第八章节介绍平台技术的多种架构以及平台的资源管理。

第4章　虚拟化技术

在计算机方面，虚拟化通常是指计算元件在虚拟的基础上而不是真实的基础上运行。虚拟化在逻辑上重新划分和定义了IT资源，可以实现IT资源的动态分配、灵活调度和跨域共享，提高了IT资源的利用率，使资源真正成为社会基础设施，服务于各行各业中灵活多变的应用需求。虚拟化技术也是云计算的重要内容之一，本章将通过虚拟化的类型和对象两个方面来介绍虚拟化技术。

4.1　虚拟化的类型

在计算机领域，虚拟化(Virtualization)是指创建某事物的虚拟版本而非实际版本，包括虚拟的计算机硬件平台、存储设备以及计算机网络资源。在云计算中，虚拟化是指将物理的IT资源转换成虚拟IT资源的过程，用于解决早期物理IT资源无法完全使用而造成资源浪费的问题。

通过虚拟化技术将一台计算机虚拟为多台逻辑计算机，在一台计算机(宿主机，HOST)上同时运行多个逻辑计算机(客户机，GUEST)，每个逻辑计算机可运行不同的操作系统，并且应用程序都可以在相互独立的空间内运行而互不影响，摆脱物理硬件的约束，从而显著提高计算机的工作效率，如图4.1所示。目前的云计算技术也依赖于虚拟化。

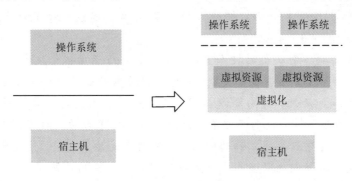

图 4.1　虚拟化

在没有虚拟化之前，一个物理主机只能支持一个操作系统及其一系列运行环境和应用程序。有了虚拟化之后，一个物理主机被抽象、分割成多个虚拟意义上的主机，可以支撑多个操作系统及其运行环境和应用程序，物理机的资源可以最大化、最高效率地被利用。

按照是否需要修改客户机操作系统可以将虚拟化分为全虚拟化和半虚拟化。在全虚拟化的虚拟平台中，客户机感觉不到自己是一台虚拟机，它会认为自己就是运行的计算机物理硬件设备。而半虚拟化的虚拟平台中，客户机已经了解到自己是一台虚拟机，知道自己并不是一台真正的物理设备，因此会做出一定的修改和牺牲来配合物理机。

4.1.1 全虚拟化

全虚拟化(Full-Virtualization)也称为原始虚拟化技术,指宿主机可以直接在全虚拟化的虚拟机监视程序(Virtual Machine Manager,VMM)上运行,而不需要对宿主机本身的核心代码做任何修改。全虚拟化坚持"客户机完全不知道自己运行在虚拟化环境中,还以为自己运行在原生环境里"这一理想化目标,客户机具有完全的物理机特性,客户机的操作系统也完全不需要改动,所有软件都能在虚拟机中运行。因此,全虚拟化需要给客户机模拟出完整的和物理平台完全一样的平台,这就增加了 VMM 的复杂度,即 VMM 会为宿主机抽象模拟出它所需要的硬件资源,包括 CPU、磁盘、内存、显卡、网卡等。理论上,全虚拟化支持任何可以在真实的物理平台上运行的操作系统,而无须对客户机的操作系统做出任何改变,这也是全虚拟化最大的优势所在。

当用户使用客户机时,不可避免地会调用客户机操作系统中的虚拟设备驱动程序及核心调度程序来管理和控制硬件设备。相较于宿主机管理硬件设备时会处于核心态中,可以直接对硬件设备进行操作,客户机操作系统与 VMM 运行在用户态中,无法直接操作硬件设备。为了解决这个问题,VMM 引入了特权解除和陷入模拟两个机制。

特权解除又叫作翻译,是指当客户机操作系统需要调用运行在核心态的特权指令时,VMM就会动态地捕获这个特权指令,随后使用运行在非核心态的指令来模拟预期效果,从而将核心态的特权解除。解除了核心态的特权,就能够在客户机上运行大多数核心态指令,客户机操作系统认为自己的特权指令工作正常,但这仍然不能完美地解决问题,因为在操作系统的指令集中还存在敏感指令(可能是核心态,也可能是用户态)。敏感指令需要陷入模拟的实现。

试想,如果希望将客户机重启,并在客户机中执行 reboot 指令,但是重启了宿主机,这将会非常糟糕。VMM 的陷入模拟机制就用于解决这个问题。当客户机操作系统执行了一个含有敏感指令的操作时,VMM 会捕获这条指令,检测并判定其是否为敏感指令。若为敏感指令,VMM 就会陷入模拟,将敏感指令模拟成一个只针对客户机操作系统进行操作的、非敏感的并且运行在用户态上的指令,最后交给 CPU 执行。

全虚拟化 VMM 会频繁地捕获客户机执行的核心态指令和敏感指令,将这些指令进行翻译和模拟后交给 CPU 执行,一条指令需要通过复杂的异常处理,导致全虚拟化的真实性能损耗非常大。但全虚拟化 VMM 无须对客户机操作系统的核心源码做修改,所以可以安装在大部分的操作系统中,如图 4.2 所示。典型的全虚拟化软件有 VMWare、QEMU、Hyper-V、KVM-X86(复杂指令集)等。

图 4.2 全虚拟化架构图

4.1.2　半虚拟化

半虚拟化(Para-Virtualization)又称为准虚拟化,客户机在使用过程中能意识到自己是运行在虚拟化环境中,并做出一定的修改或牺牲来配合 VMM。一方面,半虚拟化可以提升性能和简化 VMM 软件的复杂度;另一方面,半虚拟化不需要太依赖硬件虚拟化的支持,从而使其软件虚拟化可以跨平台。

半虚拟化中,客户机操作系统明确知道自己是虚拟机并且需要与 VMM 协同工作。如图 4.3 所示,在半虚拟化 VMM 上运行的客户机操作系统都需要修改核心源代码,以减弱 VMM 对客户机特殊指令的被动截取,而改为客户机操作系统的主动通知,即修改指令集中的特权指令和敏感指令,使宿主机操作系统在捕获到没有经过半虚拟化 VMM 模拟和翻译处理的客户机操作系统的特权指令或敏感指令时,宿主机操作系统也能够准确地判断出该指令是否属于客户机操作系统。这样就化简了处理特权指令和敏感指令的流程。

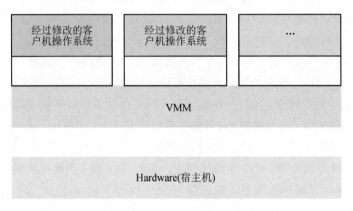

图 4.3　半虚拟化架构图

本质上,半虚拟化弱化了对虚拟机特殊指令的被动截获要求,将其转化为客户机操作系统的主动通知,但半虚拟化需要修改客户机操作系统的源代码来实现主动通知。

由于 Windows 系统暂未开源,无法对其底层内核进行修改,所以所有的半虚拟化都不能虚拟化出 Windows 虚拟机。半虚拟化没有捕获异常、翻译和模拟的过程,性能损耗比较少,性能接近物理机,但是随着硬件虚拟化的出现,全虚拟化搭配硬件虚拟化的组合的性能已经超过了半虚拟化产品的性能。典型的半虚拟化软件有 Xen、KVM-PowerPC(简易指令集)等。

4.2　虚拟化的对象

物理机是由硬件(如 CPU、内存)、软件(如指令集、操作系统)等一组资源构成的实体。同样地,虚拟机也是由虚拟 CPU、虚拟内存、虚拟指令集等组成的。VMM 按照与传统操作系统并发执行用户进程相似的方式,仲裁对所有共享资源的访问。

本节将介绍对硬件的虚拟化(即 CPU 虚拟化、内存虚拟化、网络虚拟化、GPU 虚拟化)和对软件的虚拟化(即指令集虚拟化、操作系统虚拟化、编程语言虚拟化、库函数虚拟化)。

4.2.1　硬件虚拟化

1. CPU 虚拟化

CPU 虚拟化分为 CPU 硬件辅助虚拟化和 CPU 纯软件全虚拟化。

1）CPU 硬件辅助虚拟化

CPU 硬件辅助虚拟化主要有 Intel VT-X 和 AMD-V 两种实现技术。如图 4.4 所示，硬件辅助虚拟化的核心是通过引入新的指令和运行模式，使 VMM 和 GuestOS 分别运行在不同的模式下。例如，使 GuestOS 运行在 Ring 下，GuestOS 的核心指令可以直接运行在计算机硬件上，而不需要经过 VMM；只有当 GuestOS 执行到某些敏感指令时，系统才会切换到 VMM。

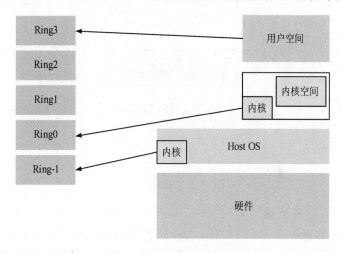

图 4.4　CPU 硬件辅助虚拟化

2）CPU 纯软件全虚拟化

在没有 CPU 硬件辅助虚拟化技术前，主要使用 Trap-and-Emulation 技术和二进制翻译技术实现对 X86 架构 CPU 的虚拟化。如图 4.5 所示，CPU 纯软件全虚拟化的核心是当一个进程要调用 CPU 指令时，客户机操作系统认为自己就运行在硬件上，直接对虚拟 CPU 进行调用。但是它无法执行，需封装转换为对宿主机操作系统的指令调用，中间会消耗资源，性能较差。

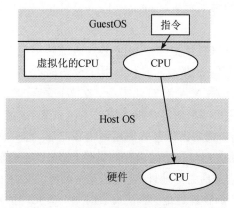

图 4.5　CPU 纯软件全虚拟化

2. 内存虚拟化

内存虚拟化的过程是先从客户机虚拟地址（Guest Virtual Address，GVA）到客户机物理地址（Guest Physical Address，GPA），再到宿主机虚拟地址（Host Virtual Address，HVA），最后访问宿主机物理地址（Host Physical Address，HPA）的过程，如图 4.6 所示。

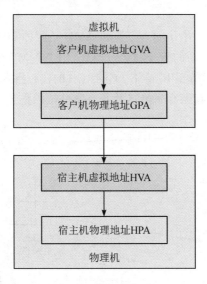

图 4.6　内存虚拟化

在非虚拟化中，物理机通过访问 CPU 的内存管理单元（Memory Management Unit，MMU）实现虚拟地址到物理地址的转换，每个进程的地址只在逻辑上连续，而真实的物理地址可能离散地分散在不同的地址空间。内存虚拟化的目的是让客户机使用一个隔离的、从零开始且具有连续的内存空间，如 KVM 虚拟机引入一层新的地址空间，即客户机物理地址空间（Guest Physical Address，GPA），不是真正的物理地址空间，而只是 HVA（宿主机虚拟地址，Host Virtual Address）在客户机地址空间的一个映射。对客户机来说，GPA 是从零开始的连续地址空间，但对于宿主机来说，GPA 并不一定是连续的，而有可能是多个不连续宿主机地址区间的映射。

目前有两种实现方式来进行客户机虚拟地址空间到宿主机物理地址空间之间的直接转换，即基于软件实现方式的影子页表（Shadow Page Table，SPT）和基于硬件辅助 MMU 的虚拟化技术。

简单来说，影子页表可以直接把客户端的虚拟地址映射成宿主端的物理地址。客户端想把客户端的页表基地址写入寄存器的时候，由于读写寄存器的指令是特权指令，因此在读写过程中会陷入 VMM，VMM 会截获此指令。在客户端写寄存器的时候，VMM 首先保存好写入的值，然后填入主机端针对客户端生成的一张页表（也就是影子页表）的基地址，当客户端读值的时候，VMM 会把之前保存的值返回给客户端。这样做的目的是，在客户端内核态中虽然有一张页表，但是客户端在访问内存的时候，MMU 不会使用这张页表，MMU 使用的是以填入寄存器上的真实的值为基地址（这个值是 VMM 写的主机端的物理地址）的影子页表，经过影子页表找到真实的物理地址。影子页表时刻与客户端的页表保持同步。

但是影子页表也有缺陷，VMM 需要对客户端的每一个进程维护一张表，于是便有了基于硬件辅助 MMU 的虚拟化技术，即硬件辅助方案 EPT(Extended Page Table)。EPT 技术在原有客户机页表实现了客户机的虚拟地址到其物理地址的映射，在此基础上，EPT 技术又引入了 EPT 页表来实现客户机物理地址到宿主机物理地址的再一次映射，这两次地址映射都是由硬件自动完成的。客户机运行时，客户机页表被载入寄存器，而 EPT 页表被载入专门的 EPT 页表指针寄存器 EPTP。EPT 页表对地址的映射机制与客户机页表对地址的映射机制相同。VMM 只需为每个客户机维护一套 EPT 页表，可大大减少内存的额外开销。

3. 网络虚拟化

在传统计算机网络架构中，一台物理机包含一个或多个网卡(Network Interface Card，NIC)，要实现网络访问，需要将自身的网卡连接到外部的物理网络设备上。图 4.7 所示是以交换机为例的网络架构图。

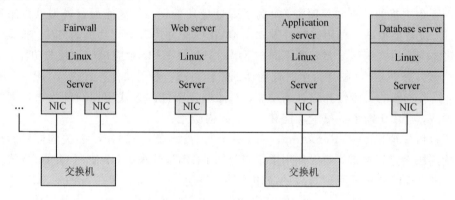

图 4.7　传统网络架构

图 4.8 所示为实现虚拟机网络隔离的架构图。系统管理员可以借助虚拟化技术对一台物理机资源进行抽象，将一张物理网卡虚拟成多张虚拟网卡(vNIC)，在整个主机内部构成一个虚拟的网络，虚拟网卡和虚拟交换机之间由虚拟的链路连接，虚拟机之间的通信由虚拟交换机完成。如果虚拟机之间涉及三层的网络包转发，则由虚拟路由器来完成。

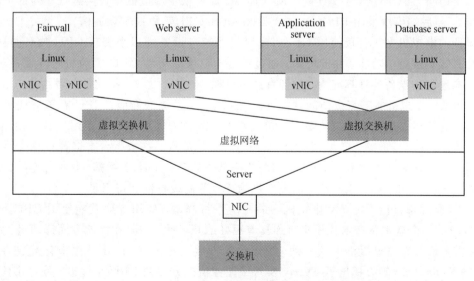

图 4.8　网络虚拟化架构

4. 图形处理单元虚拟化

图形处理单元(Graphics Processing Unit，GPU)是专门用来处理图形的核心处理器，为共享存储式多处理结构，因其具有高效的并行性、高密度的运算、超长图形流水线等优点，现主要用于实现计算机的图形呈现，具有高性能的多处理器阵列。GPU 最初用来加速计算机绘图工作，随着技术的发展，GPU 已有非常成熟的编程库接口，如 OpengL 和 DirectX。由于 GPU 包含很多计算核，因此它也可用于通用计算领域，其浮点运算和并行运算速度远远超过 CPU 的运算速度。

目前，主流 GPU 虚拟化大体上可以分为设备模拟、API 重定向、设备直连和全虚拟化四种方法。

设备模拟是使用 CPU 来模拟 GPU 的电气化接口，从而实现 GPU 的功能。早期的虚拟机只消耗宿主机的计算和存储资源，为了保证应用的运行，只能通过模拟外设来提供相应的功能。设备模拟是一种用纯软件方式模拟 GPU 硬件逻辑单元功能的方法。根据需求的不同，软件模拟的详细程度会有所不同，简单的只提供 GPU 对应接口和相关功能；详细的软件模拟可以提供 GPU 硬件每个时钟周期的工作过程。采用软件方式进行 GPU 各种功能的模拟，具有较好的灵活性和强大的功能，然而通过软件的方式模拟硬件行为也面临较大的性能挑战，常用于简单的显示功能和 GPU 架构研究。

应用接口虚拟化(API-Remoting，API 重定向)技术是指对 GPU 相关的应用程序编程接口在应用层中进行拦截，然后使用重定向(使用 GPU)或模拟(不使用 GPU)方式实现相应功能，将完成的结果返回给对应的应用程序。目前，OpengL 等传统图形 API 中已经广泛使用了 API 重定向虚拟化技术。研究者发现 GPU 驱动提供了统一的调用接口。图像渲染的 OpengL 编程接口和通用并行计算的 CUDA 编程接口与 GPU 内部实现没有关系。采用对调用接口二次封装的方法，API 重定向在接口层面上实现了虚拟化。这种方法相对简单，在图像渲染和通用计算方面都有广泛的应用。在 API 重定向框架下，客户虚拟机和宿主虚拟机上设立前后端模块，前端模块提供应用程序访问的通用接口，后端模块连接 GPU 驱动直接访问 GPU(对于类型 II 的 VMM 而言，此处宿主虚拟机是直接运行在硬件上的操作系统)，前后端模块采用 RPC(Remote Procedure Call)等协议实现通信。

早期的虚拟机无法直接使用 GPU，程序只能通过设备模拟来实现 GPU 独有的功能，该方法只能提供简单功能，性能较差。通过将虚拟机中原生的 GPU 驱动与硬件设备对接，能够极高地利用设备的计算能力。设备直连是早期一些 IO 设备虚拟化的一种可选方式。采用这种方式，虚拟机能够直接访问硬件资源，达到原生系统的性能。GPU 在该方法下只能给某一个虚拟机使用，而不能被多虚拟机共享，不适合云计算场景下多用户共享使用。但一些云服务(如亚马逊的 EC2)提供商仍采用这种直连的方式在云平台上部署 GPU，导致在计算量不足的任务执行过程中，GPU 的利用率低下，浪费了计算资源。设备直连的方法缺少必要的中间维护层和状态跟踪，对虚拟机的迁移等高级特性支持不足。

GPU 全虚拟化指不需要对虚拟机中的驱动进行修改，应用程序就能使用 GPU，即使用透明。GPU 全虚拟化技术比设备直连具有更好的共享性，同时在性能方面远超过设备模拟，不需要修改客户虚拟机中的驱动，可以说是发展至今最好的 GPU 虚拟化解决方案。Intel 的 Kung Tian 等人提出了 gVirt，实现了图像渲染方面的 GPU 全虚拟方案，并对该系统进一步优化，在通用计算领域提出了 gHyvi 和 gScale。NVIDIA 公司提出 GPUvm 系统，通过修改 VMM 实现了 GPU 全虚拟化。

GPU 虚拟化是指将显卡的使用时间切片化，并将这些显卡时间片分配给多台虚拟机使用的过程。我们现在使用 Citrix 的 3D 桌面虚拟化解决方案中，大部分是使用 NVIDIA 公司提供的显卡虚拟化技术，即 vCUDA(virtual CUDA)技术。vCUDA 采用在用户层拦截并重定向 CUDA - API 的思路，在虚拟机中建立物理 GPU 的逻辑映像虚拟 GPU，实现了 GPU 资源细粒度划分、重组与再利用等功能，支持挂起、恢复、多机并发等虚拟机高级特性，在应用层实现 GPU 通用计算虚拟化。

4.2.2　软件虚拟化

软件虚拟化即应用程序虚拟化，就是通过软件模拟来实现 VMM 层，通过纯软件的环境来模拟执行客户机里的指令。它不需要传统软件的安装流程，取而代之的是一种新的管理方式，打破应用程序、操作系统和托管操作系统之间的硬件联系。应用程序包可以被瞬间激活或失效，以及恢复默认设置，从而降低了干扰其他应用程序的风险，因为它们只运行在自己的计算空间内。

软件虚拟化技术解决三个方面的关键问题——安全性、性能及成本。从安全角度来讲，传统技术采用 C/S 架构的应用(即客户/服务端应用)，服务端需要应对数据的保存、打印和操控环境，还需要考虑数据在内外网的迁移问题，以保证知识产权及隐私不会被泄露，此外还存在恶意软件的运用，可能导致本地系统特权的扩大化，并受控于未授权的用户；从其设计本身来看，软件虚拟化是安全的，软件虚拟化项目会将所有系统和数据整合到一起，以流媒体形式部署到客户端，从而在设备层面上将数据遗失和被盗的风险降到了最低。性能也是软件虚拟化的优势之一，采用 C/S 架构的传统应用依靠网络进行传输，必须面对带宽消耗问题，会降低应用系统的性能；而软件虚拟化技术将各个应用系统集中，只通过一个虚拟界面进行网络传输，可以在带宽有限的情况下实现高性能作业，而不局限于设备、网络等因素。如今，操作系统及 PC 机的多样化，大大增加了 C/S 架构应用软件的开发及测试难度，系统管理多个软件客户端的开发成本高昂，运维难度大。而采用软件虚拟化技术，将相关程序和数据一次性地部署在数据中心的专用服务器上，由管理员进行统一管理，使用者只需要通过网络访问虚拟的客户端界面，就可以获得如同实际的客户端软件的使用体验，从而在物理成本、人员成本、技术支持的工作量等多个方面节约成本。

自 20 世纪 60 年代起，各种形式的软件虚拟化概念相继出现，直至近些年，以 Citrix(思杰)、Microsoft(微软)等公司为代表的软件虚拟化技术已趋于成熟。XenApp 采用 ICA协议，带宽占用极低而传输速度快，且不限于客户端设备、客户端操作系统平台，支持多终端远程访问、双因素用户认证等，降低了桌面管理成本，使用户可随时随地通过任何设备安全高效地工作。目前，最纯粹的软件虚拟化实现当属 QEMU。在没有启用硬件虚拟化辅助的时候，QEMU 通过软件的二进制翻译仿真出目标平台呈现给客户机，客户机的每一条目标平台指令都会被 QEMU 截取，并翻译成宿主机平台的指令，然后交给实际的物理平台执行。由于每一条指令都需要这样操作，其虚拟化性能比较差，同时也大大增加了软件复杂度。但好处是可以给客户机呈现各种平台，只要其支持二进制翻译。

下面依次介绍指令集、操作系统、编程语言、库函数等层面的虚拟化技术。

1. 指令集虚拟化

指令集虚拟化就是将某个硬件平台的二进制代码转换为另一个平台上的二进制代码，从而实现不同指令集间的兼容，这个技术也被形象地称为"二进制翻译"。

指令集虚拟化是一个复杂的过程，涉及许多技术的结合，包括编译技术、计算机系统结构技术、自适应软件技术等。指令集虚拟化可以在运行时动态完成，也可以在编译时静态完成；可以仅翻译用户级代码，也可以翻译整个系统代码。动态指令集虚拟化是在程序运行期间把代码片断从原始指令集翻译为目标指令集，静态指令集虚拟化则是脱机状态下进行翻译工作，然后再执行翻译过的代码。

一个完整的指令集包括很多部分，如寄存器组织、存储器结构、指令以及自陷和中断方式等。二进制翻译必须完整地再现这些接口和功能。从根本上讲，指令集虚拟化是一个软件过程。

2. 操作系统虚拟化

操作系统虚拟化是一种改变标准操作系统的方法。通过划分一个宿主操作系统的特定部分，产生一个隔离的操作执行环境，可以同时处理多个用户。这些用户之间不会有任何交互，即使他们使用同一个系统，他们的信息也会保持独立。

通过操作系统虚拟化，一个单独的系统被设置为像几个单独的系统一样运行，同时执行不同用户的命令。这些命令彼此独立，任何给定命令对来自其他用户的命令没有影响。这种资源划分使得用户并不知道自己是否在虚拟系统上。

如图 4.9 左图所示，虚拟机是一种操作系统虚拟化的实现形式，指通过软件模拟具有完整硬件系统功能的、运行在一个完全隔离环境中的完整计算机系统。在实体计算机中能够完成的工作，在虚拟机中都能够实现。在计算机中创建虚拟机时，需要将实体机的部分硬盘和内存容量作为虚拟机的硬盘和内存容量。每个虚拟机都有独立的 CMOS、硬盘和操作系统，可以像使用实体机一样对虚拟机进行操作。

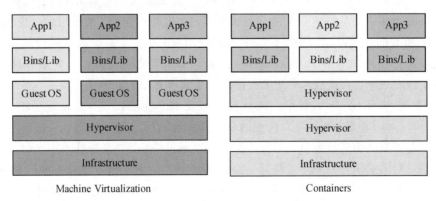

图 4.9　虚拟机和容器架构

如图 4.9 右图所示，容器是另一种操作系统虚拟化的实现形式，它允许在资源隔离的过程中运行应用程序和其依赖的、轻量的、操作系统级别的虚拟化技术。运行应用程序所需的所有必要组件都应打包为单个镜像，这个镜像是可以重复使用的。当镜像运行时，它运行在独立的环境中，并不会和其他的应用共享主机操作系统的内存、CPU 或磁盘，这保证了容器内的进程不会影响到容器外的任何进程。

容器只虚拟化了操作系统或应用程序，而不像虚拟机一样虚拟化了所有硬件，因此减少资源消耗。

3. 编程语言虚拟化

编程语言层上的虚拟机称为语言级虚拟机，如 JVM(Java Virtual Machine)和微软的 CLR(Common Language Runtime)。这一类虚拟机运行的是进程级的作业，所不同的是，这些程序所针对的不是一个硬件上存在的体系结构，而是一个虚拟体系结构。这些程序的代码首先被编译为针对其虚拟体系结构的中间代码，再由虚拟机运行时可支持系统翻译为硬件的机器语言进行执行。

4. 库函数虚拟化

操作系统通常会通过应用级的库函数提供给应用程序一组服务，如文件操作服务、时间操作服务等。这些库函数可以隐藏操作系统内部的一些细节，使应用程序编程更为简单。不同操作系统的库函数有着不同的服务接口，例如 Linux 的服务接口是不同于 Windows 的。库函数虚拟化就是通过虚拟化操作系统的应用级库函数的服务接口，使应用程序不需要修改，就可以在不同的操作系统中无缝运行，从而提高系统间的互操作性。例如，Wine 就是在 Linux 上模拟了 Windows 的库函数接口，使一个 Windows 应用程序能够在 Linux 上正常运行。

第5章 存 储 技 术

云存储的概念与云计算类似，它是指通过集群应用、网格技术或分布式文件系统等功能，将各种不同类型的存储设备在网络中通过应用软件集合起来，共同对外提供业务访问和数据存储功能的一个系统，可保证数据的安全，节约物理存储空间。本章将从存储的类型、对象及载体三个方面介绍云存储。

5.1 存储的类型

与以往的单机环境相比，基于云的存储技术在空间维度上多是由数量众多的、低成本和高性价比的普通 PC 服务器，通过网络组成的分布式存储系统来实现；在体量上要求支持横向扩展，即通过增加普通 PC 服务器来提高系统的整体处理能力，以实现大规模存储；在时间维度上不仅要实现海量数据的长期保存，还要在数据分布、容错、一致性及故障恢复等方面实现高可用存储。故本节将从分布式、大规模、高可用三个方面介绍云存储的类型。

5.1.1 分布式存储

传统的网络存储系统采用集中的存储服务器存放所有的数据，存储服务器是系统性能的瓶颈，也是可靠性和安全性的焦点，不能满足大规模存储应用的需要。分布式存储系统采用可扩展的系统结构，以存储单元集群的形式，将数据拆分到多个物理服务器上，通常可以拆分到多个数据中心上、在集群节点之间建立数据同步和协调的机制，来保证数据的可用性。

分布式存储是可大规模扩展的云存储系统（如 Amazon S3）以及本地分布式存储系统（如 Cloudian HyperStore）的基础。

分布式存储系统可以存储数据的类型有：

（1）文件。分布式文件系统允许设备安装虚拟驱动器，而实际文件分布在多台计算机上。

（2）块存储。块存储系统将数据存储在称为块的卷中，这是提供更高性能的基于文件结构的替代。常见的分布式块存储系统是存储区域网络（SAN）。

（3）对象。分布式对象存储系统将数据包装到有唯一 ID 或哈希标识的对象中。

分布式存储系统具有以下优点：

（1）可伸缩性。分布存储的主要目的是水平扩展，通过向群集添加更多存储节点来增加更多存储空间。

（2）冗余。分布式存储系统可以存储同一数据的多个副本，以实现高可用、备份和灾难恢复的目的。

（3）成本。分布式存储让使用更便宜的商品硬件、以低成本存储大量数据成为可能。

（4）性能。在某些情况下，分布式存储可以提供比单个服务器更好的性能。例如，分布式存储可以将数据存储在离其使用者更近的位置，大规模并行访问大文件。

分布式存储系统需要考虑的因素有：

一致性（Consistency）：分布式存储系统需要使用多台服务器共同存储数据。而随着服务器数量的增加，服务器出现故障的概率也在不断增加。为了保证在某些服务器出现故障的情况下系统仍然可用，一般做法是把一个数据分成多份存储在不同的服务器中。但是由于故障和并行存储等情况的存在，同一个数据的多个副本之间可能存在不一致的情况。这里称保证多个副本的数据完全一致的性质为一致性。

可用性（Availability）：分布式存储系统需要多台服务器同时工作。当服务器数量增多时，其中的一些服务器出现故障是在所难免的。在系统中的一部分节点出现故障之后，不影响客户端的读/写请求称为可用性。

分区容错性（Partition Tolerance）：分布式存储系统中的多台服务器通过网络进行连接。但是无法保证网络一直通畅，分布式系统便需要具有一定的容错性来处理网络故障带来的问题。一个令人满意的情况是，当一个网络因为故障而分解为多个部分的时候，分布式存储系统仍然能够工作。

1998 年，由埃里克·布鲁尔教授提出的 CAP 定理（别称：布鲁尔定理）定义了分布式存储系统的固有局限性。该定理指出，分布式系统不能同时保持一致性、可用性和分区容限性，它必须放弃这三个属性中的至少一个。如果在某个分布式存储系统中数据无副本，那么系统必然满足强一致性条件，因为只有独一份数据才不会出现数据不一致的情况，此时 C 和 P 两要素具备；如果系统发生了网络分区状况或者宕机，必然导致某些数据不可以访问，此时可用性条件就不能被满足，即在此情况下获得了 CP 系统，但是 CAP 不可同时满足。而由于网络硬件无法避免地会出现延迟丢包等问题，所以分区容错性是必须实现的，存储系统设计时需要在一致性和可用性之间权衡。在某些场景下，不允许丢失数据，而在另外一些场景下，极小概率地丢失部分数据是允许的，可用性更加重要。例如，Oracle 数据库的 DataGuard 复制组件包含三种模式：

（1）最大保护模式：即强同步复制模式，写操作要求主库先将操作日志（数据库的 redo/undo 日志）同步到至少一个备库才可以返回客户端成功。这种模式可保证即使主库出现无法恢复的故障，比如硬盘损坏，也不会丢失数据。

（2）最大性能模式：即异步复制模式，写操作只需要在主库上执行成功就可以返回给客户端成功的消息，主库上的后台线程会将重做日志通过异步的方式复制到备库。这种方式虽然保证了性能及可用性，但是可能会丢失数据。

（3）最大可用性模式：上述两种模式的折中。正常情况下为最大保护模式，如果主备之间的网络出现故障，则切换为最大性能模式。这种模式在一致性和可用性之间做了一个很好的权衡。

分布式存储系统具有以下某些或全部功能：

（1）分区：能够将数据分配给多个群集节点，并使客户端能够从多个节点无缝检索数据的能力。

（2）复制：在多个群集节点之间复制同一数据项，并在客户端更新数据时保持数据一致性的能力。

（3）容错能力：即使分布式存储集群中的一个或多个节点出现故障，也可以保持数据可用性的能力。

（4）弹性可伸缩性：使数据用户可以在需要时接收更多存储空间，并通过向集群添加或删除存储单元，使存储系统操作员可以上下扩展存储系统。

以分布式对象存储系统 Amazon S3 为例，在 S3 中，对象由数据和元数据组成。元数据是一组名称-值对，提供了有关对象的信息，如上次修改的日期。S3 支持用户定义的标准元数据字段和自定义元数据。

对象被组织到存储桶中，Amazon S3 用户需要创建存储桶，用于指定存储对象或从中检索对象的存储桶。存储桶是允许用户组织其数据的逻辑结构。在幕后，实际数据可能会分布在同一区域内多个 Amazon 可用区（AZ）的大量存储节点中，但 Amazon S3 存储桶始终绑定在特定的地理区域（如美国东部北弗吉尼亚州 1 号节点），并且对象不能离开该区域。

S3 中的每个对象都由存储桶、键和版本 ID 标识。密钥是其存储桶中每个对象的唯一标识符。S3 跟踪每个对象的多个版本，由版本 ID 指示。

根据 CAP 定理，Amazon S3 虽然提供了高可用性和分区容限，但不能保证一致性。相反，它提供了最终的一致性模型：

（1）当使用者在 S3 中放置或删除数据时，数据将被安全地存储，但是更改可能需要一些时间才能跨 Amazon S3 复制。

（2）发生更改时，立即读取数据的客户端仍会看到该数据的旧版本，直到传播更改为止。

（3）S3 保证原子性。客户端读取对象时，可以查看对象的旧版本或新版本，但无法查看损坏的部分版本。

5.1.2　大规模存储

大规模存储系统（Large Scale Storage System）是大量普通 PC 服务器通过 Internet 互联和分布式技术，作为一个整体对外提供的存储服务。单机存储引擎由哈希表、B 树等数据结构在机械磁盘、SSD（Solid State Drive，固态硬盘）等持久化介质上实现；从分布式的角度看，整个集群中所有服务器上的存储介质（内存、机械硬盘、SSD）构成一个整体，其他服务器上的存储介质与本机存储介质一样都是可访问的，区别仅在于需要额外的网络传输及网络协议栈等访问开销。

大规模分布式存储系统具有以下几个特性：

（1）可扩展。大规模分布式存储系统可以扩展到几百台甚至几千台的集群规模，而且随着集群规模的增长，系统整体性能表现为线性增长。

（2）低成本。大规模分布式存储系统的自动容错、自动负载均衡机制，使其可以构建在普通 PC 机之上。其线性扩展能力也使增加、减少机器非常方便，可以实现自动运维。

（3）高性能。无论是针对整个集群还是单台服务器，都要求存储系统具备高性能。

（4）易用性。大规模分布式存储系统不仅需要提供易用的对外接口，也要求具备完善的监控、运维工具，并能够方便地与其他系统集成。例如，从 Hadoop 云计算系统导入数据。

与传统单机存储系统相比，大规模分布式存储系统能够将数据分布到多个节点上，并在多个节点之上实现负载均衡。数据分布的方式主要有两种：一种是哈希分布，如一致性哈希，代表系统有 Amazon Dynamo 系统；另一种是顺序分布，即每张表格上的数据按照主键整体有序，代表系统有 Google Bigtable 系统。Bigtable 系统将一张大表根据主键切分为有序范围，每个有序范围是一个子表。

将数据分散到多台机器后，需要保证多台机器之间的负载均衡。衡量机器负载涉及的因素很多，如机器 Load 值、CPU、内存、磁盘以及网络等资源使用情况、读写请求数及请求量。大规模分布式存储系统需要自动识别负载高的节点，当某台机器的负载较高时，将它服务的部分数据迁移到其他机器，实现自动负载均衡。

在大规模分布式存储的部署问题上，跨机房问题极为重要，机房之间网络延时较大，且不稳定。跨机房问题主要包含两个方面：数据同步和服务切换。跨机房部署方案有三个：集群整体切换、单个集群跨机房和 Paxos 选主副本。

（1）集群整体切换。集群整体切换是最常见的方案。如图 5.1 所示，假设某系统部署在两个机房：机房 1 和机房 2，两个机房应保持独立，每个机房部署单独的总控节点，且每个总控节点各有一个备份节点。当总控节点出现故障时，系统能够自动将机房内的备份节点切换为总控节点继续提供服务。另外，两个机房部署了相同的副本数。例如数据分片 A 在机房 1 存储的副本 A_{11} 和 A_{12}，在机房 2 存储的副本为 A_{21} 和 A_{22}。在某个时刻，机房 1 为主机房，机房 2 为备机房。

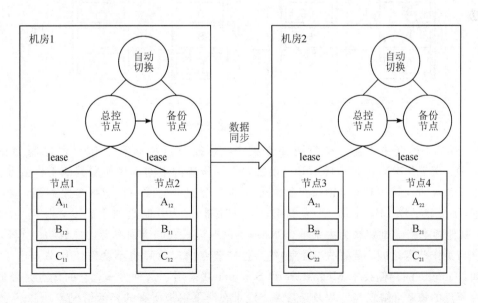

图 5.1　集群整体切换

机房之间的数据同步方式可能为强同步或异步。如果采用异步模式，那么备机房的数据落后于主机房。当主机房整体出现故障时，有两种选择可进行操作，将服务切换到备机房，忍受数据丢失的风险；停止服务，直到主机房恢复为止。因此，如果数据同步方式为异步，那么主备机房是手工切换，允许用户根据业务的特点选择"丢失数据"或者"停止服务"。

如果采用强同步模式，则备机房的数据和主机房保持一致。当主机房出现故障时，除了手工切换，还可以采用自动切换的方式，即通过分布式锁服务检测主机房的服务，当主机房出现故障时，自动将备机房切换为主机房。

（2）单个集群跨机房。上一种方案的所有主副本只能同时存在于一个机房内，而本方案是将单个集群部署到多个机房，允许不同数据分片的主副本位于不同的机房，如图 5.2 所示。每个数据分片在机房 1 和机房 2，总共包含 4 个副本，其中 A_1、B_1、C_1 是主副本，A_1 和 B_1 在机房 1，C_1 在机房 2。整个集群只有一个总控节点，它需要同机房 1 和机房 2 的所有工作节点保持通信。当总控节点出现故障时，分布式锁服务将检测到故障，并将机房 2 的备份节点切换为总控节点。

如果采用如图 5.2 所示的部署方式，总控节点在执行数据分布时，需要考虑机房信息，应将同一个数据分片的多个副本分布到多个机房，从而防止单个机房出现故障而影响正常服务。

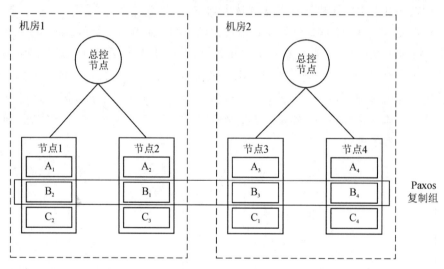

图 5.2　单个集群跨机房

（3）Paxos 选主副本。在前两种方案中，总控节点需要和工作界定之间保持租约（lease），当工作节点出现故障时，自动将它上面服务的主副本切换到其他工作节点。如果采用 Paxos 协议选主副本，则每个数据分片的多个副本构成一个 Paxos 复制组。如图 5.3 所示，B_1、B_2、B_3、B_4 构成一个复制组，某一时刻 B_1 为复制组的主副本，当 B_1 出现故障时，其他副本将尝试切换为主副本，Paxos 协议保证只有一个副本会切换成功。这样，总控节点与工作节点之间不再需要保持租约，总控节点出现故障也不会对工作节点产生影响。例如，Google 的存储技术 Megastore 和 Spanner 就采用了这种方式，它的优点是降低了对总控节点的依赖，缺点是工程复杂度高，很难在线下模拟所有的异常情况。

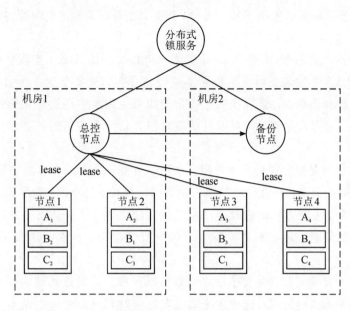

图 5.3 Paxos 选主副本

5.1.3 高可靠存储

高可靠存储系统中的数据往往保存多个副本。一般来讲，其中一个副本为主副本，其他副本为备副本，常见操作的数据写入主副本，由主副本确定操作的顺序并复制到其他副本。

如图 5.4 所示，客户端将写请求发送给主副本，主副本将写请求复制到其他备副本，常见的做法是同步操作日志。首先，主副本将操作日志同步到备副本，备副本回放操作日志，完成后通知主副本；接着，主副本修改本机，等到所有的操作都完成后再通知客户端写成功。图 5.4 中的复制协议要求主备同步成功才可以返回客户端写成功，这种协议称为强

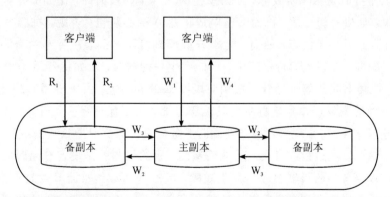

W_1—写请求发给主副本；
W_2—主副本将写请求同步给备副本；
W_3—备副本通知主副本同步成功；
W_4—主副本返回客户端写成功；

R_1—读请求发送给其中一个副本；
R_2—将读取结果返回给客户端。

图 5.4 主备复制

同步协议。强同步协议虽然提供了强一致性，但是，如果备副本出现问题将阻塞写操作，导致系统可用性较差。

假设所有副本个数为 N，且 N＞2，即备副本个数大于 2。那么，实现强同步协议时，主副本可以将操作日志并发地发给所有备副本并等待回复，只要至少 1 个备副本返回成功，就可以回复客户端操作成功。强同步的好处在于如果主副本出现故障，至少有 1 个备副本拥有完整的数据，分布式存储系统可以自动地将服务切换到最新的备副本，而不用担心数据的丢失。

与强同步对应的复制方式是异步复制。在异步复制下，主副本不需要等待备副本的回应，只需要本地修改成功，就可以告知客户端写操作成功。另外，主副本通过异步机制，比如单独的复制线程，可将客户端修改操作推送到其他副本。异步复制的好处在于系统可用性较好，但一致性较差，如果主副本发生不可恢复的故障，可能会丢失最后一部分更新操作。

强同步复制和异步复制都是将主副本的数据以某种形式发送到其他副本，这种复制协议称为基于主副本的复制协议。这种方法要求在任何时刻只能有一个副本为主副本，由它来确定写操作之间的顺序。除了基于主副本的复制协议，高可靠存储系统中还可能使用基于写多个存储节点的复制协议。比如 Dynamo 系统中的 NWR（分布式一致性协议）复制协议，其中 N 为副本数量，W 为写操作的副本数，R 为读操作的副本数。NWR 协议中的多个副本不再区分主和备，客户端根据一定的策略往其中的 W 个副本写入数据，读取其中的 R 个副本。只要 W＋R＞N，就可以保证读到的副本中至少有一个包含了最新的更新。然而，这种协议的不同副本的操作顺序可能不一致，从多个副本读取时可能出现冲突。这种方式在实际系统中比较少见，不建议使用。

随着集群规模变得越来越大，故障发生的概率也越来越大，高容错率是高可靠存储系统设计的重要目标。容错的第一步是故障检测，心跳是一种十分有效的操作。假设总控机 A 需要确认工作机 B 是否发生故障，那么总控机 A 每隔一段时间，比如 1 s，向工作机 B 发送一个心跳包。如果一切正常，机器 B 将响应机器 A 的心跳包；否则，机器 A 重试一定次数后，确认机器 B 发生了故障。然而，机器 A 收不到机器 B 的心跳并不能确保机器 B 发生故障并停止了服务，在系统运行过程中，可能发生各种错误，比如机器 A 与机器 B 之间网络发生问题，机器 B 过于繁忙导致无法响应机器 A 的心跳包。由于机器 B 发生故障后，往往需要将它上面的服务迁移到集群中的其他服务器，为了保证强一致性，需要确保机器 B 不再提供服务，否则，将出现多台服务器同时服务同一份数据而导致数据不一致的情况。

高可靠存储可以通过租约机制进行故障检测。租约机制就是设定有超时时间的一种授权。假设机器 A 需要检测机器 B 是否发生故障，机器 A 可以给机器 B 发放租约，机器 B 持有的租约在有效期内才允许提供服务，否则主动停止服务。机器 B 的租约快要到期的时候应向机器 A 重新申请租约。正常情况下，机器 B 通过不断申请租约来延长有效期，当机器 B 出现故障或者与机器 A 之间的网络发生故障时，表示机器 B 的租约将过期，而机器 A 能够确保机器 B 不再提供服务，机器 B 的服务可以被安全地迁移到其他服务器。

当总控机检测到工作机发生故障时，需要将服务迁移到其他工作机节点。常见的高可靠存储系统分为两种结构：单层结构和双层结构。大部分系统为单层结构，在系统中对每个数据分片维护多个副本；只有类似 Bigtable 系统为双层系统，将存储和服务分为两层，存储层对每个数据分片维护多个副本，服务层只有一个副本提供服务。单层结构和双层结构的故障恢复机制不同，如图 5.5 所示。

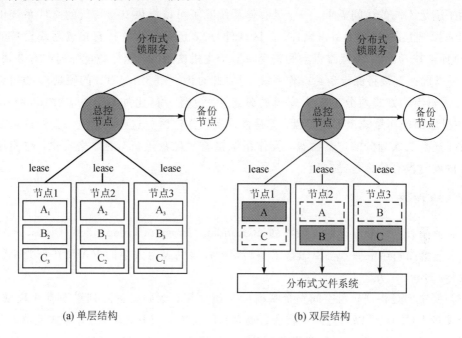

(a) 单层结构　　　　　　　　　　　　(b) 双层结构

图 5.5　故障恢复

单层结构的高可靠存储系统维护了多个副本，如副本个数为 3，主备副本之间通过操作日志同步。如图 5.5(a) 所示，某单层结构的系统中有 3 个数据分片 A、B、C，每个数据分片存储了三个副本。其中，A_1、B_1、C_1 为主副本，分别存储在节点 1、节点 2 以及节点 3。假设节点 1 发生故障，将被总控节点检测到，总控节点选择一个最新的副本，比如 A_2 或者 A_3 替换 A_1 成为新的主副本并提供写副本。节点下线分为两种情况：一种是临时故障，节点过一段时间重新上线；另一种情况是永久性故障，需要执行增加副本操作，即选择某个节点拷贝 A 的数据，称为 A 的备副本。

双层结构的系统会将所有的数据持久化写入底层的分布式文件系统，每个数据分片同一时间只有一个提供服务的节点。如图 5.5(b) 所示，某双层结构的高可靠存储系统有 3 个数据分片，A、B 和 C，它们分别被节点 1、节点 2 和节点 3 所服务。当节点 1 发生故障时，总控节点将选择一个工作节点，比如节点 2，加载 A 的服务。由于 A 的所有数据都存储在共享的高可靠存储系统中，节点 2 只需要从底层高可靠存储系统读取 A 的数据并加载到内存中。节点故障会影响系统服务，在故障检测以及故障恢复的过程中，不能提供写服务以及强一致读服务。停服务时间包含两个部分：故障检测时间和故障恢复时间。故障检测时间一般为几秒到十几秒，和集群规模密切相关，集群规模越大，故障检测对总控节点造成的压力就越大，故障检测时间就越长。故障恢复时间一般很短，单层结构的备副本和主副本之间保持实时同步，切换为主副本的时间很短；双层结构故障恢复只需要将数据的索引加载到内存中，而不是加载所有数据。

5.2　存储的对象

　　为了满足不同的访问需求，一个云存储系统除了可以提供支持传统的文件系统以及一些专用的管理工具软件（如备份软件、分区软件）外，还有一些支持直接读写块设备的软件（如数据库的块存储）；将裸磁盘空间整个映射给主机使用的，比如磁盘阵列中有 3 块 1 TB 硬盘，可以选择直接将裸设备给操作系统使用（此时识别出 3 个 1 TB 的硬盘），也可以经过 RAID、逻辑卷等方式划分出多个逻辑的磁盘供系统使用（比如划分为 6 个 500 GB 的磁盘），主机层面操作系统识别出硬盘，但是操作系统无法区分这些映射的磁盘到底是真正的物理磁盘还是二次划分的逻辑磁盘，操作系统接着对磁盘进行分区、格式化，与使用服务器内置的硬盘没有什么差异。

5.2.1　块存储

　　块存储指在一个独立磁盘冗余阵列（Redundant Array of Independent Disks，RAID）集中，先在一个控制器中加入一组磁盘驱动器，然后提供固定大小的 RAID 块作为 LUN（逻辑单元号）的卷。

　　块存储主要是将裸磁盘空间整个映射给主机使用，例如磁盘阵列里面有 5 块硬盘（假设每个硬盘 1 GB），可以通过划逻辑盘、做 RAID 或者 LVM（逻辑卷）等方式逻辑划分出 N 个逻辑的硬盘。（假设划分完的逻辑盘也是 5 个，每个也是 1 GB，但是这 5 个 1 GB 的逻辑盘已经与原来 5 个物理硬盘的意义完全不同。例如，第一个逻辑硬盘 A 里面，可能第一个 200 MB 是来自物理硬盘 1，第二个 200 MB 是来自物理硬盘 2，所以逻辑硬盘 A 是由多个物理硬盘逻辑虚构出来的硬盘。）

　　接着块存储采用映射的方式将这几个逻辑盘映射给主机，主机上面的操作系统会识别到有 5 块硬盘，但是操作系统是区分不出到底是逻辑硬盘还是物理硬盘，它认为只是 5 块裸的物理硬盘而已，与直接拿一块物理硬盘挂载到操作系统没有区别，至少操作系统在感知上没有区别。

　　此种方式下，操作系统还需要对挂载的裸硬盘进行分区、格式化后才能使用，与平常主机内置硬盘的方式相同。块存储适用于数据库、ERP（Enterprise Resource Planning，企业资源计划）等企业核心应用的存储，具有三大存储中最低的时延。Ceph 的块存储是基于 RADOS（Reliable Autonomic Distributed Object Store），如图 5.6 所示。因此，Ceph 也借助 RADOS 的快照、复制和一致性等特性，提供了快照、克隆和备份等操作。

　　Ceph 的块设备是一种精简置备模式，可以拓展块存储的大小，且存储的数据以条带化的方式存储到 Ceph 集群中的多个 OSD（Object Storage Device，对象存储资源）中，可以直接与云计算平台进行对接，比如 OpenStack 等。另外，Ceph 提供了访问块存储的 API 和内核模块，而内核模块解决了通过裸机访问 Ceph 块存储的问题。

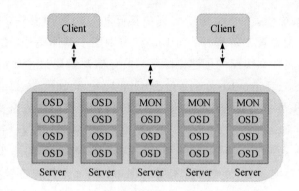

图 5.6 RADOS Cluster

Ceph 块存储客户端可以简单地划分为 3 层，分别是 API 接口层、块存储逻辑层和 librados 层，如图 5.7 所示。API 层主要包括 RBD 和 Image 两个类，如图 5.8 所示。

图 5.7 Ceph 三层

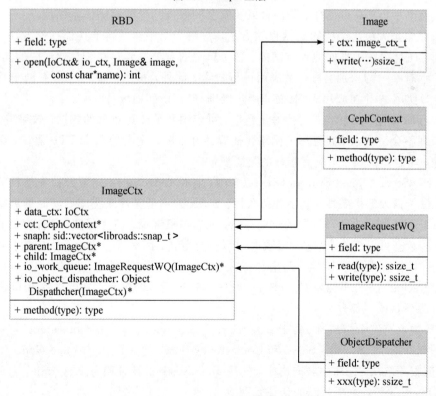

图 5.8 Ceph 块存储客户端 API 层

RBD 是块存储系统相关的类，用于实现块存储相关的管理操作，比如创建删除镜像、创建镜像组和镜像的复制配对等操作。而 Image 类则用于具体镜像（磁盘）的操作，比如镜像数据的读写、镜像属性和快照的创建删除等。块存储逻辑层最主要的类是 ImageCtx 类，主要包含 CephContext、ImageRequestWQ 和 ObjectDispatcher 类。ImageCtx 类为块设备（Image）上下文类，该类负责处理块设备相关的 IO 操作，核心任务是实现块设备线性空间到对象存储之间的转换。除此之外，还包括一些高级功能，包括磁盘镜像、快照和磁盘组等。上述 ImageRequestWQ 类是一个 IO 相关的队列类，接口层的异步请求会缓存到该队列中，并通过内部接口实现 IO 的发送；ObjectDispatcher 类负责将转换后的请求（对象请求）发送到 RADOS 集群中；CephContext 类负责启动 Log 日志，实现对 ImageCtx 类相关线程的监控。

5.2.2 对象存储

目前，两种主流网络存储架构是存储局域网（Storage Area Network，SAN）和网络附加存储（Network Attached Storage，NAS）。对象存储（Object-based Storage）是一种新的网络存储架构。基于对象存储技术的设备就是对象存储设备（Object-based Storage Device，OSD）。1999 年成立的全球网络存储工业协会（Storage Networking Industry Association，SNIA）的对象存储设备工作组发布了 ANSI 的 X3T10 标准。总体上来讲，对象存储综合了 NAS 和 SAN 的优点，同时具有 SAN 的高速直接访问和 NAS 的分布式数据共享等优势，提供了具有高性能、高可靠性、跨平台以及安全的数据共享的存储体系结构。

对象存储是无层次结构的数据存储方法，常用于云中。不同于其他存储方法，它不使用目录树，而是存在于平面地址空间内。各个单独的对象单元存在于存储池中的同一级别。每个对象都有唯一的识别名称，供应用进行检索。此外，每个对象可包含有助于检索的元数据，专为使用 API 在应用级别（而非用户级别）进行访问而设计。

对象存储具有以下优点：支持海量数据，可容纳几乎任意数量的数据；效率高，其扁平化数据管理不会造成索引的瓶颈；网络化兼容性好，接口定义使用 HTTP 协议，天生适配网络传输；可自定义属性，具有很好的检索属性。

以 OpenStack Object Storage（Swift）为例，它是 OpenStack 开源云计算项目的子项目之一，提供了强大的扩展性、冗余和持久性。Swift 并不是文件系统或者实时的数据存储系统，它用于永久类型的静态数据的长期存储，如虚拟机镜像、图片存储、邮件存储和存档备份等，这些数据可以检索、调整，必要时可以进行更新。因为没有中心单元或主控结点，所以 Swift 提供了更强的扩展性、冗余和持久性。Swift 的前身是 Rackspace Cloud Files 项目。随着 Rackspace 公司加入 OpenStack 社区，Swift 于 2010 年 7 月被贡献给 OpenStack，作为该开源项目的一部分。

Swift 主要有三个组成部分：Proxy Server、Storage Server 和 Consistency Server。其架构如图 5.9 所示，Storage Serve 和 Consistency Serve 均允许在 Storage Node 上。目前，Auth 认证服务已从 Swift 中剥离出来，使用 OpenStack 的认证服务 Keystone，目的在于实现统一 OpenStack 各个项目间的认证管理。

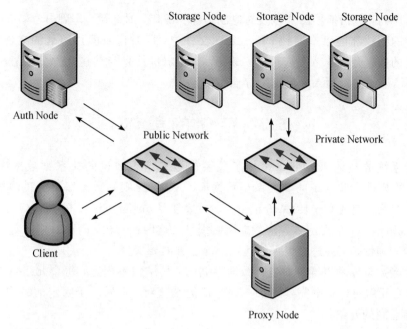

图 5.9 Swift 对象存储

5.2.3 流存储

结构化数据和非结构化数据是流式数据的两种基本类型。其中,结构化数据是对非结构化数据的多维度描述。因此,持久化后的非结构化数据索引信息中,除了本身所在的文件路径信息外,还包含了更多的描述信息。这就要求非结构化的索引结构具有一定的灵活性,需要非结构化数据能够自定义元数据信息,同时具有良好的检索能力。因此,就产生了流式数据存储方案,即以扁平化方式放置非结构化数据,以行列混合的形式将元数据映射到 Key-Value 键值存储引擎中。元数据由数据定位信息以及对应的结构化信息构成。

对于流式数据的存储,以常见的道路交通摄像头抓拍数据的归档存储为例,这是包含结构化与非结构化数据的典型流式数据存储场景,如图 5.10 所示。交通摄像头每时每刻都

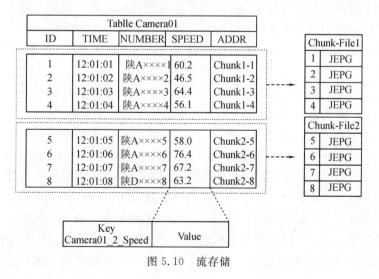

图 5.10 流存储

在生成数据序列,包括抓拍图片以及对应的摄像头编码、时间戳、车牌号、车速等信息。每一条记录中的图片都可以追加到 ChunkFile 文件中,同时记录图片所处的文件与偏移量,而非结构化的数据分别写入对应列中。最终,文件定位信息与结构化部分信息一起作为元数据信息,结果压缩后写入底层 KV 存储引擎。

5.3　存储的载体

云存储系统的载体可以分为采用了关系模型来组织数据的关系型数据库和不遵循 ACID 原则的数据存储系统的非关系型数据库。ACID 原则是数据库事务正确执行的四个基本要素的缩写,包括原子性(Atomicity)、一致性(Consistency)、隔离性(Isolation)和持久性(Durability)。一个支持事务的数据库必须具有这四种特性,否则在事务过程当中无法保证数据的正确性,交易过程极可能达不到交易方的要求。

非关系型数据库是以键值对进行数据存储的,且结构不固定,每个元组可以有不一样的字段,每个元组可以根据需要增加一些自己的键值对,不局限于固定的结构,这样可以减少时间和空间的开销。

5.3.1　关系型数据库

关系型数据库是采用了关系模型来组织数据的数据库,以行和列的形式存储数据,以便于用户理解。关系型数据库中一系列的行和列被称为表,一组表组成了数据库。用户通过查询来检索数据库中的数据,而查询是一个用于限定数据库中某些区域的执行代码。关系模型可以简单理解为二维表格模型,而一个关系型数据库就是由二维表及其关系组成的一个数据组织。

传统的关系型数据库采用表格的存储方式,数据以行和列的方式进行存储,方便读取和查询。

关系型数据库按照结构化的方法存储数据。每个数据表都必须对各个字段定义(也就是先定义好表的结构),再根据表的结构存入数据,这样做的好处就是由于数据的形式和内容在存入数据之前就已经定义好了,所以整个数据表的可靠性和稳定性比较高。但带来的问题就是一旦存入数据后,如果需要修改数据表的结构就会十分困难。

关系型数据库为了避免重复、规范化数据以及充分利用好存储空间,把数据按照最小关系表的形式进行存储,这样数据的管理就变得很清晰,一目了然,当然,这主要是一张数据表的情况。如果是多张表情况就不一样了,由于数据涉及多张数据表,而数据表之间存在着复杂的关系,因此随着数据表数量的增加,数据管理会越来越复杂。

由于关系型数据库将数据存储在数据表中,因此数据操作的瓶颈出现在多张数据表的操作中,而且数据表越多,这个问题越严重。要缓解这个问题,只能提高处理能力,也就是选择速度更快、性能更高的计算机,这样的方法虽然可以在一定程度上拓展空间,但拓展空间比较有限,也就是关系型数据库只具备纵向扩展的能力。

关系型数据库采用结构化查询语言(即 SQL)对数据库进行查询,SQL 早已获得了各个数据库厂商的支持,成为数据库行业的标准。它能够支持数据库的 CRUD(增加、查询、更新、删除)操作,具有非常强大的功能。此外,SQL 还可以采用类似索引的方法来加快查询操作。

　　在数据库的设计开发过程中，开发人员通常会面对同时需要对一个或者多个数据实体（包括数组、列表和嵌套数据）进行操作的情况。在关系型数据库中，一个数据实体一般首先要分割成多个部分，再对分割的部分进行规范化，然后分别存入多张关系型数据表中，这是一个复杂的过程。而随着软件技术的发展，相当多的软件开发平台都提供了一些简单的解决方法。例如，可以利用 ORM 层（也就是对象关系映射）将数据库中的对象模型映射到基于 SQL 的关系型数据库中，从而进行不同类型系统的数据之间的转换。

　　关系型数据库强调 ACID 规则（原子性（Atomicity）、一致性（Consistency）、隔离性（Isolation）、持久性（Durability）），可以满足对事务性要求较高或者需要进行复杂数据查询的数据操作，以及高性能和操作稳定性的要求。关系型数据库强调数据的强一致性，对于事务的操作有很好的支持。关系型数据库可以控制事物的原子性细粒度，并且一旦操作有误或者有需要，可以马上回滚事务。

　　关系型数据库常见的有 Oracle、SQLServer、DB2 和 MySQL。除了开源数据库 MySQL，大多数的关系型数据库是闭源的，如需使用必须支付商业费用。

　　下面将对常见的关系型数据库做一个初步介绍。

1. MySQL 数据库

　　MySQL 是一个关系型数据库管理系统，由瑞典 MySQL AB 公司开发，目前属于 Oracle 公司。MySQL 是一种关联数据库管理系统，它将数据保存在不同的表中，而不是将所有数据放在一个大仓库内，这样就增加了速度并提高了灵活性。MySQL 数据库包含连接池组件、管理服务和工具组件、SQL 接口组件、分析器组件、优化器组件、缓冲组件、插件式存储引擎和物理文件。

　　MySQL 数据库采用三层的逻辑架构，如图 5.11 所示。最上层的服务并不是 MySQL 所独有的，大多数基于网络的客户端/服务器的工具或者服务都有类似的架构，如连接处理、授权认证、安全等。

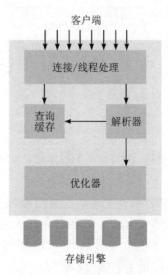

图 5.11　MySQL 架构

　　MySQL 大多数的核心服务功能都在第二层架构，包括查询、解析、分析、优化、缓存以及所有的内置函数（如日期、时间、数学和加密函数），所有跨存储引擎的功能都在这一层实现（如存储过程、触发器、视图等）。第三层包含了存储引擎，存储引擎负责 MySQL 中数据的存储和提取。和 GNU/Linux 下的各种文件系统一样，每个存储引擎都有它的优势和劣势。服务器通过 API 与存储引擎进行通信。这些 API 接口屏蔽了不同存储引擎之间的差异，使得这些差异对上层的查询过程透明。存储引擎 API 包含几十个底层函数，用于执行诸如"开始一个事务"或者"根据主键提取一行记录"等操作。但存储引擎不会解析 SQL，不同存储引擎之间也不会相互通信，而只是简单地响应上层服务器的请求。

　　在 MySQL 中，存储引擎会使用类似索引的方法，先在索引中找到对应值，然后根据匹配的索引记录找到对应的数据行。索引有很多类型，可以为不同的场景提供更好的性能。MySQL 支持的索引类型有：

　　1）B-Tree 索引

　　B-Tree 索引使用 B-Tree 数据结构来存储数据，大多数 MySQL 引擎都支持这种索引。B-Tree 通常意味着所有的值都是按顺序存储的，并且每个叶子页到根的距离相同。图 5.12 展示了 B-Tree 索引的抽象表示，大致反映了 InnoDB 索引是如何工作的。MyISAM 使用的结构有所不同，但基本思想是类似的。

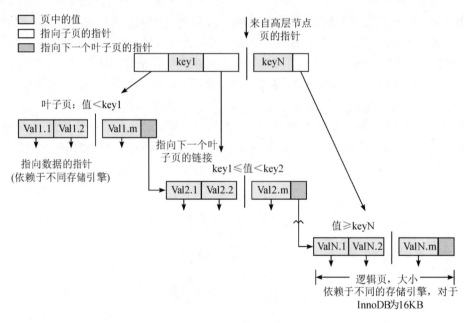

图 5.12　建立在 B-Tree 结构上的索引

　　2）哈希索引

　　哈希索引（Hash Index）基于哈希表实现，只有精确匹配索引所有列的查询才是有效的。对于每一行数据，存储引擎都会对所有的索引列计算一个哈希码，哈希码是一个较小的值，并且不同键值的行计算出来的哈希码也不一样。哈希索引将所有的哈希码存储在索引中，同时，在哈希表中保存指向每个数据行的指针。

　　3）空间数据索引（R-Tree）

　　MyISAM 支持空间索引，可以用于地理数据存储。和 B-Tree 索引不同，这类索引无须前缀查询。空间索引会从所有维度来索引数据，查询时，可以有效地使用任意维度来组合查询，且必须使用 MySQL 的 GIS 相关函数（如 MBRCONTAIN()等）来维护数据。

4）全文索引

全文索引是一种特殊类型的索引，它查找的是文本中的关键词，而不是直接比较索引中的值。全文搜索和其他几类索引的匹配方式完全不一样，它有许多需要注意的细节，如停用词、词干和复数、布尔搜索等。全文索引类似于搜索引擎，而不是简单的 WHERE 条件匹配。

5）其他索引类别

很多第三方存储引擎使用不同类型的数据结构来存储索引。例如，TokuDB 使用分形树索引（Fractal Tree Index），这类数据结构既有 B-Tree 的优点，也避免了 B-Tree 的一些缺点。ScaleDB 使用 Patricia tries，其他一些存储引擎技术如 InfiniDB 和 Infobright 则使用了一些特殊的数据结构来优化某些特殊的查询。

MySQL5.0 版本之后开始引入视图。视图本身是一个虚拟表，不存放任何数据。在使用 SQL 语句访问视图的时候，它返回的数据是 MySQL 从其他表中生成的。视图和表在同一个命名空间，MySQL 在很多地方对于视图和表是同样对待的。不过视图和表也有不同。例如，不能对视图创建触发器，也不能使用 DROP TABLE 命令删除视图。

MySQL 可以使用两种方法处理视图。这两种方法分别称为合并算法（MERGE）和临时表算法（TEMPTABLE），通常建议使用合并算法。MySQL 甚至可以嵌套地定义视图，也就是在视图上再定义另一个视图。可以在 EXPLAIN EXTENDED 之后采用 SHOW WARNINGS 来查看使用视图的查询重写后的结果。如果采用的是临时表算法实现的视图，则 EXPLAIN 中会显示为派生表（DERIVED）。图 5.13 展示了这两种实现方法的细节。

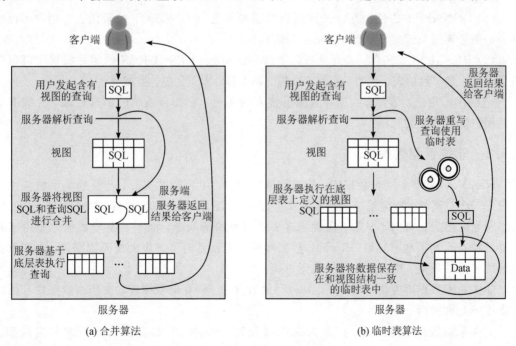

图 5.13　视图的两种实现方法

如果视图中包含了 GROUP BY、DISTINCT、UNION、聚合函数和子查询等，则只要无法在原表记录和视图记录中建立一一映射的场景，MySQL 将使用临时表算法来实现视图。

2. Oracle 数据库

Oracle 数据库具有完整的数据库管理功能、有完备关系的产品以及有分布式处理能力的数据库。它对数据的可靠性、大量性、持久性、共享性提供了一套可靠的解决方案，可以轻松支持多用户、大事务量的事务处理。它的优点是可用性强，可扩展性强，数据安全性强，稳定性高，支持分布式数据处理。它提供了一套严谨的逻辑结构、文件结构、相关恢复技术的解释和实现。实际上，Oracle 数据库是一个数据的物理储存系统，它包括由数据文件(ora/dbf)、参数文件、控制文件、联机日志等物理文件构成的物理结构部分，以及由实例、用户、表空间、段、区、块等部分构成的逻辑结构部分。

要使用 Oracle 数据库系统，需提前创立一个 Oracle 用户。但是该用户在获得权限之前，还不能正常地管理 Oracle 数据库系统。Oracle 用户对数据库管理或者对对象操作的权限分为系统权限和数据库对象权限。

（1）系统权限：create session 是可以赋予 Oracle 用户和数据库进行连接的权限，create table、create view 等可以赋予 Oracle 用户创建数据库对象的权限。

（2）数据库对象权限：对数据库对象表中数据进行增删改查操作的权限。拥有数据库对象权限的用户可以对所拥有的对象进行相应的操作。

Oracle 数据库角色是若干系统权限的集合，给 Oracle 用户授予数据库角色，就是赋予该用户若干数据库系统权限。

常用的数据库角色如下：

（1）CONNECT 角色：是 Oracle 用户的基本角色。CONNECT 权限代表着用户可以和 Oracle 服务器进行连接，建立 session(会话)。

（2）RESOURCE 角色：是开发过程中常用的角色。RESOURCE 给用户提供了可以创建自己的对象，包括表、视图、序列、过程、触发器、索引、包、类型等。

（3）DBA 角色：是管理数据库管理员该有的角色。它拥有系统的所有权限，并拥有对其他用户进行授权的权限。

5.3.2 非关系型数据库

NoSQL 泛指非关系型数据库。随着互联网 Web2.0 网站的兴起，传统的关系数据库在处理 Web2.0 网站，特别是超大规模和高并发的 SNS(社会化网络软件)类型的 Web2.0 纯动态网站时已经显得力不从心，出现了许多难以克服的问题，而非关系型数据库则由于其本身的特点得到了迅速发展。NoSQL 数据库的产生就是为了解决大规模数据集合、多重数据种类带来的挑战，特别是大数据应用难题。

非关系型数据库有键值(Key-Value)存储数据库、列存储数据库、文档型数据库和图形数据库等几种类型。

非关系型数据库易扩展，具有大量数据和较高性能，它具有更为灵活的数据模型。NoSQL 框架体系分为四层，由下至上分为数据持久层(Data Persistence)、整体分布层(Data Distribution Model)、数据逻辑模型层(Data Logical Model)和接口层(Interface)。各层次之间相辅相成，协调工作。

NoSQL 不同于关系型数据库的数据库管理方式，它所采用的数据模型并非关系型数据库的关系模型，而是采用键值、列式、文档等非关系模型。它们建立在非传统关系数据模型之上，不支持关系型数据库事务的 ACID 特性。因为它们的存在是为了满足更多的互联网业务，所以均为开源免费，使用起来更加的简单方便。NoSQL 主要的优势如下：

(1) 拥有横、纵双向的扩展能力。关系型数据库因其自身结构特性原因，扩展时必须布置在多个服务器上，但 NoSQL 则可以布置在同一个服务器上。

(2) 结构自由。在非关系型数据库中，保存的一般是键值对。

这两点优势可以让 NoSQL 更好地融入云计算环境，构建更好的云服务。

严格来讲，非关系型数据库不是一种数据库，它是一种数据结构化存储方法的集合，主要有以下几类：

(1) 基于列式的存储(Column-Family Stores)。基于列式的存储以流的方式在列中存储所有的数据。对于任何记录，索引都可以快速地获取列上的数据。列式存储支持行检索，但这需要从每个列获取匹配的列值，并重新组成行。这种方式使系统具有更高的可扩展性，使操作更加简单方便。基于列式的存储方式针对海量的数据有较好的适应性，这个特点与云计算所需的相关需求是相符合的。目前，使用基于列式的数据库有 Apache HBase、Hypertable 以及 Google Big Table。

(2) 键值对存储(key-value stores)。键值对存储方式是非关系数据库中最简单的一种存储方式，是一个键-值的集合。像数据结构中的 Hash 表一样，每个键分别对应一个值，键值中所存储的数据的类型不受限制，可以是一个字符串，也可以是一个数字，甚至也可以是一系列的键值对封装成的对象等。通过对主键的操作可以较大地提高查询和修改的速度，且大量数据存放也较为方便。在现实场景中，对大量数据的高访问负载或日志系统中都应用了键值对存储方式。使用键值对存储数据的数据库有 MemcacheDB、BerkeleyDB 和 Redis 等。

(3) 文档存储(Document Stores)。文档存储方式基于键值对存储方式，是每个 Key 分别对应一个 Value，但是这类方式更加复杂。设计文档存储方式的最初目的是用于存储日常文档，它将一个特定文档的结构使用一种特定的模式存储，便于进行复杂的查询和计算。对于网站中大量数据、缓存以及 JSON(Java Script Object Notations)数据的存储使用较多。典型代表为 MongoDB、CouchDB 等，这类数据库可在海量的数据中快速查询数据。

(4) 图数据库(Graph Databases)。图数据库所解决的问题与图和图论相关。例如Neo4j，其目的是为用户提供一种更好的方法，用于管理结构复杂、呈网状分布的数据。当然，基于图模型实现的解决方案并不仅有 Neo4j 图形数据库，产品成熟度不同，有的开源，有的闭源，如 AllegroGraph、FlockDB、InfiniteGraph 和 OrientDB 等。在社交网络、推荐系统等环境中会使用到图数据库。

非关系型数据库领域应用最为广泛的类别为键值对存储数据库，以下针对某键值对数据库做详细的介绍。

远程字典服务器(Remote Dictionary Server，ReDiS)是一个开源、高性能、基于键值对的缓存与存储系统，通过提供多种键值数据类型来适应不同场景下的缓存和存储需求。同时，ReDiS 的诸多高层级功能，使其可以胜任消息队列、任务队列等不同的角色。

ReDiS 以字典结构存储数据，并允许其他应用通过 TCP 协议读写字典中的内容。同大多数脚本语言中的字典一样，ReDiS 字典中的键值既可以是字符串，也可以是其他类型数据。到目前为止，ReDiS 支持的键值数据类型有字符串类型、散列类型、列表类型、集合类型和有序集合类型。

这种字典形式的存储结构和 MySQL 等关系数据库的二维表形式的存储结构有很大的差异。例如，将一篇文章的数据存储在数据库中，并且要求通过标签检索出文章。如果使用关系型数据库存储，一般会将其中的标题、正文和阅读量存储在一个表中，而将标签存储在另一个表中，然后使用第三个表连接文章和标签表，在查询的时候需要将三个表进行连接，这样就不是很直观。而 ReDiS 字典结构的存储方式和对多种键值数据类型的支持，使得开发者可以将程序中的数据直接映射到 ReDiS 中，数据在 ReDiS 中的存储形式和其在应用程序中的存储方式十分相近。ReDiS 的另一个优势，是对不同的数据类型提供了方便的操作方式，如使用集合类型存储文章标签，ReDiS 就可以对标签进行如交集、并集的集合运算操作。

ReDiS 数据库中的所有数据都存储在内存中，由于内存的读写速度远快于硬盘，因此，ReDiS 在性能上比其他基于硬盘存储的数据库有非常明显的优势。例如，在一台普通的笔记本电脑上，ReDiS 可以在 1 s 内读写超过 10 万个键值。然而，将数据存储在内存中也可能会造成缓存雪崩、缓存击穿及缓存的并发竞争现象。因此，ReDiS 常用于消息队列系统、排行榜应用（取最新 N 个数据）、删除与过滤、计数、处理过期项目等场景。

第 6 章　计 算 技 术

随着计算机的普及以及网络的快速发展，计算模式愈加向新型服务模式转变，计算和数据等将被整合成服务提供给用户，并不断地迭代技术以满足服务所需的各种要求。根据应用场所的数据以及计算方式的不同，衍生出了各种计算模式，如并行计算和云计算等。本章将从计算模式的不同类型着手，介绍其定义、应用场景以及主要应用内容。

6.1　计算模式的类型

云计算是并行计算、分布式计算、网格计算的整合发展，图 6.1 显示了云计算与其他相关概念的关系。并行计算、分布式计算、网格计算与云计算都属于高性能计算（High Performance Computing，HPC）的范畴，主要目的在于对大数据进行分析与处理，但是它们之间又存在差异。云计算的出现，使计算技术进入一个新时代，网格计算逐步向云计算演化，网格计算利用大量异构的空闲计算机资源，而云计算更注重于资源与服务能力的虚拟化。分布式计算覆盖了整个概念域。Web2.0 诠释了面向服务的发展方向，云计算成为其中的主力，且并行计算更注重于面向应用的程序设计，网格计算由于其概念的庞大而与这四个领域都有交叉。

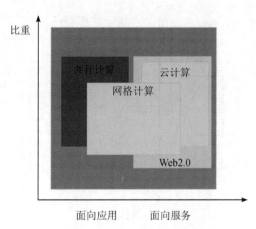

图 6.1　云计算和其他计算模式的相关性

与云计算相比，雾计算采用的架构呈分布式，更接近网络边缘。边缘计算指在靠近物或数据源头的网络边缘侧，融合网络、计算、存储、应用核心能力的开放平台，就近提供边缘智能服务。

外包计算是以云计算技术为支撑的一种计算模式。外包计算也称为大规模环境下的云计算，将复杂的计算任务外包给云服务器。相比于外包计算强调任务执行主体高度的专业化，众包计算模式则更多地关注执行主体的成本，对专业性的要求较低。

图 6.2 所示为各个计算模式提出的时间。下面将详细介绍各种计算模式。

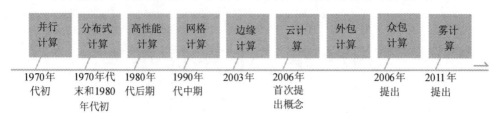

图 6.2　计算模式概念提出的时间流

6.1.1　高性能计算

高性能计算通常指使用很多处理器(作为单个机器的一部分)或者某一集群组织中的几台计算机(作为单个计算资源操作)的计算系统和环境,通过各种互联技术将多个计算机系统连接在一起,利用所有被连接系统的综合计算能力来解决计算和数据密集型科学中的许多复杂问题,所以又被称为高性能计算集群。有许多类型的 HPC 系统,其范围从标准计算机的大型集群,到高度专用的硬件。大多数基于集群的 HPC 系统使用高性能网络互连,比如来自 InfiniBand 或 Myrinet 的网络互连。基本的网络拓扑和组织可以使用一个简单的总线拓扑,但在性能较高的环境中,网状网络系统在主机之间提供较短的潜伏期,可以改善总体网络性能和传输速率。

HPC 系统使用的是专门的操作系统,这些操作系统看起来像是单个计算资源。其中有一个控制节点,该节点形成了 HPC 系统和客户机之间的接口,并且管理着计算节点的工作分配。图 6.3 展示了高性能计算的网状拓扑结构。

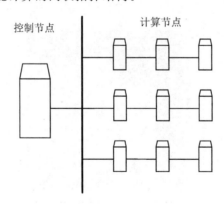

图 6.3　网状拓扑结构

在典型 HPC 中执行任务,有两个模型:单指令/多数据(SIMD)模型和多指令/多数据(MIMD)模型。SIMD 在跨多个处理器的同时执行相同的计算指令和操作,但对于不同数据范围,它允许系统同时使用多变量计算相同的表达式。MIMD 允许 HPC 系统在同一时间使用不同的变量执行不同的计算,使整个系统看起来并不只是一个没有任何特点的计算资源(尽管它功能强大),而可以同时执行多计算。

不管使用 SIMD 还是 MIMD,典型 HPC 的基本原理仍然相同。整个 HPC 单元的操作和行为是单个计算资源,控制节点将计算任务进行分解,然后分发给其他计算节点。HPC

解决方案也是专用的单元，被专门设计和部署为只能够充当大型计算的资源。

HPC 提供了超强的浮点计算能力，用于解决复杂数据计算、海量数据处理等业务的计算需求，科学研究、气象预报、仿真实验、生物制药、工程设计、密码学、基因测序、图像处理等行业都面临着大型计算的问题，通过使用高性能计算集群，可以缩短大量计算时间，提高计算精度和效率。

传统的高性能计算中，资源归本地所有，具有静态性，只能通过购买新资源才能改变，并且具有访问权限，即对于组织的成员及其合作伙伴拥有权限。传统的高性能计算投资成本高，部署比较复杂，重复利用已有资源较为困难。

利用云计算的优势，使用公有云进行高性能计算具有以下优势：可以按需租用、成本低、降低中小客户使用 HPC 的门槛、提高效率、使用灵活；可以利用公有云的跨地域能力，共享计算资源。

高性能计算技术在工业界得到广泛的应用。例如，阿里云、腾讯云、亚马逊云都有高性能计算业务。

1. 亚马逊高性能计算产品

Amazon EC2 P3 可在云中提供高性能计算，最高支持 8 个 NVIDIA® V100 Tensor Core GPU，并可为机器学习和 HPC 应用提供高达 100 Gb/s 的网络吞吐量，实现最高 1Pflop 的混合精度性能，显著加快机器学习和高性能计算应用程序的速度。Amazon EC2 P3 将机器学习训练时间从几天缩短为几分钟，并将用于高性能计算完成的模拟数量增加了 3～4 倍。

2. 百度"太行"高性能计算实例

百度"太行"高性能计算实例能够提供高性能计算和高速互联能力，结合集群管理调度，飞桨软硬一体协同优化，为 AI、HPC 等场景提供完整的软硬解决方案。百度"太行"高性能计算实例支持百度昆仑芯片，处理器主频最高达到 3.8 GHz(基频 3.3 GHz)，搭配四路服务器后其算力可提升 50% 以上，基于 X-XMAN 实现 GPUNVLink 全互联、100 Gb/s 网络带宽、支持 RDMA，集群整体性能可提升 5 倍以上。

3. 华为高性能计算实例

华为高性能计算方案具有以下优势：

(1) 提供 100 Gb/s 高速计算网络，本地 1.6 TB 企业级 SSD 盘，云服务中具备本地高速缓存盘。

(2) 具有安全可靠的高性能计算平台，提供端到端的安全解决方案，保证用户数据安全、不泄露。

(3) 可扩展性强，基于 Openstack 的架构在开放性、异构能力、防止厂商绑定方面具有较大优势。

(4) 集成业内主流的 HPC 应用软件，让用户在华为云上更稳定可靠地运行业务。

6.1.2　并行计算

并行计算是一种计算形式，可同时进行许多计算。其原理是将大问题分成小问题。这个方法虽然看起来很简单，但有效地将一个大问题分解成几个小问题，使它们能够真正并行解决，则是一门艺术。虽然"并行"看起来相当于"并发"，但两者完全不同。并行解决问题意味着将问题分成更小的、完全独立的任务。

并行计算是实现高性能计算的一个技术手段。计算机软件可以被分成数个运算步骤来运行。为了解决某个特定问题，软件采用某个算法，以一连串指令来完成。传统方式上，这些指令被送至单一的中央处理器，以循序方式运行完成。在这种处理方式下，单一时间中，只有单一指令被运行。并行计算采用了多个运算单元，可同时运行以解决问题。

相对于串行计算，并行计算可以划分为时间并行和空间并行。时间并行是即指令流水化，空间并行是使用多个处理器执行并发计算，当前主要研究的是空间的并行问题。从程序和算法设计人员的角度看，并行计算又可分为数据并行和任务并行。数据并行是把大的任务化解成若干个相同的子任务，处理起来比任务并行简单。空间上的并行导致两类并行机的产生，按照麦克·弗莱因（Michael Flynn）的说法可分为单指令流多数据流（SIMD）和多指令流多数据流（MIMD），而常用的串行机也称为单指令流单数据流。常见的 MIMD 类的机器又可分为五类：并行向量处理机（PVP）、对称多处理机（SMP）、大规模并行处理机（MPP）、工作站机群（COW）和分布式共享存储处理机（DSM）。

1. 并行计算的访存模型

并行计算的访存模型有以下几种。

（1）均匀存储访问（Uniform Memory Access，UMA）：物理存储器被所有处理器均匀共享，所有处理器对所有 SM 的访问时间相同，每台处理器可带有高速私有缓存，共享外围设备。

（2）非均匀存储访问（Non Uniform Memory Access，NUMA）：共享的 SM 是由物理分布式的 LM 逻辑构成的，处理器的访存时间不一样，访问 LM 或 CSM（群内共享存储器）内存储器比访问 GSM（群间共享存储器）快。

（3）全高速缓存存储访问（Cache-Only MA，COMA）：是 NUMA 的一种特例，通过将全高速缓存组成全局地址空间来实现，其中各个处理器节点没有存储层次的差别。

（4）高速缓存一致性（Coherent-Cache NUMA，CC-NUMA）：NUMA＋高速缓存一致性协议。

（5）非远程存储访问（No-Remote MA，NORMA）：无 SM，所有 LM 私有，通过消息传递通信。

2. 并行计算的性能指标

并行计算的性能指标有机器级的性能指标和算法级的性能指标。

1）机器级的性能指标

机器级的性能指标有 CPU 和存储器的某些基本性能指标，并行通信开销以及机器的成本、价格和性价比等。其中，CPU 和存储器的基本性能指标包括工作负载（指计算操作的数目，通常可用执行时间、所执行的指令数目和所完成的浮点运算数 3 个物理量来度量）、并行执行时间、存储器的层级结构（各层存储器的容量、延迟和带宽）、存储器带宽的估计。

2）算法级的性能指标

算法级的性能指标包括加速、效率和可扩放性等。并行系统的加速（比）指对于一个给定的应用，并行算法（或并行程序）的执行速度相对于串行算法（或串行程序）的执行速度加快了多少倍。

加速比性能定律

Amdahl 加速定律(固定计算负载) 公式如下:

$$s = \frac{1}{1 - a + \dfrac{a}{n}} \tag{6-1}$$

其中,s 为加速比,a 为并行计算部分所占比例,n 为并行处理结点个数(处理器个数)。当 $1 - a = 0$ 时(即没有串行,只有并行),最大加速比 $s = n$;当 $a = 0$(即只有串行,没有并行)时,最小加速比 $s = 1$;当 $n \to \infty$ 时,极限加速比 $s \to 1/(1 - a)$,这也是加速比的上限。

Gustafson 定律(适用于可扩放问题) 系统优化某部件所获得的系统性能的改善程度取决于该部件被使用的频率,或所占总执行时间的比例。

Sun-Ni 定律(受限于存储器) 公式如下:

$$加速比 = \frac{W_s + (1 - f)G(p)W}{W_s + \dfrac{(1 - f)G(p)W}{p}} \tag{6-2}$$

其中,p 是处理器数,W 为问题规模,W_s 为程序中的串行分量,f 为串行部分的比例。

可扩放性的最朴素的含义是在确定的应用背景下,计算机系统(算法或编程等)性能随处理器数的增加而按比例提高的能力。可扩放性被广泛用来描述并行算法能否有效利用可扩充的处理器的能力。

3. 并行计算的算法设计

并行计算的另一个关键点是并行算法的设计。并行算法是一些可同时执行的进程的集合,这些进程互相作用并协调动作,从而实现给定问题的求解。从不同角度可将并行算法分成数值计算和非数值计算的并行算法,同步、异步和分布的并行算法,共享存储和分布存储的并行算法,以及确定的和随机的并行算法等。

并行算法设计策略主要有以下几种。

(1) 串改并:发掘和利用现有串行算法中的并行性,直接将串行算法改造为并行算法。该法是最常用的设计思路,但并不普遍适用。一般好的串行算法无法并行化(数值串行算法除外)。

(2) 全新设计:从问题本身描述出发,不考虑相应的串行算法,设计一个全新的并行算法。

(3) 借用法:找出求解问题和某个已解决问题之间的联系,改造或利用已知算法并将其应用到求解问题上。例如,利用矩阵乘法求所有点对之间的最短路径,$d_{[k][i][j]}$ 表示从 v_i 到 v_j 经过至多 $k - 1$ 个中间顶点时的最短路径,其计算公式如下:

$$d_{[k][i][j]} = \min\{d_{[\frac{k}{2}][i][1]} + d_{[\frac{k}{2}][1][j]}\} \tag{6-3}$$

4. 并行计算软件支撑——并行编程

目前,主流的并行编程框架有:

(1) 共享存储系统并行编程——OpenMP 编程。OpenMP 是 FORK-JOIN 模型,主线程串行执行。

(2) 分布存储系统并行编程——MPI 编程。MPI 是一种消息传递接口的标准,适用于分布式存储系统的编程模型。与 OpenMP 不同的是,MPI 是多进程的并行模式,运行时需要在外部指定开启进程数,并且是用 SPMD 的编程风格去模拟 MPMD 的编程风格(用进程号区别),FORK-JOIN 则是通过消息传递同步。

(3) GPU 体系结构及编程——CUDA 编程。CUDA 是建立在 NVIDIA 的 GPU 上的一个通用并行计算平台和编程模型,CUDA 编程可以利用 GPU 的并行计算引擎更加高效地解决比较复杂的计算难题。近年来,GPU 最成功的一个应用就是深度学习领域,基于 GPU 的并行计算已经成为训练深度学习模型的标配。

6.1.3 网格计算

网格计算旨在利用资源共享的商用机器网络解决大规模的计算问题。早期,这些机器网络提供的计算能力只有超级计算机和大型专用集群才能负担得起。由于高性能计算资源昂贵且难以获得,因此可使用联合资源。这些资源包括分布在多个地理上的机构的计算、存储和网络资源,并且这些资源通常是异构和动态的。网格计算侧重于将现有资源与其硬件、操作系统、本地资源管理和安全基础设施相集成。

网格计算是一种计算模型,包含为解决复杂问题而连接的大量计算机的分布式体系结构,其目的在于利用分散的网络资源解决密集型计算问题。在网格计算模型中,服务器或个人计算机运行独立的任务,并通过 Internet 或低速网络进行松散连接。允许个别参与者将他们的某些计算机处理时间用于解决大问题,旨在"在动态、多机构的虚拟组织中实现资源共享和协调问题解决"。

网格计算是一组联网的计算机,它们共同用作虚拟超级计算机,执行分析庞大数据集或气象建模等大型任务。通过云端,可随时使用庞大的计算机网络,按需付费,以节省相应物理资源的开销。此外,通过将任务划分为子任务,可显著减少处理时间,进而提高效率并减少资源浪费。例如,一个研究团队可能会分析北大西洋地区的天气模式,而另一个团队则分析南大西洋地区,可以将这两个结果结合起来以提供一张完整的大西洋天气模式图。

与并行计算不同,网格计算项目通常没有与之关联的时间依赖关系,操作员可随时执行与网格无关的任务。使用计算机网络时必须考虑安全性,因为其对成员节点的控制通常较为宽松。考虑到许多计算机在处理期间可能断开连接或出现故障,还需内置冗余。

在网格计算中,既有本地的资源,也有外部的资源。访问外部资源时提供了额外的容量和能力,以及访问异构资源的混合优势。资源访问是公开的,这意味着某些本地资源可供某个虚拟组织的外部用户使用。资源规模是动态的,可通过获取外部公共资源的方式不断增长。分配基于传统高性能计算中使用的方法,以区分本地和外部用户。在免费接入的情况下,网格用户获得的服务质量通常低于本地用户。通过收费访问,网格提供商支持服务协议中指定的分配类型。网格应用混合了可移植性和平台特定性,因此开发前沿高性能计算架构的代码依赖于开发平台,同时还需考虑两平衡的适配问题。例如,Globus 工具包、UNICORE 和 NSF TeraGrid 等都是典型的用来构建网络计算的基础设施。

6.1.4 分布式计算

所谓分布式计算,就是将需要大量计算的项目数据分割成小块,由多台计算机分别计算,在上传运算结果统一合并后得出数据结论。其中,软件系统的组件在多台计算机之间共享。即使组件分布在多台计算机上,它们也可以作为一个系统运行,这样做是为了提高效率和性能。

狭义上讲，分布式计算仅限于在有限地理区域内的计算机之间共享组件的程序。但是从广义上讲，分布式计算意味着在多个系统之间共享某些内容，这些系统也可能位于不同的位置。

分布式计算在概念上比较好理解，即当输入的数据量较大时，这些计算必须分摊到多台机器上才有可能在可以接受的时间内完成。机器越多，所需的总时间就越短，这就是分布式计算带来的优势，通过扩展机器数可实现计算能力的水平扩展。

1. 分布式计算的优点

分布式计算使集群中的所有计算机像一台计算机一样协同工作。分布式计算相较于其他算法具有以下几个优点：

（1）稀有资源可以共享。

（2）具有可扩展性。分布式计算集群很容易通过横向扩展架构进行扩展，通过分布式计算可以在多台计算机上平衡计算负载。

（3）具有高效性。通过并行化（群集中的每台计算机同时处理子任务），群集可以通过分而治之的方法实现高水平的性能。

（4）具有弹性。分布式计算群集通常跨所有计算机服务器复制数据，以确保没有单点故障。如果一台计算机出现故障，则该计算机上的数据副本将存储在其他位置，这样就不会丢失任何数据。

分布式计算相较于其他算法具有以下三个缺点：

（1）故障排除难度高。由于计算分布在多台服务器上，因此故障排除和诊断问题难度较高。

（2）网络基础设施成本高。网络基础设施问题可能包括传输问题、高负载问题、信息丢失问题。

（3）多计算机模型复杂、软件支持少是分布式计算机系统的主要缺点。

2. MapReduce 的特点

目前，通常使用架构 MapReduce 解决大数据量的分布式计算问题。MapReduce 是 Google 提出的一种编程模型，主要用于大规模数据集（大于 1TB）的并行运算。

MapReduce 具有以下特点：

（1）向"外"横向扩展，而非向"上"纵向扩展。

MapReduce 集群的构建选用价格便宜、易于扩展的低端商用服务器，而非价格昂贵、不易扩展的高端服务器。对于大规模数据处理，由于有大量数据存储的需要，所以，基于低端服务器的集群远比基于高端服务器的集群优越，这就是为什么 MapReduce 并行计算集群会基于低端服务器来实现的原因。

（2）失效被认为是常态。

由于 MapReduce 集群中使用大量的低端服务器，因此，节点硬件失效和软件出错是常态。一个设计良好、具有高容错性的并行计算系统不能因为节点失效而影响计算服务的质量，任何节点失效都不应当导致结果的不一致或不确定性。任何一个节点失效时，其他节点要能够无缝接管失效节点的计算任务，失效节点恢复后应能自动无缝加入集群，而不需要管理员人工进行系统配置。MapReduce 并行计算软件框架使用了多种有效的错误检测和恢复机制，如节点自动重启技术，使集群和计算框架具备应对节点失效的健壮性，能有效处理失效节点的检测和恢复。

（3）把处理向数据迁移。

传统高性能计算系统通常有很多处理器节点与一些外存储器节点相连，如用存储区域网络（Storage Area、SAN Network）连接的磁盘阵列。因此，在进行大规模数据处理时，外存文件数据 I/O 访问会成为制约系统性能的一个瓶颈。为了减少大规模数据并行计算系统中的数据通信开销，把数据传送到处理节点（数据向处理器或代码迁移），应当考虑将处理向数据靠拢和迁移。MapReduce 采用了数据/代码互定位的技术方法，计算节点将首先负责计算本地存储的数据，以发挥数据本地化特点，仅当节点无法处理本地数据时，再采用就近原则寻找其他可用计算节点，并把数据传送到该可用计算节点。

（4）顺序处理数据，避免随机访问数据。

大规模数据处理的特点决定了大量的数据记录难以全部存放在内存中，通常只能放在外存中进行处理。由于磁盘的顺序访问远比随机访问快得多，因此，MapReduce 主要设计为面向顺序式大规模数据的磁盘访问处理。为了实现面向大数据集批处理的高吞吐量的并行处理，MapReduce 可以利用集群中的大量数据存储节点同时访问数据，从而利用分布集群中大量节点上的磁盘集合提供高带宽的数据访问和传输。

（5）为应用开发者隐藏系统层细节。

软件工程实践指南中，专业程序员认为之所以写程序困难，是因为程序员需要记住太多的编程细节（从变量名到复杂算法的边界情况处理）。这对大脑记忆是一个巨大的认知负担，需要高度集中注意力，而并行程序编写有更多困难，如需要考虑多线程中同步等复杂烦琐的细节。由于并发执行中的不可预测性，程序的调试查错也十分困难，而且大规模数据处理时程序员需要考虑数据分布存储管理、数据分发、数据通信和同步、计算结果收集等诸多细节问题。MapReduce 提供了一种抽象机制，将程序员与系统层细节隔离开来，程序员仅需描述需要计算什么（What to compute），而具体怎么计算（How to compute）就交由系统的执行框架处理，这样程序员就从系统层细节中解放出来，致力于其应用本身计算问题的算法设计。

（6）具有平滑无缝的可扩展性。

理想的软件算法应当随着数据规模的扩大而表现出持续的有效性，性能上的下降程度应与数据规模扩大的倍数相当。在集群规模上，要求算法的计算性能应随着节点数的增加而保持接近线性程度的增长。现有的单机算法都达不到以上理想的要求，把中间结果数据维护在内存中的单机算法在大规模数据处理时会很快失效，从单机到基于大规模集群的并行计算从根本上需要完全不同的算法设计。奇妙的是，MapReduce 在很多情形下能实现以上理想的扩展性特征。多项研究发现，对于很多计算问题，基于 MapReduce 的计算性能可随节点数目增长保持近似于线性的增长。

6.1.5 外包计算

外包计算是计算资源有限的用户将复杂的计算任务外包给计算资源丰富的用户（当前经常是云服务提供商等），可以达到节省本地资源开销的目的。

外包服务是一项可使用的服务，它既有软件的便利性和简单性，还有传统计算的灵活性。与云计算或其他计算模式相结合。外包计算可以将中心的计算任务分发至下属节点中，充分利用闲置资源，提高计算效率。

在云环境下的外包计算框架中，云计算作为一个可满足外包计算需求且使用简单经济的技术手段，为外包计算的兴起提供了坚实的基础和动力。工作方一般指云服务器提供商（Cloud Service Provider，CSP）。由于云服务器可以提供庞大的计算资源，因此用户通常会选择将复杂的计算任务外包给云服务器提供商。客户可以按照自身数据和计算规模，弹性地购买云服务提供商的存储和计算服务，这样既能保证资源的充分利用，还能最大程度地降低客户成本，而且客户可以通过越来越便捷的互联网随时随地地访问自己的数据。

一般来说，计算外包系统主要包含三个实体（如图 6.4 所示）：用户（数据所有者或请求用户）、云平台（CP）和云服务提供商（CSP）。由于个人设备的能力有限，因此客户端将繁重的计算任务外包给云。出于安全考虑，客户端首先通过加密算法保护其计算任务的隐私；然后将加密的请求上传到客户端；接着，CSP 与云存储交互，执行所需的计算任务；最终，结果在加密域中被返回给客户端，客户端使用解密密钥恢复结果。此处应注意，处理计算任务可能需要在客户端和 CP 之间进行几轮交互。许多国内外的大公司都开始推出自己的云计算业务，如微软公司推出的 Azure、亚马逊推出的 AWS、谷歌推出的 Google Drivel、国内企业阿里巴巴推出的阿里云、京东推出的京东云，此外还有百度云、腾讯云等。

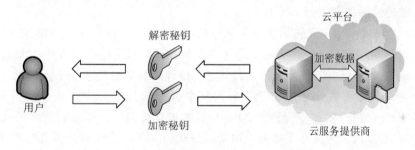

图 6.4　云计算中安全外包计算体系结构

尽管外包计算对用户来说有相当大的好处，但是仍然存在问题，如安全性和隐私问题。外包给云服务提供商等的数据可能是有价值的或敏感的，用户在外包计算的过程中会失去对数据的控制。有些服务器是半信任的，甚至是恶意的，有些服务器可能出于好奇或利润而窥视用户的隐私信息。这是对用户隐私的巨大威胁，因此安全成为外包计算不可忽视的问题。云服务提供商等的服务器的计算过程是不公开的，可能存在欺骗用户的行为，其返回的计算结果可能并非用户所要求的数据。这些都是外包计算在发展和使用过程中亟待解决的安全问题。

为了防止未经授权的信息泄露，必须在外包之前对敏感数据进行加密，以便在云及其他范围内提供端到端的数据机密性保证。云服务提供商等内部的操作细节对客户来说不够透明，存在着各种动机使云服务提供商等的行为不忠实并返回不正确的结果，它们的行为可能超出了经典的半诚实模型。例如，对于需要大量计算资源的计算，如果客户无法分辨输出的正确性，则有巨大的经济诱因使云"懒惰"。此外，软件错误、硬件故障及外部攻击也可能会影响计算结果的质量。

6.1.6　众包计算

"众包"是一种基于网络的、把过去由员工或计算机执行的工作任务以自由自愿的形式由网上工作者共同完成的工作模式。现今，众包计算在国外已有广泛的应用，在国内也已逐步兴起。互联网等信息技术使得这些员工的物理位置和资源托管地都变得无关紧要。这是一个全天候开放的劳动力市场，多样化的劳动力可以快速、廉价地完成任务。众包有可能通过提供任务的"虚拟自动化"来彻底改变需要人类判断的工作方式。众包正在成为一种工具，在寻求利用外部贡献者推进技术或改进产品的公司中实现"开放创新"，它提供了灵活性和多功能性，以促进目前使用的开放创新的合作方法。

众包是 2006 年由美国《连线》杂志的记者杰夫·豪提出的，是一种在线的、分布式的问题解决模型。随着 Web2.0 和 SNS 的普及，众包成为近年的研究热点。杰夫·豪对"众包"的描述是："公司或机构把过去由员工完成的工作任务，以自由自愿的形式外包给非特定的（通常是大型的）网络大众的做法"。一些复杂问题，如图片标签、基于语义的信息检索、自然语言处理等，对于计算机来说是非常困难的，但是人在解决这些问题时，应具有更多的背景知识和更好的理解归纳能力。众包是采用"人计算"（Human Computation）的思想，将一些功能和计算通过某些步骤外包给人去执行。在对于机器不可判定问题和 NP 问题的解决，无须设计复杂高级的算法，也无须花费大量的资金雇佣人力，通过众包平台即可以实现更高效、准确的解决方式。

Web2.0 的出现推动了众包的发展。全球众包案例不胜枚举。众包的关键在于集中众人的分散智慧解决问题。众包的实现模式有许多种。有的基于付费的方式让大众帮助解决难题，如 InnoCentive（创新中心）网站，大公司将待解决的项目公示于平台网站，网络大众可以自由自愿地挑战并提出解决方案，公司从中挑出最佳的解决方案并提供奖金报酬；Mechanical Turk(MTurk)是亚马逊于 2005 年开始成立运营的一个著名的在线众包网络交易平台，任何 18 岁以上的成年人都可以申请注册成为 MTurk 平台的"工人"（Turker），"工人"通过完成科技公司、研究机构、大学或市场研究公司等"请求者"（Requester）发布的语言标注、图像标定、问卷调查、抄录收据等任务获得相应的报酬，MTurk 的"工人"突破 50 万，每月完成数百万个任务。有的众包模式是采用用户制作内容，如博客类网站，依靠用户发布的博客文章作为网站的主要内容，视频网站允许用户自己上传视频，发布并共享。在国内，众包起步较晚，一些以"威客"为主的众包模式已逐步兴起，"威客"的核心思想是将人的智慧和技能通过互联网转换成实际收益的互联网新模式，主要应用包括解决科学、技术、工作等领域的问题。例如，猪八戒网主要为雇主和大众提供一个网络平台，雇主发布需求，网上大众获取任务，完成后获得相应的报酬。在这些案例中，借助众包，公司或平台有些获取了海量 UGC(User Generated Content)内容，有些完成了巨额融资，有些大幅降低了成本。

6.1.7　云计算

云计算（Cloud Computing）是分布式计算的一种。指的是通过网络"云"将巨大的数据计算处理程序分解成无数个小程序，然后，通过多部服务器组成的系统进行处理和分析这些小程序得到结果，并返回给用户。简单地讲，早期的云计算就是简单的分布式计算，解决任务分发，并进行计算结果的合并。通过这项技术，可以在很短的时间内(几秒钟)完成对数以万计的数据的处理，从而达到强大的网络服务。

1. 特点

云计算具有下面几方面的特点。

(1) 资源虚拟化。虚拟化突破了时间、空间的界限，是云计算最为显著的特点，虚拟化技术包括应用虚拟和资源虚拟。众所周知，物理平台与应用部署的环境在空间上是没有任何联系的，正是通过虚拟平台才能对相应终端操作完成数据备份、迁移和扩展等。

(2) 动态可扩展。云计算具有高效的运算能力。在原有服务器基础上增加云计算功能，能够使计算速度迅速提高，最终实现动态扩展虚拟化的层次达到对应用进行扩展的目的。

(3) 按需部署。计算机包含了许多应用和程序软件等。不同的应用对应的数据资源库不同，所以，用户运行不同的应用需要较强的计算能力对资源进行部署，而云计算平台能够根据用户的需求快速配备计算能力及资源。

(4) 高灵活性。目前，市场上大多数 IT 资源、软件、硬件都支持虚拟化，比如存储网络、操作系统和开发软件、硬件等。虚拟化要素统一放在云系统资源虚拟池中进行管理，可见云计算的兼容性非常强，不仅可以兼容低配置机器以及不同厂商的硬件产品，还能够利用外设获得更高性能计算。

(5) 高可靠性。服务器故障不影响计算与应用的正常运行。因为单点服务器出现故障，可以通过虚拟化技术将分布在不同物理服务器上的应用进行恢复，或利用动态扩展功能部署至新的服务器进行计算。

(6) 高性价比。将资源放在虚拟资源池中统一管理，在一定程度上优化了物理资源，用户不再需要昂贵、存储空间大的主机。用户选择相对廉价的 PC 组成云，一方面可以减少费用，另一方面计算性能也不逊于大型主机。

(7) 可扩展性。用户可以利用应用软件的快速部署条件，更加简单快捷地将自身所需的已有业务以及新业务进行扩展。如计算机云计算系统中出现设备的故障，对于用户来讲，无论是在计算机层面上，还是在具体运用上，均不会受到阻碍，可以利用计算机云计算具有的动态扩展功能对其他服务器开展有效扩展。这样一来，就能够确保任务得以有序完成。在对虚拟化资源进行动态扩展的情况下，同时能够高效扩展应用，提高计算机云计算的操作水平。

2. 关键技术

云计算有以下四个关键技术。

(1) 虚拟化技术。虚拟化技术是指计算元件在虚拟的基础上(而不是真实的基础上)运行，它可以扩大硬件的容量，简化软件的重新配置过程，减少软件虚拟机相关开销。通过虚拟化技术可实现软件应用与底层硬件相隔离，它即包括将单个资源划分成多个虚拟资源的裂分模式，也包括将多个资源整合成一个虚拟资源的聚合模式。虚拟化技术根据对象可分成存储虚拟化、计算虚拟化、网络虚拟化等，计算虚拟化又分为系统级虚拟化、应用级虚拟化和桌面级虚拟化。计算系统虚拟化是一切服务与应用建立在"云"上的基础。目前虚拟化技术主要应用在 CPU、操作系统、服务器等多个方面，是提高服务效率的最佳解决方案。

(2) 数据存储技术。云计算系统由大量服务器组成，同时为大量用户服务。因此，云计算系统采用分布式存储的方式存储数据,用冗余存储的方式(集群计算、数据冗余和分布式存储)保证数据的可靠性。冗余的方式通过任务分解集群,用低配机器替代超级计算机的性能来保证低成本,这种方式保证分布式数据的高可用、高可靠和经济性,即为同一份数据存储多个副本。云计算系统中广泛使用的数据存储系统是 Google 的 GFS 和 Hadoop 团队开发的基于 GFS 开源实现的 HDFS。

(3)数据管理技术。云计算需要对分布的、海量的数据进行处理和分析,因此,数据管理技术必须高效地管理大量数据。云计算系统中的数据管理技术主要是 Google 的 BT (BigTable)数据管理技术和 Hadoop 团队开发的开源数据管理模块 HBase。由于云数据存储管理形式不同于传统的 RDBMS 数据管理方式,如何在规模巨大的分布式数据中找到特定的数据,也是云计算数据管理技术必须解决的问题。同时,由于管理形式的不同,造成传统的 SQL 数据库接口无法直接移植到云管理系统中。目前,一些研究人员正在关注为云数据管理提供 RDBMS 和 SQL 接口,如基于 Hadoop 子项目 HBase 和 Hive 等。另外,在云数据管理方面,如何保证数据安全性和数据访问高效性也是研究的重点问题之一。

(4)云平台管理技术。云计算资源规模庞大,服务器数量众多,并分布在不同的地点,同时运行着数百种应用。因此,如何有效地管理这些服务器,保证整个系统提供不间断的服务是巨大的挑战。云计算系统的平台管理技术能够使大量的服务器协同工作,方便进行业务部署和开通,快速发现和恢复系统故障,通过自动化、智能化的手段实现大规模系统的可靠运营。

6.1.8 雾计算

为了解决云计算存在的一些固有问题,出现了作为云计算进一步演化和发展的雾计算架构。雾计算可理解为本地化的云计算,云计算的重点在研究计算的方式,雾计算则更强调计算的位置。相较云计算,雾计算更贴近地面。在雾计算架构中,数据可以在靠近用户的本地雾节点上进行处理,这就减少了数据传送到云端的操作,从而降低了网络上核心节点需要传输的数据总量,同时也缩短了用户请求的响应时间。雾计算的结构可以分为三层:用户层、雾层和云层。图 6.5 就展示了雾计算的体系架构。

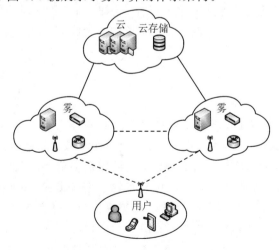

图 6.5 雾计算的体系结构

雾计算并不是由一些性能强大的服务器组成的，而是由性能较弱、更为分散的各种功能计算机组成的。雾计算介于云计算和个人计算之间，是半虚拟化的服务计算架构模型，只强调数量，不管单个计算节点能力多么弱都要发挥作用。与云计算相比，雾计算所采用的架构更呈分布式，更接近网络边缘。雾计算将数据、数据处理和应用程序集中在网络边缘的设备中，而不像云计算那样将它们全部保存在云中，数据的存储及处理更依赖本地设备，而非服务器。雾计算是新一代分布式计算，符合互联网的"去中心化"特征。

雾计算的应用场景如下所示。

1. 物联网终端

车联网应用的部署要求有丰富的连接方式和相互作用，如车到车、车到接入点（无线网络接入点、移动通信基站、路边单元），以及接入点到接入点等。雾计算能够提供丰富的车联网服务菜单中的信息娱乐、安全、交通保障和数据分析、地理分析情况。

2. 无线传感网络

无线传感网络的特点是具有极低的功耗，电池可以 5～6 年更换一次，甚至可以不用电池而使用太阳能或者其他能源供电。这样的网络节点只有很低的带宽及低端处理器，以及小容量的存储器，传感器主要收集温度、湿度、雨量、光照亮等环境数据，不需要把这些数据传送到"云"里，只传到"雾"里就可以，这是雾计算的典型应用。

6.1.9　边缘计算

边缘计算是指在靠近物或数据源头的一侧，采用网络、计算、存储、应用核心能力为一体的开放平台，就近提供最近端服务。其应用程序在边缘侧发起，产生更快的网络服务响应，满足行业在实时业务、应用智能、安全与隐私保护等方面的基本需求。边缘计算可处于物理实体和工业连接之间，或处于物理实体的顶端。而云端计算仍然可以访问边缘计算的历史数据。对物联网而言，边缘计算技术取得突破，就意味着许多控制将通过本地设备实现而无须交由云端，处理过程将在本地边缘计算层完成。这无疑将大大提升处理效率，减轻云端的负荷。由于更加靠近用户，还可为用户提供更快的响应，将需求在边缘端解决。边缘计算有以下几个技术特性：

（1）邻近性。由于边缘计算的部署非常靠近信息源，特别适用于捕获和分析大数据中的关键信息，且边缘计算还可以直接访问设备，因此，容易直接衍生特定的商业应用。

（2）低时延。由于移动边缘技术服务靠近终端设备或者直接在终端设备上运行，因此大大降低了延迟。这使得反馈更加迅速，同时也改善了用户体验，大大降低了网络在其他部分中可能发生的拥塞。

（3）高带宽。由于边缘计算靠近信息源实时收集和分析数据，可以在本地进行简单的数据处理，不必将所有数据或信息都上传至云端，这将使得网络传输压力下降，减少网络堵塞，网络速率也因此大大提升。

（4）位置认知。当网络边缘是无线网络的一部分时，无论是 Wi-Fi 还是蜂窝，本地服务都可以利用相对较少的信息来确定每个连接设备的具体位置。

（5）数据入口。边缘计算作为物理世界到数字世界的桥梁，是数据的第一入口。边缘计算拥有大量、实时、完整的数据，可基于数据全生命周期地进行管理并价值创造，将更好地支撑预测性维护、资产效率与管理等创新应用。同时，作为数据第一入口，边缘计算也面临数据实时性、确定性、多样性等挑战。

边缘计算注重于在广泛密集、资源受限的终端处，局部部署具有计算能力的边缘服务器，通过互联网络连接数据中心服务器，实现边缘云与数据中心云协同融合，提供安全、高效处理终端业务的计算服务。美国韦恩州立大学施巍松教授从边缘计算生产者和消费者的角度，对边缘计算进行了剖析，指出边缘计算是在数据源与云计算服务互联的任意路径上，局部汇聚网络和计算资源，实现云计算与边缘设备更高效地协同融合、互惠互助。通过将云中心部分计算任务迁移至网络边缘，降低了从边缘设备上传数据至云计算中心的传输代价，保证了处理业务的实时性，降低了云计算中的负载。同时，由于在万物互联中，数据与人类生活极为密切，在网络边缘处理实时数据，减少了用户数据泄露隐私的可能。边缘计算旨在更便捷、高效、安全地处理数据业务，在面对数据暴涨、计算规模庞大的万物互联时代下，具有重要的意义。

边缘计算模型通过将云计算中心部分或全部计算任务下推至边缘，由边缘设备承载数据计算和存储业务。由于边缘计算面向多样化的应用场景，不同应用场景特征不尽相同，应设计不同的特征数据、通信资源与计算模式的组合方式。有人提出一种边缘计算协同服务体系，如图6.6所示。该体系包含服务应用层、服务感知驱动层、协同资源管理层、计算模式匹配层、资源表现层和边缘计算实体层。其中，服务应用层主要接收来自系统用户发起的服务请求，根据请求类型调度不同的计算驱动程序；服务感知驱动层收到请求后，调度相关的计算资源并交由协同资源管理层进行统一管理和调度；协同资源管理层将映射不同计算场景，在计算模式匹配层中进行相关计算处理；资源表现层主要完成物理资源的抽象表示，为计算模式提供支持；边缘计算实体层是指具体实施边缘计算服务的物理个体。

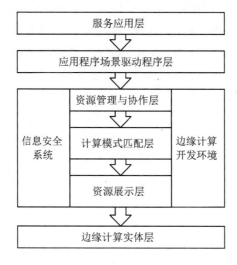

图 6.6　边缘计算协同服务关系

6.2　计算的内容

在万物互联的时代，物联网的发展成为大数据的主要数据来源。大数据需要依赖云计算进行储存、计算分析，而机器学习和人工智能则需要大数据、云计算（提供算力）结合算法不断地进化、学习并优化算法模型，物联网则借助 AI 成熟算法以提升物联设备的智能化程度。通过循环，最终人工智能会辅助物联网，并使物联网更加发达。

6.2.1　大数据

随着数字经济在全球的加速推进，以及 5G、人工智能、物联网等相关技术的快速发展，数据已成为影响全球竞争的关键战略性资源。大数据指的是具有大的、更多样的和复杂结构的海量数据集，这些数据集很难存储、分析和可视化。

大数据的应用越来越广泛，不再仅仅是学术界讨论的一个理论性概念，而是落实到通信、医疗等各个领域的实践当中。目前，研究大数据已经成为国家战略的需要。2012 年 3 月，美国白宫发布了"大数据研究和发展计划"，成立了"大数据高级指导小组"。2015 年 8 月，国务院印发了《促进大数据发展行动纲要》，将大数据发展作为国家发展战略，将大力推动各领域大数据的发展和应用。2021 年，工业和信息化部印发《新型数据中心发展三年行动计划（2021—2023 年）》，将大数据的发展作为"新基建"的七大领域之一，大数据对数字经济的赋能和驱动作用日益凸显。未来，随着数字经济的迅猛发展，大数据发展的前景更加广阔。

大数据具有高多样性、高容量、高速度、真实性的特征。

（1）高多样性。多样性让大数据变得非常大。大数据有各种各样的来源，通常有三种类型：结构化、半结构化和非结构化。结构化数据是插入一个已经标记并易于排序的数据仓库；非结构化数据是随机的，难以分析；半结构化数据不符合固定字段，但包含用于分隔数据元素的标签。

（2）高容量。现在的数据量大小已经超过了万亿字节和千兆字节。数据的超大规模和增长超过了传统的存储和分析技术。人工智能（AI）、移动、社交和物联网（IoT）通过新的数据形式和数据源，推动了数据的复杂性。例如，大数据来自传感器、设备、视频/音频、网络、日志文件、事务性应用程序、Web 和社交媒体，其中大部分数据具有实时性且数量巨大。

（3）高速度。不仅大数据需要速度，所有流程都需要速度。对于时间有限的流程，应该在流入组织时使用大数据，以最大限度地实现其价值。

（4）真实性。数据的真实性或可靠性指的是数据质量和数据值。大数据不仅必须很大，而且还必须可靠，才能在分析中获得其价值。捕获数据的质量也可能会有很大差异，从而影响准确分析。

计算模式的出现有力地推动了大数据技术和应用的发展。现实世界中处理的大数据问题复杂多样，一种单一的计算模式无法涵盖所有不同的大数据计算需求。研究和实际应用中发现，MapReduce 作为一种分布式计算框架，在处理大数据的过程中起到了至关重要的作用。

分布式计算框架主要用于处理以下业务：

（1）日志解析（数据仓库）：将非结构化数据整理为结构化数据。通过对分布式文件存储系统的管理，沉淀为数据仓库，将原文件数据进行解析，通过特有函数将非规则数据解析成规则数据。在企业建设的过程中，日志起到了至关重要的作用。

（2）数据统计：对海量数据的应用，最直接的业务需求即为统计方向。经过分布式计算框架中的特有函数，结合运营的关键指标，可以实现统计逻辑。

（3）分析挖掘：分布式计算框架可以实现分析模型，包括用户宽表、用户画像等。该框架提供了 30 多种挖掘算法，更好地提供了挖掘服务。

云计算的发展为解决共享计算资源的挑战提供了基础支持。如图 6.7 所示，云计算的结构包括云计算的分布式处理、分布式数据库、云存储和虚拟化技术。

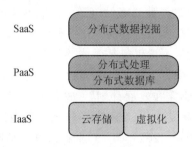

图 6.7　云计算层次结构

在 IaaS 层，可以使用 eStor 集中式存储和 HDFS 分布式文件系统，以及 VMware 和 OpenStack 的虚拟化技术。在 PaaS 层，可以使用数据立方，它是针对大数据的处理器，可以对元数据进行任意多关键字的实时索引。通过数据立方对元数据进行分析之后，可以大大加快数据的查询和检索效率。也可以使用 HBase 分布式数据库，利用 HBase 技术可在廉价 PC 服务器上搭建起大规模结构化存储集群。使用 MapReduce 分布式处理以及 JobKeeper(JobKeeper 是一种处理任务的高性能分布式调度平台)，JobKeeper 可不间断地接受从各台计算机提交的任务，再按照当前集群中所有机器的压力，智能地进行任务分配，进而达到集群负载均衡。在 SaaS 层，可以使用 Mahout(Mahout 是基于 Hadoop 的机器学习和数据挖掘的一个分布式框架)。Mahout 用 MapReduce 实现了部分数据挖掘算法，解决了并行挖掘的问题。

6.2.2　机器学习与人工智能

随着互联网的飞速发展，人类社会进入了一个前所未有的大数据时代。从 2005 年到 2015 年的十年间，据不完全统计，数据增长了至少 50 倍。在大数据浪潮的推动下，有标签训练数据的规模也取得了飞速增长。现在，人们通常会用到数百万甚至上千万张有标签的图像，来训练图像分类器(例如，ImageNet 数据集包括 1400 万幅图像，涵盖了 2 万多个类型)；用成千上万个小时的语音数据，来训练语音识别模型(例如，百度的 Deep Speech2 系统使用了 11 940 小时的语音数据以及超过 200 万句表达式来训练英语的语音识别模型)；用几千万棋局来训练围棋程序(例如，DeepMind 的 AlphaGo 系统使用了 3000 多万个残局进行训练)。在十几年前，如此庞大的训练数据是完全无法想象的，也正是这些给人工智能技术的发展奠定了非常坚实的物质基础。另一方面，这些训练需要耗费大量的计算资源和训练时间，因而对计算机软硬件都提出了更高的要求。

大规模训练数据的出现为训练大模型提供了物质基础，因此，近年来涌现出了很多大规模的机器学习模型。这些模型可以拥有几百万甚至几十亿个参数。例如，2011 年，谷歌训练出了拥有十亿个参数的超大神经网络模型；2015 年，微软研究院开发出拥有 200 亿参

数的 LightLDA 主题模型。当词表增大到成百上千万时，如果不做任何剪枝处理，无论是
语言模型还是机器翻译模型，都有可能拥有上百亿甚至几千亿个参数。

一方面，这些大规模机器学习模型具有超强的表达能力，可以帮助人们解决很多难度
较大的学习问题。而另一方面，它们也有自己的弊端，如非常容易过拟合（也就是在训练集
上可以取得很好的效果，然而在未知测试数据上则表现得无法令人满意）。大数据和大规模
训练的双重挑战使得计算复杂度较高，导致单机训练模型可能会消耗无法接受的时长，因
而，不得不使用并行度更高的处理器或者计算机集群来完成训练任务。

为解决上述问题，分布式机器学习被提出来。分布式机器学习使用大规模计算资源，
充分利用大数据来训练大模型，从而加快训练速度或者实现训练规模的突破。分布式机器
学习有以下良好属性：

（1）收敛性。分布式机器学习具有良好的收敛性质，能够以可接受的收敛率收敛到（正
则化）经验风险的最优模型。

（2）加速比。相比对应的单机优化算法，分布式机器学习达到同样的模型精度所需要
的时间明显降低，甚至随着工作节点的增加，所需要的时间以线性的阶数减少。

（3）泛化性。分布式机器学习不出现过拟合现象，不仅训练性能好，而且测试性能
也好。

基于云计算可以实现计算能力以及处理大量数据的能力。人工智能以及机器学习需要
具有高速处理器的高级基础框架、最先进的 GPU 以及大容量的内存和存储空间，但在 AI
工作当中可能会出现短时间的资源紧张。而这些要求与云计算所能提供的能力正好契合。
有了云计算，大家将数据都放在"云"上，有了最基础的配置，数据才能产生并进行收集、汇
总。所有人工智能的训练都是基于数据训练的，有了大数据才能实现人工智能。

人工智能和高性能计算都是未来发展的重点。虽然两者各有侧重，但是如果将两者的
优势结合在一起，就能各取所长、补其所短，能更快、更智能地解决目前存在的许多问题。
目前，我国的超级计算机已经走在世界的前列，但是应用于人工智能的软件和硬件却很少，
而且缺乏从应用的角度去解决工业和企业实际存在的应用难点，超级计算机的潜力没有得
到充分释放。

如果从人工智能的角度运用高性能计算机，在运行快的基础上能够运行得智慧起来，
这将大大提高高性能计算机的科学研究能力和实际经济效果，带动我国极其需要的软件设
计人才的培养和芯片生产工业的发展，并为我国着重发展的新材料研究、航空航天器设计、
基因工程探索以及量子计算模拟等国防和关键领域的发展，带来新的技术支撑和解决方
案。可以预见，人工智能和高性能计算的结合，将是未来发展的必然趋势。

6.2.3　物联网

物联网是基于高效的通信技术构建的网络，以提供无处不在的服务。作为一种典型的
物联网应用，物联网监测服务通常以数据采集和分析系统的形式实现。通常数据采集和分
析系统基于无线传感器网络技术、云计算等成熟技术构建，能够实现数据的高效采集和
分析。

随着物联网的不断普及，据估计到 2025 年，将有一万亿台互连的物联网设备。思科于
2017 年 6 月发布的相关报告指出，物联网应用的数据规模已经进入泽比特（ZB）时代，联网

设备数量呈指数增长。其中，绝大多数的设备都是无线传感器网络节点，它们无时无刻不在产生着数据。为了应对接入设备数量的激增所带来的挑战，研究提出，在现有架构中引入雾计算的思想，雾计算是介于云计算和个人计算之间的半虚拟化的服务计算架构。基于雾计算的物联网应用架构，通过在云服务和感知层之间添加一个雾计算层，使部分云服务的功能迁移到雾计算设备中。图 6.8 就展示了该背景下物联网应用架构的变化。

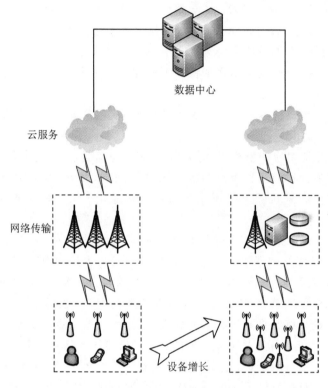

图 6.8　物联网应用架构变化

物联网是通过信息化手段使事物通过互联网连接，从而实现信息化管理、智能感知控制的网络。在当今信息发展传输速度越来越快的时代里，传统工业也开始向网络化、信息化管理发展，从而实现对工业生产全方位的精准监控感知，进一步提高工业生产效率。在潜移默化中，物联网已经融入日常生活和工业制造中，小到日常温湿度的监控，大到智能厂商利用工业互联网将人、技术、信息转换融合形成的工业自动化生产。将物联网应用与工业自动化工作结合起来，能够有效地推动工业自动化和信息化管理。

作为一种典型的物联网应用，基于物联网实现的农业环境监测应用，能够提高农业生产的整体效率，因此被广泛应用于农业生产中。通常农业环境监测应用建立在对环境数据的采集上，而数据采集功能由数据采集系统完成。通常数据采集系统基于无线传感器节点组网形成的无线传感器网络构建，考虑到农业生产环境的特殊性，建立一个有效的数据采集系统需要部署大量的节点，且随着生产规模的扩大需要部署的节点数量也会不断增加。通过这些节点，利用工业物联网技术将部分活动进行信息化管理。从而提高管理的效率和经营管理信息化的实现，具体应用如物料的管理、工作完成度监管等。物料放置容器中安装相应的数据采集设备，容器自动感知物料的数量以及位置，可有效得到现有物料的数量，以及哪些容器需要添置物料或更换物料。物联网技术的实现使科技应用于民，有效地促进了农业生产的高速与高质量发展。

在传统的基于云服务构建的物联网应用中，数据处理应用通常部署在云服务中。云服务虽然具备强大的计算资源以及灵活的扩展能力，但是考虑到应用部署和运行的成本，其计算资源也不是无限的。在物联网数据和设备规模不断增长的背景下，现有的云服务可能会面临接入能力、存储能力和处理能力方面的挑战。考虑到基于传统云服务构建数据处理应用时所面临的问题，相关研究提出基于雾计算构建物联网数据处理应用。基于雾计算构建数据处理应用具备以下优点：

（1）充分利用物联网小型设备的计算资源。这些小型设备具备一定的通信和计算能力，成本较低，计算能力较弱，在传统的物联网应用中只作为数据转发和存储设备使用。通过优化和改进传统的数据处理算法的流程，创新现有的应用架构，基于云服务的物联网数据处理应用就可以迁移到雾计算中，实现计算资源的充分利用。

（2）降低上传数据所消耗的带宽。物联网数据处理应用需要感知层上传数据，这些数据的规模较大，直接上传会造成云平台带宽的极大消耗。雾计算可以使数据处理应用在更靠近数据的地方运行，在本地实现绝大部分的处理，以避免大量数据上传，极大减少应用的带宽消耗。

（3）提供低时延、高稳定性、高度隐私保护的物联网服务。现有的物联网服务过度依赖于云服务，基于云服务的物联网服务存在传输时延较高，隐私难以保护的问题，且云服务的故障会直接影响到服务的正常使用，甚至导致服务的中断。无论是过高的时延还是服务中断的风险，在一些医疗、安全生产领域中都是不可接受的。雾计算通过本地构建的服务，可以显著减小时延，在一定程度上避免了服务中断所带来的问题，保护了用户隐私。

基于上述优点，在雾计算的基础上构建物联网数据处理应用，研究基于雾计算的数据处理方法，对于改进现有的物联网应用架构、充分利用计算资源、降低应用成本、进一步扩展物联网的应用场景等方面，具有显著的意义。

第7章 网络技术

传统数据中心采用的是二层加三层的组网架构,通常数据中心内部采用二层组网,外部采用三层网络进行互联。随着服务器虚拟化技术的普及,数据中心正式进入云计算时代,数据中心网络逐渐进化为同地域多物理数据中心的网络,进一步被抽象成一个虚拟化的内部网络,形成全球范围不同地域物理数据中心网络都可以互相打通的云化网络。本章将分成组网技术和网络管理技术两个部分来介绍云计算网络中的技术。

7.1 组 网 技 术

组网技术就是网络组建技术。传统以太网使用集线器来连接局域网网段中的节点,但集线器不执行任何类型的通信过滤,而是将所有比特转发到其连接的每台设备,这会迫使局域网中的所有设备共享介质带宽,会出现通信冲突。如果局域网内的主机高达上千台,那么冲突域就会很大,很容易造成网络堵塞,于是引入了交换机(Switch)。交换机是一种通过基于网卡的硬件地址(Media Access Control ,MAC)识别,能完成封装转发数据包功能的网络设备。交换机可以"学习"MAC 地址,并将其存放在内部地址表中,在数据帧的始发者和目标接收者之间建立临时的交换路径,使数据帧直接由源地址到达目的地址。交换机分为二层交换机、三层交换机或更高层的交换机。三层交换机具有路由功能,而且比低端路由器的转发速度更快,它的主要特点是一次路由、多次转发。

7.1.1 物理设备组网

以太网集线器(简称 HUB)在物理层工作,并使用 CSMA/CD 技术进行交互,如图 7.1 所示。

以太网集线器的基本工作原理是广播技术,也就是 HUB 从任何一个端口接收到一个以太网数据帧,都将此以太网数据帧广播到其他所有端口,HUB 不记忆哪一个 MAC 地址挂在哪一个端口(这里所说的广播是指 HUB 将该以太网数据帧发送到所有其他端口,并不是指 HUB 将该报文改变为广播报文)。

以太网数据帧中含有源 MAC 地址和目的 MAC 地址,对于与数据帧中目的 MAC 地址相同的计算机执行该报文中所要求的动作;对于目的 MAC 地址不存在或没有响应等情况,HUB 既不知道也不处理,只负责转发。

HUB 的工作原理是:HUB 将从某一端口 A(用户 A)收到的报文发送到所有端口(用户);报文为非广播报文时,仅有与报文的目的 MAC 地址相同的端口响应用户 A;报文为广播报文时,所有用户都响应用户 A。

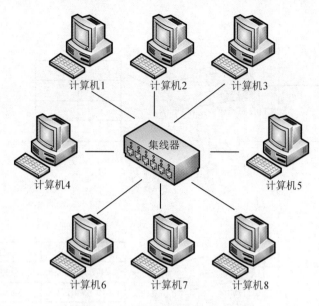

图 7.1 以太网集线器的工作原理

随着网络应用不断丰富，网络结构日益复杂，导致传统的以太网连接设备 HUB 已经不能满足网络规划和系统集成的需要。HUB 的缺陷主要表现在以下两个方面：

（1）冲突严重。HUB 对所连接的局域网只作信号的中继，所有物理设备构成了一个冲突域。

（2）广播泛滥。HUB 通过广播搜索目标主机，当主机数量规模较大时，存在大量广播通信占用带宽的情况。

7.1.2 二层网络组网

二层交换机在一定程度上解决了冲突严重的问题。

1. 二层交换技术

由于二层交换技术是在 OSI 七层网络模型中的第二层（即数据链路层）进行操作的，因此交换机对数据报文的转发建立在 MAC 地址之上的。对于 IP 网络协议来说，交换机是透明的，即交换机在转发数据报文时，无须知道信源机和信宿机的 IP 地址，只需知道其物理地址（MAC 地址）即可。交换机在工作过程中会不断地检测报文的源和目的 MAC 地址来建立 MAC 地址表，这个表说明了某个 MAC 地址是在哪个端口上被发现的。因此，当交换机接收到一个报文时，便会看一下该数据报文的目的 MAC 地址，核对自己的 MAC 地址表，以确认应该从哪个端口把数据报文发出去；若交换机接收到的报文的目的 MAC 地址不能在地址表中找到时，交换机会把 IP 报文广播出去，这也是二层交换机的弱点所在。

二层交换机的报文转发涉及以下两个关键的线程：

1）学习线程

交换机接收网段上的所有数据帧，利用接收数据帧的源 MAC 地址建立 MAC 地址表，如图 7.2 所示。

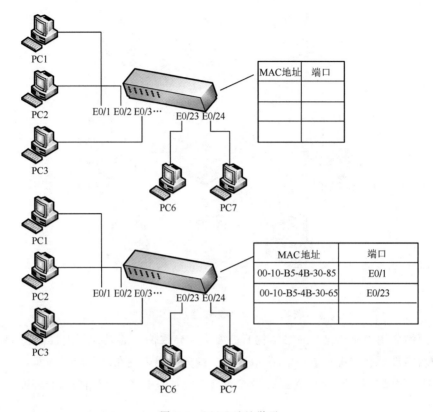

图 7.2　MAC 地址学习

学习线程采用端口移动机制和地址老化机制更新 MAC 地址表。

（1）端口移动机制：交换机如果发现一个报文的入端口和报文中源 MAC 地址的所在端口不同，就产生端口移动，将 MAC 地址学习到新的端口。

（2）地址老化机制：如果交换机在很长一段时间内没有接收到主机发出的报文，则该主机对应的 MAC 地址就会被删除，等下次接收到报文时重新学习。

2）报文转发线程

交换机在 MAC 地址表中查找数据帧的目的 MAC 地址。如果找到目的 MAC 地址，就将该数据发送到相应的端口；如果找不到，就向所有的端口发送（广播）数据。如果交换机接收到的报文中源 MAC 与目的 MAC 地址相同，则丢弃该报文。交换机向入端口以外的其他所有端口发送广播报文。

二层交换机的缺点是：传统的以太网交换机对接收到的数据帧根据 MAC 地址进行二层转发，因此将网段上的冲突域限制到了端口级，但无法限制广播域的大小，在主机数量很多的情况下，广播泛滥的现象仍然很严重。

2. 交换机二层转发

下面以 A 向 B 发起 Ping 请求为例（如图 7.3 所示）介绍交换机二层转发的实施过程。

（1）A 检查报文的目的 IP 地址，发现和自己在同一网段，需要进行二层转发。

（2）A 检查自己的 ARP 表，发现 B 的 MAC 地址不在自己的 ARP 表里。注意：ARP

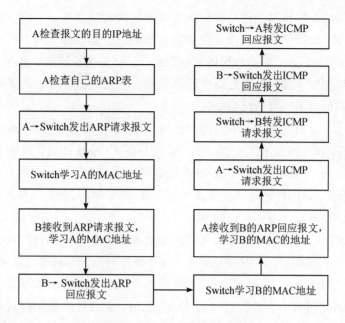

图 7.3 交换机二层转发过程图

表里记录了 IP 地址和 MAC 地址之间的对应关系，因而需要首先检查 ARP 表，通过目的 IP 地址得到 MAC 地址，再进行数据报文的发送操作。

（3）A→Switch 发出 ARP 请求报文。

（4）Switch 学习 A 的 MAC 地址到自己的 MAC 地址表（注意：MAC 地址表是二层转发引擎，并且在二层转发时不能学习到 Switch 的 ARP 表和三层硬件转发表），并广播 ARP 请求报文。

（5）B 接收到 ARP 请求报文，学习 A 的 MAC 地址到自己的 ARP 表。

（6）B→Switch 发出 ARP 回应报文。

（7）Switch 学习 B 的 MAC 地址到自己的 MAC 地址表，并向 A 发出 ARP 回应报文。

（8）A 接收到 B 的 ARP 回应报文，并学习 B 的 MAC 的地址。

（9）A→Switch 发出 ICMP 请求报文。

（10）Switch→B 转发 ICMP 请求报文。

（11）B→Switch 发出 ICMP 回应报文。

（12）Switch→A 转发 ICMP 回应报文。

7.1.3 三层网络组网

随着网络模式的不断扩展，网络流量从 80/20 向 20/80 扩展，若仍然使用传统的路由器，则在转发数据方面就会出现网络瓶颈的问题，因此，应采用三层交换机来代替路由器。

1. 三层交换技术

三层交换技术采用 Intranet（内联网）关键技术，将第二层交换机和第三层路由器的优势相结合。前面提到，二层交换技术在 OSI 网络标准模型中的第二层（数据链路层）进行操作，而三层交换技术在网络模型中的第三层实现了数据报文的高速转发。

　　简单地说，三层交换技术就是二层交换技术＋三层转发技术。下面比较一下三层交换机和路由器的区别。传统路由器基于微处理器转发报文，靠软件处理，而三层交换机通过ASIC 硬件来进行报文转发，二者的性能差别很大；三层交换机的接口基本上都是以太网接口，没有路由接口类型丰富；三层交换机可以工作在二层模式，对于不需要路由的报文可以直接交换，而路由器不具有二层功能。

　　三层交换技术的工作原理是：假设两个使用 IP 协议的站点 A 和 B 通过第三层交换机进行通信，A 在开始发送时，把自己的 IP 地址与 B 的 IP 地址比较，判断 B 是否与自己在同一子网内。若 B 与 A 在同一子网内，则进行二层的转发，A 通过三层交换机转发，广播一个 ARP 请求报文，B 同样通过三层交换机转发返回其 MAC 地址，在此过程中，A 与 B 分别将对方的 MAC 地址学习到自己的 MAC 地址表，进行数据的二层转发；若两个站点不在同一子网内，则 A 向"缺省网关"发出 ARP(地址解析)请求报文，而"缺省网关"的 IP 地址其实就是三层交换机的三层交换模块。当 A 对"缺省网关"的 IP 地址发出一个 ARP 请求报文时，网关向 A 回复自己的 MAC 地址，然后 A 向网关发出数据报文，这时如果三层交换模块在以前的通信过程中已经知道 B 的 MAC 地址，就通过三层硬件转发表直接将报文发送出去，否则三层交换模块根据路由信息向 B 广播一个 ARP 请求，B 得到此 ARP 请求后向三层交换模块回复其 MAC 地址，三层交换模块将地址保存到三层硬件转发表，这样后面的工作就可以重复上面的操作，并高效执行报文的转发。

2. 交换机三层转发

　　下面以 A 向 C 发起 Ping 请求为例(如图 7.4 所示)介绍交换机三层转发的实施过程。

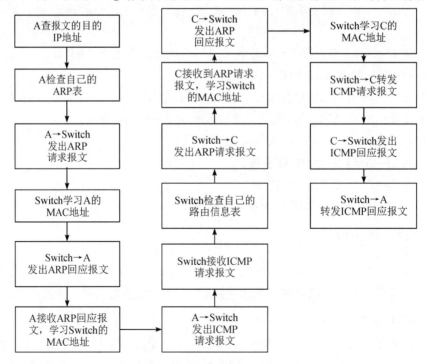

图 7.4　交换机三层转发过程图

（1）A 检查报文的目的 IP 地址，发现和自己不在同一网段，则需要进行三层转发，通过网关转发报文信息。

（2）A 检查自己的 ARP 表，发现网关的 MAC 地址不在自己的 ARP 表里。

（3）A→Switch(网关)发出 ARP 请求报文。

（4）Switch 将 A 的 MAC 地址学习到自己的 MAC 地址表、ARP 表和三层硬件转发表（即 IP FDB Table）。

（5）Switch→A 发出 ARP 回应报文。

（6）A 接收 ARP 回应报文，并学习 Switch(VLAN1 路由口)的 MAC 地址。

（7）A→Switch 发出 ICMP 请求报文。

注意：报文中的目的 MAC 地址是 VLAN1 的，源 MAC 地址是 A 的，目的 IP 地址是 C 的，源 IP 地址是 A 的。

（8）Switch 接收 ICMP 请求报文，判断出该报文是三层报文(原因是目的 MAC 地址与 Switch 的 MAC 地址相同)。

（9）Switch 检查自己的路由信息表，发现报文目的 IP 地址在自己的直联网段。

（10）Switch→C 发出 ARP 请求报文，该报文在 VLAN2 内广播。

（11）C 接收到 ARP 请求报文，并学习 Switch(VLAN2 路由接口)的 MAC 地址。

（12）C→Switch 发出 ARP 回应报文。

（13）Switch 学习 C 的 MAC 地址。

（14）Switch→C 转发 ICMP 请求报文。

注意：目的 MAC 地址是 C 的，源 MAC 地址是 VLAN2 的，目的 IP 地址是 C 的，源 IP 地址是 A 的。

（15）C→Switch 发出 ICMP 回应报文。

（16）Switch→A 转发 ICMP 回应报文。

7.2　网络管理技术

传统网络难以维护，人工操作多，变更困难，效率低，尤其是在云计算的环境下，虚拟化带来的高密度、业务的高速增长、对快速响应能力的高要求以及用户对网络安全隔离和灵活管理的需求，使传统网络缓慢和业务发展快速之间的矛盾越来越大，因此就有了软件定义网络、网络功能虚拟化和虚拟私有云网络。

7.2.1　软件定义网络 SDN

软件定义网络(Software Defined Network，SDN)不是具体的技术或协议，而是一种新的网络设计理念(如图 7.5 所示)。SDN 的核心思想是实现控制平面和转发平面的分离，并通过独立的控制平面来管理、控制和监控转发平面。

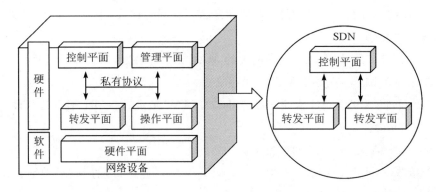

图 7.5　SDN 实现

SDN 试图摆脱硬件对网络架构的限制，这样便可以像升级、安装软件一样对网络进行修改，便于将更多的 App（应用程序）快速部署到网络上。实现 SDN 涉及以下两个关键协议。

1. OpenFlow

目前最先进的以太网交换机和路由器都包含流表（flow table，通常是基于三态内容寻址存储器 TCAM 构建的），流表能使这些设备在线实现防火墙、网络地址转换 NAT、服务质量 QoS 和统计收集等操作。尽管不同厂商的流表是不同的，但是在许多交换机和路由器上存在同样的功能集。OpenFlow 就利用了这些公共功能集。

OpenFlow 提供了一个开放的协议，能在不同的交换机和路由器上对流表进行编程。网络管理员可以将流量分为现网流量和科研流量。研究人员可以通过选择数据包途经的交换机和处理收取的数据包来控制自己的流。通过这些方式，研究人员可以尝试新的路由协议、安全模式和寻址方案甚至替代 IP。在相同的网络中，现网流量和科研流量完全分离，且数据的处理方式没有发生任何变化。

OpenFlow 交换机的数据路径由流表和每一个流表项相关联的动作集合组成。由 OpenFlow 交换机支持的动作集合是可以拓展的，接下来就只探讨所有交换机所应该具有的最小动作集。为了达到高性能和低成本的目的，数据通路必须要经过仔细设计，以达到应有的灵活性。这就意味着需要放弃对每一个数据包进行处理的操作，转而去找到少数有限但是仍然有用的操作集合。

一个 OpenFlow 交换机至少由三个部分组成：流表、安全通道和 OpenFlow 协议。

流表：其中每一个表项都有动作与交换机对应，从而告知交换机如何处理流。

安全通道：用于连接交换机和远程控制程序（称为控制器）。安全通道允许通过 OpenFlow 协议在交换机和控制器之间发送命令和数据包。

OpenFlow 协议：是一个用于控制器和交换机之间通信的开放标准。通过制定的标准接口（OpenFlow 协议），可以从外部定义流表项，避免研究者对 OpenFlow 交换机的编程需求。

OpenFlow 交换机可以分为两类：第一类是专用 OpenFlow 交换机。这种交换机并不支持普通的二层交换和三层交换操作；第二类是支持 OpenFlow 功能的通用商用交换机和路由器。在这种设备上，OpenFlow 协议和接口只是作为设备的一个新特性被添加进去。

2. OpenvSwitch

OpenvSwitch 是一个高质量的多层虚拟交换机软件，使用开源 Apache2.0 许可协议，由 Nicira Networks 开发，主要实现代码为可移植的 C 代码。OpenvSwitch 主要用于虚拟机 VM 环境，作为一个虚拟交换机，支持 Xen/XenServer、KVM 以及 VirtualBox 等多种虚拟化技术。在这种虚拟化环境中，一个虚拟交换机主要有两个作用：传递虚拟机之间的流量和实现虚拟机与外界网络的通信。

OpenvSwitch 内核模块实现了多个数据路径（类似于网桥），每个"数据路径"都可以有多个 vport（类似于桥内的端口）。每个数据路径也可以通过关联流表来设置操作，而这些流表中的流都是用户空间在报文头和元数据的基础上映射的关键信息，一般的操作是将数据包转发到另一个 vport，当一个数据包到达一个 vport，内核模块提取其流的关键信息，并在流表中查找这些关键信息。当有一个匹配的流时，vport 执行对应的操作；如果没有匹配，vport 会将数据包送到用户空间的处理队列中（作为处理的一部分，用户空间可能会设置一个流，用于以后碰到相同类型的数据包时可以在内核中执行操作）。

OpenvSwitch 的架构如图 7.6 所示。

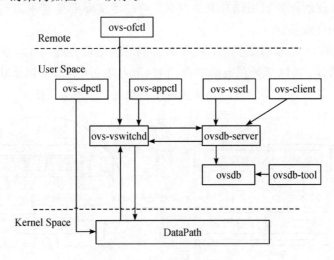

图 7.6　OpenvSwitch 的架构

ovs-vswitchd：是 OVS 的守护进程和核心部件，实现交换功能，和 Linux 内核兼容模块一起实现基于流的交换（flow-based switching）。它和上层 controller 通信遵从 OPENFLOW 协议、与 ovsdb-server 通信使用 OVSDB 协议、和内核模块通过 netlink 通信、支持多个独立的 DataPath（网桥）并通过更改 flow table，实现了绑定和 VLAN 等功能。

ovsdb-server：是轻量级的数据库服务，主要保存整个 OVS 的配置信息，包括接口、交换内容和 VLAN 等。ovs-vswitchd 根据数据库中的配置信息工作，使用 OVSDB（JSON-RPC）的方式与 manager 和 ovs-vswitchd 交换信息。

ovs-dpctl：是用来配置交换机内核模块的一个工具，可以控制转发规则。

ovs-vsctl：主要用于获取或者更改 ovs-vswitchd 的配置信息，此工具操作的时候会更新 ovsdb-server 中的数据库。

ovs-appctl：主要向 OVS 守护进程发送命令，一般不用。

ovsdb-client：访问 ovsdb-server 的客户端程序，通过访问 ovsdb-server 来执行数据库操作。

ovsdb：开放虚拟交换机数据库是一种轻量级的数据库。

ovsdb-tool：ovsdb-tool 可直接操作数据库，无须借助 ovsdb-server。

DataPath：在 OpenvSwitch 中，DataPath 负责执行数据交换，把从接收端口收到的数据包在流表中进行匹配，并执行匹配到的动作。

ovs-ofctl：用来控制 OVS 作为 OpenFlow 交换机工作时的流表内容。

7.2.2　网络功能虚拟化 NFV

网络功能虚拟化（Network Function Virtualization，NFV）是指通过使用通用性硬件以及虚拟化技术来使得虚拟网络承载更多功能的软件处理技术，能够降低网络昂贵的设备成本。它可以通过软硬件解耦及功能抽象，使网络设备功能不再依赖于专用硬件，资源可以充分灵活共享，实现新业务的快速开发和部署，并基于实际业务需求进行自动部署、弹性伸缩、故障隔离和自愈等。

NFV 通过借用 IT 的虚拟化技术，将许多类型的网络设备并入工业界标准中，如服务器、交换机和存储器，可以部署在数据中心、网络节点或用户家里。网络功能虚拟化适用于固定、移动网络中任何数据面的分组处理和控制面功能，如图 7.7 所示。

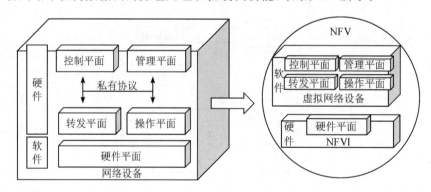

图 7.7　NFV 实现原理

NFV 的目标是取代通信网络中私有、专用和封闭的网元，实现统一通用硬件平台和业务逻辑软件的开放架构。NFV 与 SDN 结合使用将给未来通信网络的发展带来重大影响，同时也带来新的问题和挑战。

网络功能虚拟化的优点如下：

（1）通过设备合并借用 IT 的规模化经济，可减少设备成本、能源开销。

（2）缩短网络运营的业务创新周期，提升投放市场的速度，使运营商极大地缩短网络成熟周期。

（3）网络设备可以多版本、多租户共存，且单一平台为不同的应用、用户、租户提供服务，允许运营商跨服务和跨不同客户群共享资源。

（4）基于地理位置、用户群引入精准服务，同时可根据需要对服务进行快速扩张/收缩。

（5）使能更广泛、多样的生态系统，促进开放，给纯软件开发者、小企业、学术界开放虚拟装置，鼓励更多的创新，引入新业务，以更低的风险带来新的收入增长。

NFV 的本质是重新定义网络设备架构。在图 7.8 所示的 NFV 架构中，底层为具体物理设备，如服务器、存储设备、网络设备。计算虚拟化即虚拟机，可在一台服务器上创建多个虚拟系统。存储虚拟化，即多个存储设备虚拟化为一台逻辑上的存储设备。网络虚拟化，即网络设备的控制平面与底层硬件分离，将设备的控制平面安装在服务器虚拟机上。在虚拟化的设备层面上可以安装各种服务软件。

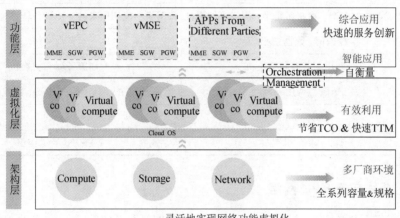

图 7.8　NFV 架构

如图 7.9 所示，NFV 并不依赖于 SDN，但是 SDN 中控制和数据转发的分离可以改善NFV 网络的性能。SDN 也可以通过使用硬件作为 SDN 的控制器和服务交换机以虚拟化形式实现。如在移动网络中，NFV 是网络演进的主要架构，而在一些特定的场景，也引入SDN。NFV 的目的就是用来代替目前的专用设备，如防火墙、网关等，它不关注流量的走向，而 SDN 是将控制平面分离出来，利用虚拟化技术来优化目前的网络架构。

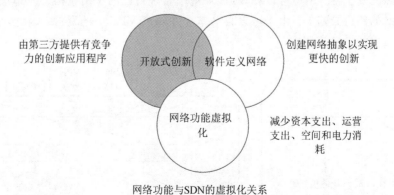

图 7.9　NFV 和 SDN 的关系

如表 7.1 所示，NFV 是具体设备的虚拟化，将设备控制平面运行在服务器上，设备是开放的、兼容的。SDN 是一种全新的网络架构，目的是取消设备的控制平面，由控制器统一计算，下发流表。NFV 和 SDN 是高度互补关系，但并不互相依赖。网络功能可以在没有 SDN 的情况下进行虚拟化和部署，然而这两个方案和理念结合使用可以产生潜在的、更大的价值。NFV 的目标是可以不用 SDN 机制，仅通过当前的数据中心技术去实现网络虚拟化。但从方法上又赖于 SDN 提议的控制和数据转发平面的分离，增强性能，简化与已存在设备的兼容性、基础操作和维护流程。NFV 可以通过提供 SDN 软件运行的基础设施的方式来支持 SDN。另外，NFV 和 SDN 都在利用基础的服务器、交换机来达成目标。

表 7.1　NFV 和 SDN 的对比

类型	SDN	NFV
核心思想	转发与控制分离，控制面集中，网络可编程性	将网络功能从原来的专用设备转移到通用设备上
针对场景	校园网、数据中心/云	运营商网络
针对设备	商用服务器和交换机	专用服务器和交换机
初始应用	云资源调度和网络	路由器、防火墙、网关、CND、广域网加速器等
通用协议	OpenFlow	无
标准组织	ONF 组织	ETSI NFV 工作组

7.2.3　虚拟私有云 VPC 网络

虚拟私有云 VPC(Virtual Private Cloud，VPC)网络是公有云上自定义的逻辑隔离网络空间，是可以用户自定义的网络空间，与在数据中心运行的传统网络相似，托管在 VPC 内的是在私有云上的服务资源，如云主机、负载均衡、云数据库等。用户可以自定义网段划分、IP 地址和路由策略等，并通过安全组和网络 ACL 等实现多层安全防护，同时也可以通过 VPN 或专线连通 VPC 与数据中心，灵活部署混合云。

如图 7.10 所示，VPC 主要是一个网络层面的功能，其目的是让我们可以在云平台上构建出一个隔离的、能够自己管理配置和策略的虚拟网络环境，从而进一步提升公有云计算环境中资源的安全性。用户可以在 VPC 环境中管理自己的子网结构、IP 地址范围、分配方式以及网络的路由策略等。由于可以自己掌控并隔离 VPC 中的资源，因此，对用户而言这就是一个私有的云计算环境。

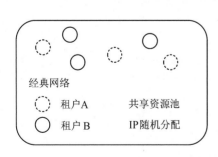
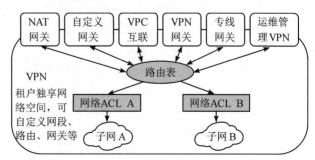

图 7.10　经典网络与 VPC 对比

可以通过 VPC 及其他相关的云服务把企业自己的数据中心与其在云上的环境进行集

成，构成一个混合云的架构。

VPC 的优点如下：

(1) 灵活部署：可自定义网络划分、路由规则，配置实施立即生效。

(2) 安全隔离：可 100％逻辑隔离网络空间。

(3) 丰富接入：支持公网 VPN 接入和专线接入。

(4) 访问控制：精确到端口的网络控制，满足金融政企的安全要求。

VPC 的应用场景如下：

(1) 安全网络。通过 VPC 网络构建起具有严格安全访问控制的网络，同时，兼顾核心数据的安全隔离和来自公网访问的有效接入。用户可以将处理核心数据和业务的核心服务器或数据库系统部署在公网无法访问的子网中，而将面向公网访问的 Web 服务器部署于另一个子网环境中，并将该子网设置与公网连接。在 VPC 网络中，用户可以通过子网间的访问控制来实现对核心数据和业务服务器的访问控制，确保核心数据安全可控的同时满足公网的访问需求。

(2) 混合云网络。通过 VPC 网络提供的隧道或 VPN 服务，可建立一套安全高效的网络连接。在 VPC 中部署 Web 应用，通过分布式防火墙获得额外的隐私保护和安全性。用户可以创建防火墙规则，使 Web 应用响应 HTTP、HTTPS 等请求的同时拒绝访问 Internet，以此来巩固网站的安全保护，从而实现部署于公有云上的应用与部署在自有数据中心的业务之间的互联互通，构建混合云的架构。

7.2.4　流量管理与控制

网络传输能力的增长往往滞后于计算能力的增长，与计算资源相比，网络资源更为紧缺。网络性能往往会成为云服务的瓶颈，网络配置错误、网络拥塞、负载不均衡等将导致服务瘫痪、分组丢失、重传、超时等，严重影响数据的中心性能，进而影响到服务质量、用户体验和投资回报。网络资源的管理更为复杂，其原因在于，网络资源往往是分布式的，同一网络资源常常被众多的计算节点所共享，网络资源的管理，不仅涉及网络本身拓扑、配置、容量等固有属性，还常常与计算资源、存储资源及应用分布等密切相关。

当前云服务网络的地址自动配置技术主要包括拓扑相关和拓扑无关两类，前者主要根据逻辑拓扑和物理网络图完成逻辑 ID 到设备 ID 的映射，后者主要针对地址与拓扑无关的网络实现地址的自动配置。就前者而言，当前的算法仍存在容错性较低、动态适应性差、配置效率低等问题，且当节点涉及故障时，需要人工干预才能完成配置，或可能因为移除了关键节点而不符合配置预期。就后者而言，地址与拓扑无关可能导致不能满足应用拓扑相关的特殊要求，也不能有针对性地进行性能和路由等优化。此外，并非所有网络地址均是拓扑相关或拓扑无关的，某些网络的地址与拓扑可能仅是部分相关的。例如，某些网络出于性能或管理的原因，仅仅需要将某一主机放置在某一机架内。

与 Internet 相比，云服务网络在网络结构、通信模式、流量特征等方面均有着不同的特点。传统的 TCP 协议主要针对 Internet 设计，不能充分利用数据中心网络特性，如直接运用于云服务网络，将面临功能和性能等方面的不足。这些缺陷的存在，使得新型的数据中心网络传输控制协议成为新的研究热点。当前的研究主要集中在拥塞控制机制和软超时保证两个方面，总体而言，单纯的拥塞控制机制虽然能够提高网络吞吐率，但由于对软超时不敏感，可能导致部分流因未得到及时传输而软超时，最终影响到应用的性能。虽然软超时敏感的传输控制机制能够根据超时时限和网络拥塞程度进行流的优先调度，但目前的研究仍需要上层应用显式地提供超时信息，容易导致带宽资源被恶意抢占，且许多技术都需要修改网络中间设备，增加了部署难度。

　　云服务网络流的调度问题往往是 NP 完全问题，具有极高的复杂度。以网络流为中心的调度策略通过感知与监测网络的负载情况及流量矩阵，实时地为每条流或主要的流选择传输路径，或通过虚拟机的迁移改变流量分布，达到流量平衡或优化的目的。但是，在流的到达速率较高且绝大部分流为短流的情况下，这样的调度算法占用了大量的资源，其有效性也难以得到保证，而且以网络流为中心的调度策略往往只能支持流的单路径传输，不能有效利用现代数据中心网络的多路径特性。以网络结构为中心的调度算法，结合网络本身固有的传输特性，按照一定的规则将流分配到不同的路径上，虽然这种方法有利于发挥网络的多路径传输能力，但由于缺乏路径负载信息和流量矩阵信息，可能导致局部拥塞，或者仍需要集中控制，难以适用于大规模数据中心网络。

　　云计算的发展给网络资源管理带来了诸多挑战，传统的资源静态分配、工作负载静态管理、应用与基础设施紧密耦合的网络管理方式已经不能适应现代云计算网络的要求，亟待持续研究新的技术和方法予以解决。

第 8 章　平 台 技 术

在介绍完云计算的四种基本技术后,本章将从云计算的整体出发,介绍其平台架构以及资源管理。在平台架构部分,将介绍平台云计算中最常见的六种架构。希望读者能够通过这部分内容了解到云平台是如何实现高效可用工作的,以及在遇见突发故障时应如何保证业务不中断,并且继续向云用户提供正常服务。而在资源管理这一节中,将介绍云平台中有关资源的管理知识,包括资源的存储形式、分配方式及如何迁移资源以达到高效利用资源管理。

8.1　平 台 架 构

本节将介绍六种基本的云平台架构,包括以下几类问题的处理方式:云用户的服务请求是如何在云平台中平均地分发到各个服务器上,以达到服务器的负载均衡;云平台在遇见大量请求而到达资源的瓶颈时,是如何实现资源的扩充而不影响现有服务器的正常业务处理;云平台管理员是如何对整个平台进行监控从而判断平台的现有状态,以检测平台是否出现故障,以及在平台出现故障时实现快速恢复,保障云用户的利益。

8.1.1　负载分布架构

通常会在一个云平台上部署多台虚拟服务器用于处理云用户的服务请求,云服务提供商希望这些请求能够平均地分发到多个服务器的云服务上,原因在于:用户的请求能够在这些服务器上并发处理,一方面可以大大缩短请求的响应时间,提升了用户体验;另一方面,对于提供商来讲,避免了服务器的过度使用和使用率不足的情况,提升了经济利益。在这种情况下,可以采用负载分布架构(Workload Distribution Architecture)。负载分布架构如图 8.1 所示。

在负载分布架构中,一个或多个相同类型 IT 资源的增加一般可以通过 IT 资源水平扩展,通过在云服务用户请求和虚拟服务器之间增加一个均衡负载器,加以相关的算法来实现请求的截获;再平均分发到各个服务器上,由服务器上的云服务进行处理;最后达到服务器负载均衡的目的。

负载分布常用在分布式虚拟服务器、云存储设备和云服务上,根据搭配的 IT 资源类型的不同,可以生成基于该架构的变种,比如下面将提到的服务负载均衡架构。

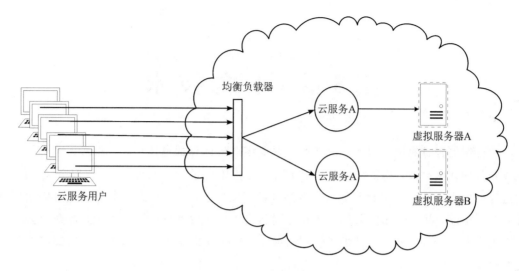

图 8.1　负载分布架构

8.1.2　服务负载均衡

服务负载均衡架构(Service Load Balancing Architecture)是专门针对云服务的工作负载分布架构，属于负载分布架构的一个变种。为了在这种架构上实现云服务的冗余部署，需要基于动态分布工作负载架构，在其中间增加负载均衡系统。再将云服务实现的服务副本组织成为一个资源池，而该系统中的负载均衡器可以作为外部或内部组件，允许服务器自行地根据内置算法去平衡各个服务器的工作负载。

每个云服务实现的多个实例，会依据其所在服务器的预期工作负载和处理能力被生成为资源池中的一部分，用于响应云用户的服务请求。

服务负载均衡架构的负载均衡器可以独立存在于虚拟服务器和云服务用户之间(如图8.2所示)，也可以位于虚拟服务器内部，通过包含该组件的服务器与其他服务器通信，来转发其接收到的服务请求，如图8.3所示。

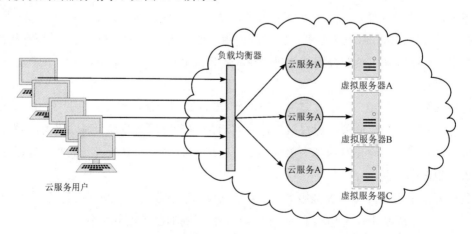

图 8.2　负载均衡器处于外部的服务负载均衡架构

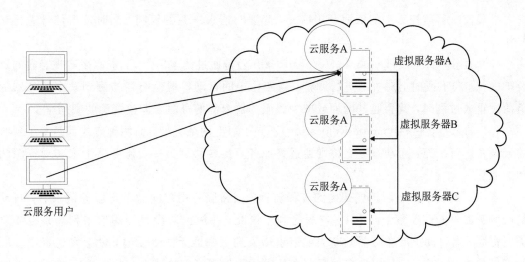

图 8.3 负载均衡器处于内部的负载均衡架构

在负载均衡器独立于云设施的架构中，负载均衡器截获云服务用户发送的请求，并将其转发到多台虚拟服务器上，使得整个架构的服务负载得到水平扩展。

在负载均衡器处于虚拟服务器内部的架构中，云用户发送的请求都会被部署了均衡负载器的虚拟服务器接收，该服务器可以将这些请求分发给相邻的云服务，由这个云服务来处理用户的请求。

除了负载均衡器外，以下 3 种机制同样适用于该架构：

（1）利用云使用监控器（Cloud Usage Monitor）来监控云服务实例的 IT 资源消耗水平，同时还可能执行收集数据的任务。

（2）使用资源集群（Resource Cluster）机制来实现集群中成员之间的负载均衡。

（3）使用资源复制（Resource Replication）来实现云服务的复制，用以支持负载均衡请求。

8.1.3 动态可扩展架构

动态可扩展架构（Dynamic Scalability Architecture）可以动态调整服务器的数量来应对业务访问量弹性变化的需求，而不需要进行人为干预。该架构在触发某些条件时动态分配 IT 资源，或回收不必要的资源，即在业务需求上涨前通过增加服务器来新增业务所需资源，业务访问量下降时，系统再将增加的服务器资源进行回收。动态可扩展架构通过在虚拟服务器和云服务用户之间增加一个独立于两者的自动扩展监听器，来实现所需的功能。自动扩展监听器在使用之前已经配置负载阈值，并根据该阈值来确定是否需要增加或减少 IT 资源，此外，还可以根据云服务用户的需求来决定 IT 资源扩展的逻辑。常见的动态扩展类型包括了动态水平扩展、动态垂直扩展和动态重定位。

（1）动态水平扩展（Dynamic Horizontal Scaling）采用横向方式，如向外或向内对 IT 资源进行扩展。当服务器遇到资源瓶颈或资源过剩时，不是通过增加或减少系统内单个服务器的资源，而是通过扩展其他服务器的方式来实现资源的动态调整。在动态可扩展架构中，自动扩展监听器监控云中的资源利用情况，必要时请求资源的复制，同时发出信号进行该操作。

（2）动态垂直扩展（Dynamic Vertical Scaling）是通过调整单个 IT 资源来实现竖向的资源扩展，如向下或向上对资源进行调整。当架构中的自动扩展监听器检测到某个服务器的负荷过重或过剩时，就会通过增加或减少该服务器内部的资源来调整资源的利用率。

（3）动态重定位（Dynamic Relocation）不同于以上两个类型，前两种方式都是基于现有的云设备进行扩充，而动态重定位则通过将业务直接转移到另一台服务器上来实现资源的动态调整。

图 8.4 展示了动态可扩展架构的工程流程。当云服务用户向云发送服务请求时，自动扩展监听器不断监控整个云中 IT 资源的利用情况，并根据所设置的阈值来判断是否需要扩展资源。当自动扩展监听器判断当前请求增大到服务器无法承受时，就会发送资源复制的信号并执行操作，创建出更多的云服务实例用于处理当前的请求；当云中 IT 资源过剩时又会减少云服务实例，避免资源的过度浪费。

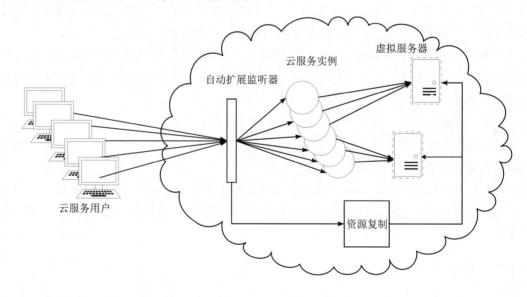

图 8.4　动态可扩展架构

8.1.4　弹性磁盘供给架构

在云计算中，云服务提供商向云用户收取的磁盘存储费用是按照用户申请磁盘的固定大小来进行计算的，这就意味着就算用户没有使用所申请的全部磁盘，但是仍要按照该磁盘的大小来进行付费。为了解决这种问题，弹性磁盘供给架构（Elastic Disk Provisioning Architecture）被提出。该架构建立了一个动态存储供给系统，可以按照云平台用户实际使用的存储量进行精确计费，并可以实现存储空间的自动分配，之后对用户所使用的资源大小进行精准收费。弹性磁盘供给架构将自动精简供给软件安装在虚拟服务器上，使用虚拟机监控器来处理弹性磁盘的分配，最后按使用付费监控器进行精准收费。这种架构和动态垂直扩展架构相似，区别在于弹性磁盘供给架构是基于资源池的。弹性磁盘供给架构如图 8.5 所示。

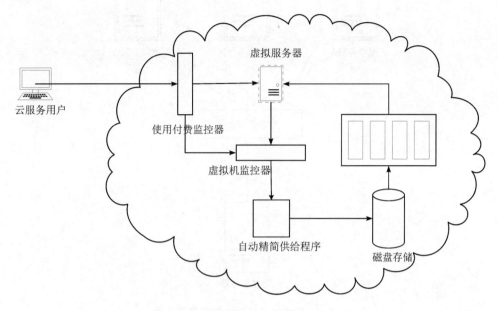

图 8.5　弹性磁盘供给架构

在弹性磁盘供给架构中，首先，云服务用户提交的服务请求在云平台中会创建一个虚拟机实例，同时该架构会为虚拟机的硬盘选择弹性磁盘；其次，虚拟机监控器创建一个薄盘，作为动态磁盘的分配组件；再次，通过自动精简供给程序为虚拟机磁盘创建一个大小为 0 的文件夹，随着虚拟机磁盘使用量的增加而不断增加；最后，按使用付费监控器跟踪磁盘的使用量并进行计费。

除了上述使用到的监控器外，弹性磁盘供给架构还存在以下机制：

（1）云使用监控器（Cloud Usage Monitor）：用于响应动态可扩展架构引起的动态变化。

（2）资源复制机制（Resource Replication Mechanism）：内置资源复制的算法逻辑，在不影响业务运行的情况下，对业务所在位置进行更改，用户不会感受到任何差别。

8.1.5　虚拟机监控集群架构

在传统的云平台上，多台虚拟机是由虚拟机监控器来进行创建和管理的，即一个虚拟机监控器负责多台虚拟机。所以，虚拟机监控器在整体架构中显得尤为重要，是架构中的瓶颈所在，如果其发生了任何故障，都会影响到用户虚拟机的正常使用。虚拟机监控器集群架构（Hypervisor Clustering Architecture）就是用来解决上述问题的。传统的虚拟机监控器集群架构如图 8.6 所示。

建立一个跨越多个物理服务器的具有冗余特性的高可用虚拟机监控器集群，如果一个物理服务器或者其上的虚拟机监控器由于突发故障变得不可用，那么该服务器上的虚拟机集群将迁移到另一台物理服务器上，通过该物理服务器上的虚拟机监控器继续对这批虚拟机进行管理，从而保证云平台的高可用性。集群迁移的整个过程如图 8.7 所示。

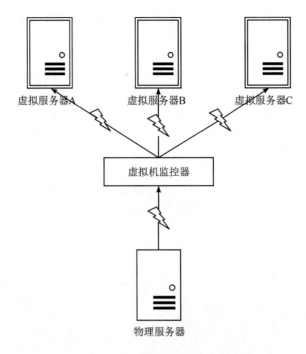

图 8.6　传统的虚拟机监控器集群架构

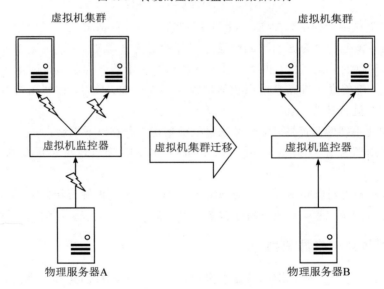

图 8.7　集群发生故障进行迁移

　　虚拟机监控集群架构通过发送心跳消息机制来确认虚拟机监控器是否正常工作,这些心跳信息在虚拟机监控器之间、虚拟机监控器和虚拟服务器之间、虚拟机监控器和 VIM 之间相互发送。如果 VIM 或其他物理服务器未收到其他虚拟机监控器的心跳返回信息,VIM 向虚拟机监控器、多台虚拟机监控器之间相互发送心跳信息来检测虚拟机监控器是否正常工作则将其视为发生故障,并启动迁移程序,将该虚拟机监控器上的所有虚拟机迁移到相邻的服务器上。为了保证在虚拟机迁移的过程中用户的业务不会受到影响,采用在线迁移策略。所以,底层选用共享云存储设备来保证快速迁移,其整体架构如图 8.8 所示。

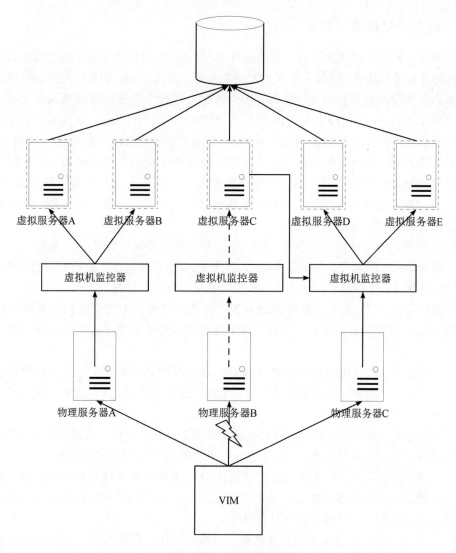

图 8.8　虚拟机监控集群架构

在该架构中，当 VIM 未收到物理服务器 B 的心跳返回信息时，认为其发生故障，那么连同其上的虚拟机监控器和虚拟服务器 C 都将受到影响。此时 VIM 启动迁移程序，虚拟服务器 C 通过在线迁移的方式被移动到物理服务器 C 上，再由物理服务器 C 上的虚拟机监控器对其进行监控和管理，从而保证了受影响的虚拟机服务器上的业务不会长时间中断。

虚拟机监控集群架构还可以增加以下机制来形成一个完善的整体：

（1）逻辑网络边界（Logical Network Perimeter）：这种机制可以为指定的虚拟机监控器创建一个逻辑上的网络边界，以避免虚拟机监控器在不被允许的情况下被包含到一个集群里。

（2）资源复制（Resource Replication）：在集群中的一个虚拟监控器上创建或者删除一个虚拟服务器，需要通过 VIM 复制到其他虚拟监控器上，可用于同步信息。

8.1.6　动态故障检测与恢复

　　众所周知，云服务提供商会向云用户提供云平台中的大量 IT 资源，如计算资源、存储资源、网络资源等。其中，任何一个资源实例都有可能发生故障，因此，人为进行资源的故障检测和恢复需要耗费大量的人力物力，在大型的云平台中更是不可能实现的。动态故障检测与恢复架构(Dynamic Failure Detection and Recovery Architecture)建立了一个弹性的看门狗系统，通过智能看门狗监控器(一个特殊的云使用监控器)不断检测云平台中的 IT 资源是否发生故障，并使用事先设置好的事件处理措施来应对发生的故障。该系统会广泛地监控各种已经预订好的故障场景，并根据当前发生的故障来进行匹配，同时做出应对。如果该故障没有匹配到相对应的记录或者无法由系统自行处理，则会发出警告，通知云管理人员进行协助工作，并作升级处理。

　　根据弹性看门狗系统的处理流程，可知弹性看门狗系统具有以下五大功能。

　　(1) 资源监控。作为该系统最基本的功能，资源监控伴随着整个架构的运行，不断检测云平台中的各种 IT 资源是否发生故障，从而对其采取对应的措施。

　　(2) 事件选定。该功能是事件处理的前提，云管理员可以事先在看门狗系统中设置选定好事件，用于和资源的监控结果进行匹配，如虚拟服务器宕机 5 s 以上，CPU 使用率超过 70% 等。

　　(3) 事件处理。在资源的监控结果和选定的事件匹配成功时，认定云平台中发生资源故障，触发该事件的处理，即动态故障恢复，无须经过人为处理。事件处理会根据已定义好的策略，对云平台进行逐步恢复。

　　(4) 事件报告。无论是否触发了事件处理，只要设置好的事件和资源监控结果匹配，就会被认定发生了故障，系统就会对其做出报告，用于保存日志或通知云管理员。

　　(5) 升级处理。若对事件未进行选定或者未对已选定的事件设置好处理措施，就会触发看门狗系统无法解决的事件报告，同时进行事件升级处理。常见的升级处理包括运行批文件处理、发送控制台消息或发送邮件信息等。

　　图 8.9 显示了动态故障检测与恢复架构。在该架构中，智能看门狗监控器的存在独立于其他 IT 资源，不断检测云中 IT 资源的状态。图 8.9 的左图显示了智能看门狗监控器探测到有 IT 资源发生故障，图 8.9 的右图表示该监控器通知弹性看门狗系统，之后系统根据事先设定好的策略进行 IT 资源的恢复。

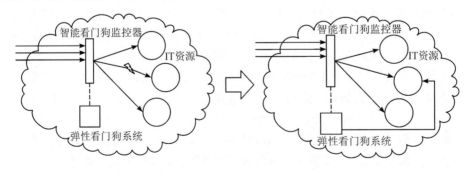

图 8.9　动态故障检测与恢复架构

动态故障检测与恢复架构中除了以上提到的智能看门狗监控器外，还可以增加以下机制：

（1）审计监控器（Audit Monitor）：该机制可以跟踪数据的恢复情况，以判断数据的恢复是否符合相应的规定或者策略。

（2）故障转移系统（Failover System）：当尝试恢复 IT 资源失效时，可以使用故障转移系统机制。

（3）SLA（Service Level Agreement，服务水平协议）管理和 SLA 监控器（SLA Management System and SLA Monitor）：这个系统一般依赖于 SLA 管理和 SLA 监控器机制管理或者处理信息，实现的功能和 SLA 密切相关。

8.2　资源管理

作为云计算的一大特征，多租户允许大量用户共享云平台中的资源，即 IT 资源（包含计算资源、存储资源、网络资源等）。云平台资源管理的基本功能就是接收云服务用户的资源请求，并在现有的 IT 资源中分隔一部分给用户。但是由于云的 IT 资源在地理上是分散的，因此如何合理地调度相应的资源，以达到最大的资源利用率是整个云计算需要考虑的问题。本节首先介绍云计算中的资源池架构以及弹性资源容量架构，进而了解资源的分配、预留、迁移和备份，最后介绍资源管理方面的知识。

8.2.1　资源池架构

美国国家标准与计算研究院（National Institute of Standards and Technology，NIST）将云资源池定义为"云供应商将计算资源汇集到资源池中，通过多租户模式共享给多个用户进行动态分配或重分配，并根据用户的需求对不同的物理和虚拟资源分配或重分配"。通过这种将资源进行池化的方式，一方面能够使云服务用户对云平台所提供的资源的确切位置进行抽象化，对其没有一个明确的认识，只知道其来源于云服务提供商；另一方面，对于云服务提供商来说，这种方式能够提高系统的硬件利用率，同时能够保证在高峰期应对客户的大量请求。

资源池架构（Resource Pooling Architecture）将相同的 IT 资源进行整合，由一个系统进行维护和分配，以保证它们之间的同步。此外，在资源池架构中并非只能由一个资源池来充当基础，可以包含多个资源池。常见的资源池类型有物理服务器资源池、虚拟服务器资源池、存储池、网络池、CPU 池等。可以将多个资源池进行汇集，形成一个更大的资源池，其中的每一个资源池称为子资源池。但是在平台中随着资源池数量的增加，它们之间的结构以及管理会变得越来越复杂，所以需要对其进行分层处理，在它们之间形成层级关系，以方便处理各种不同的需求。

图 8.10 展示了一个用于三个资源池的资源池架构。其中，资源池 B 和资源池 C 属于同一级，均来自资源池 A。通过这种将小资源池从大资源池进行剥离的方式可以使得小资源池的 IT 资源不再需要通过共享方式从大资源池中获得。此外，多个同级资源池之间是相互隔离的，其所属的用户只能访问各自的资源池。

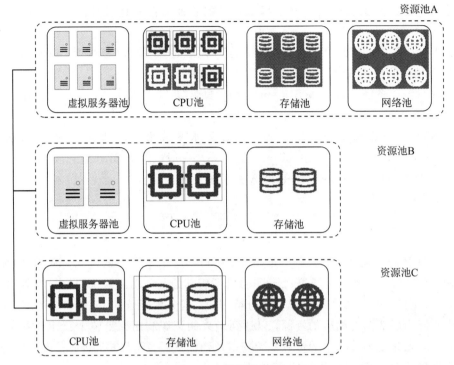

图 8.10　资源池架构

　　除了以上提到的资源池化这种机制外，资源池架构还需要其他机制来支撑其成为一个完整的架构，如云使用监控器、虚拟机监控器、逻辑网络边界等，这些机制在平台架构部分都有所提及。

8.2.2　资源分配

　　在云计算中，云服务用户根据需求动态地请求云环境中的各种资源，而云服务提供者则需要尽可能地满足用户所需要的各种服务。但是云服务提供者并非万能，由于资源限制，因此就算是大型的云平台也不能提供所有的云服务，所以就需要通过公平的方式进行资源分配，平衡用户的需求和满意度。

　　云计算是采用分布式的虚拟化技术，其资源分配方式与传统平台中的资源分配方式存在巨大差异，这些方式并不能满足云计算的需求，这成为云计算中的一个重大问题。随着云计算的发展，各种资源分配技术不断涌现出来，在云服务提供商利益最大化和云消费者成本最小化之间不断探索平衡点。本小节将介绍云平台中的各种资源分配技术。

1. 基于虚拟机的自适应云计算虚拟化资源管理架构

　　论文"Adaptive Management of Virtualized Resources in Cloud Computing Using Feedback Control"中提出了基于虚拟机的架构，以适应管理云计算环境中的虚拟化资源管理。同时，该架构还为运行在虚拟资源池中的应用提供了强大的隔离能力，允许应用动态分配资源，并根据资源的需求进行增减。该文中还提出了一种基于动态状态空间反馈控制方法的多输入/多输出（MIMO）自适应管理器，其中包括了 CPU 调度器、内存管理器和 I/O 管理器。他们在基于 KVM 架构的虚拟服务器上验证了该架构的可用性。

2. 基于规则的资源分配模型(RBRAM)

论文《通过虚拟化实现云计算中的高效资源仲裁和分配方案》提出了一种基于规则的资源分配模型。该文认为云系统需要一个资源分配管理流程来避免由于虚拟机过度拥挤而导致具有最高优先级的作业得到更少的资源,而这个模型正好可以处理 M-P-S(Memory-Processor-Storage)矩阵模型中的资源有效利用问题。该模型的主要组成有云优先级管理器、云资源分配管理器、虚拟化系统管理器和最终结果收集管理器等。该文中还制订了一种通过云效率因子来评估云资源分配效率的策略。

3. 混合整数线性规划模型(MILP)

混合整数线性规划模型主要用于云环境中丰富服务的资源供应,主要研究在云环境下的资源分配问题,考虑 IaaS 级别的集中基本服务类型,并展示了这些服务的编排如何提供丰富的服务。该模型除了考虑传统的计算、集中存储和点对点数据传输服务外,还考虑到了分布式数据存储和组播数据传输这两种原始业务,为了突出这些服务的优势,提出了混合整数线性规划模型,这是第一种在使用精确的数学公式的同时考虑这些类型服务的方法。

4. 基于 SVR 和 GA 的资源分配机制

论文"An Adaptive Resource Managment Scheme in Cloud Computing"提出了一种云计算环境下的资源分配优化系统,该系统采用基于支持向量回归(SVR)和遗传算法(GA)的资源分配机制。他们所提出的方法使用 SVR 构建应用服务预测模块,这个模块比当时的其他云资源分配策略更能有效地根据每个进程的 SLA 估算资源的利用率。之后他们利用GA 设计了全局资源分配模块,将资源重新分配给云消费者。最后他们对 CPU 和 RAM 两种 IT 资源进行了评估,结果表明了 GA 在云计算资源分配中的有效性。

5. 基于虚拟化技术的自动化资源管理系统

云模型中的许多优点来自虚拟化技术中的资源多路复用,论文"Dynamic Resource Allocation Using Virtual Machines for Cloud Computing Environment"中提出了一个系统来利用虚拟化技术,根据应用需求动态分配数据中心资源,并通过优化服务器的使用数量来支持绿色计算,有效地避免了系统过载的同时最小化服务器的使用数量。之后通过引入"偏度"的概念来衡量服务器利用率不平衡的情况,提出通过最小化偏度可以在面对多维资源约束的情况下提高服务器的整体效率,最后设计了一个负载预测算法,可以在不查看虚拟机内部的情况下准确捕获应用程序未来的资源使用情况。

8.2.3 资源预留

云计算通过虚拟化技术将同一种 IT 资源进行整合、池化,形成一个能够被多用户共同使用的资源池。在资源池中,用户可以根据他们的需求来提出请求并获得各种不同的 IT 资源。但是在享受资源共享所带来便利的同时,一系列问题也随之而来。云计算作为一个多用户并存的场景,如何处理不同用户共享同一资源的问题成为一个关键点。当有两个或多个云服务用户试图实例化相同的 IT 资源,而该 IT 资源又处于资源不足的状态时,就会发生运行冲突,导致一个或多个用户的云服务性能下降或完全被拒绝,并有可能导致云服务本身关闭,所有云用户的请求都被拒绝,从而影响到云计算系统的整体服务质量。

为了解决以上问题,在云计算中提出了资源预留架构(Resource Reservation

Architecture)。该架构通过为给定的云服务消费者专门留出一部分 IT 资源，限制其他用户对预留资源的访问来建立一个云系统，用于保护共享相同 IT 资源的云服务用户。正因为被预留的 IT 是不共享的，所以对于资源约束和借用等冲突是可以避免的。

如果对每一个用户所需要的每一种 IT 资源都进行资源预留的话，会造成资源的浪费，这与云计算的本质思想是相违背的。所以，可以通过结合资源池的概念，对资源预留的力度进行中和，形成半预留半共享的机制——为所需要进行资源预留的资源池定义好使用阈值，在使用时预留每个池中所需要保留的 IT 资源数量，而池中其他剩余的 IT 资源还可以被多个云服务用户所共享。

如图 8.11 所示，云服务提供商通过底层父资源池为两个云服务用户提供各种资源池，并为子资源池设置资源限度。两个资源池之间相互隔离，互不影响。

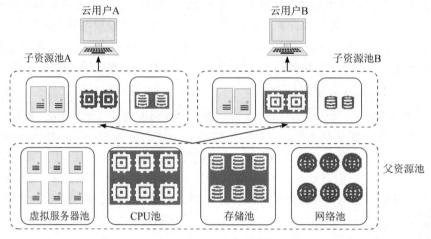

图 8.11　云用户共享资源池

图 8.12 展示了当云用户 A 请求增多，需要更多的 IT 资源来保证其业务的正常运行时，从资源池 B 中借用 IT 资源。但是该借用额度受到上一步设置的资源限度的限制，只能借用一部分，目的是保证云用户 B 的云服务不会受到其资源池中资源的限制。

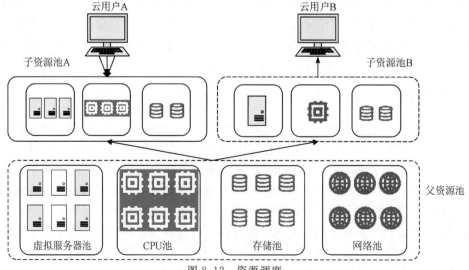

图 8.12　资源调度

当云用户 B 请求也增多时，由于其资源池中的 IT 资源被云用户 A 占用，有可能会出现资源紧缺的情况。所以，资源预留架构将资源池 A 中借用资源池 B 的 IT 资源进行返还，结果如图 8.13 所示。

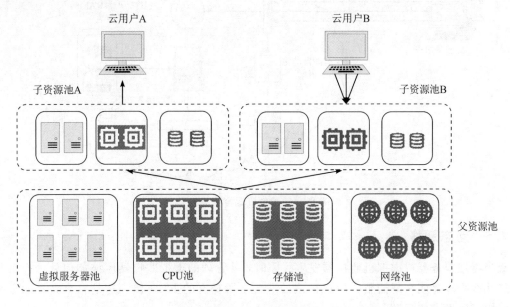

图 8.13 资源预留

除了以上所介绍的机制，资源预留架构还需要以下机制来保证系统的正常运行：

(1) 使用监控器检测在第一步中设置的预留 IT 资源是否到达阈值。

(2) 使用虚拟机监控器保证云用户可以正确使用其他用户预留的 IT 资源。

(3) 使用逻辑网络边界设置特定的 IT 资源只能由特定的用户使用。

8.2.4 弹性资源容量架构

平台架构部分介绍了专门针对虚拟服务器硬盘资源的弹性磁盘供给架构。弹性资源容量架构(Elastic Resource Capacity Architecture)就是用于虚拟服务器 CPU 与 RAM 资源的弹性供给架构。该架构与上面提到的资源池架构结合，能够根据 IT 资源请求量的变化对虚拟服务器的硬件资源进行调整。

图 8.14 展示了一个弹性资源容量架构的工作流程。该架构在云服务用户与虚拟服务器之间增加了自动扩展监听器和智能自动化引擎，用以实现资源的弹性变化。随着云服务用户请求的不断增多，这些服务都会经过自动扩展监听器，然后监听器会向智能自动化引擎发送信息，请求执行脚本文件，要求虚拟机监控器通过包含 CPU 和 RAM 的资源池向虚拟服务器增加更多的 IT 资源用于云服务上，使其能够处理更多的云服务请求。虚拟机监控器检测其上的虚拟服务器的 CPU 和 RAM 资源，在其达到阈值之前，通过动态分配在资源池中为虚拟机服务器申请更多的 IT 资源。这种 IT 资源的扩展属于垂直扩展，是通过在指定的虚拟机服务器上增加其 IT 资源来达到处理更多请求的目的。

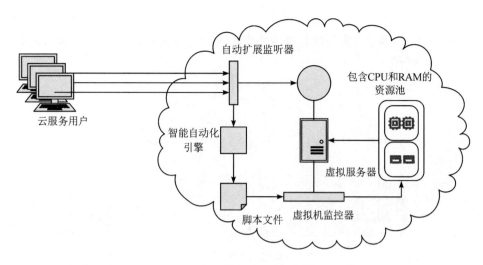

图 8.14　弹性资源容量架构

8.2.5　动态迁移

当物理服务器或虚拟机监控器发生故障时，其管理的虚拟监控器应该如何处理？需要通过什么手段才能恢复云服务用户在该云平台上所拥有的 IT 资源？这是一个完备的云平台架构应该考虑的问题。

在云计算发展的早期，都是通过静态迁移的方式来进行虚拟服务器的快速恢复。其实现原理有两种：一是直接将虚拟服务器进行关机操作，然后将其硬盘镜像复制到另一台物理服务器上，以这种方式进行迁移的虚拟服务器不能在迁移的过程中保证业务不中断；二是基于多台服务器之间共享存储系统，只需将虚拟服务器进行暂停而不是关机，然后将其内存进行复制迁移即可。但无论使用哪种方式进行迁移，虚拟服务器在迁移过程中都存在明显的暂停服务，所以，需要一种额外的方式来保证迁移过程中不会影响云用户的正常使用。

正如在虚拟机监控器集群架构中所提到的，当物理服务器或其上的虚拟机监控器发生故障时，处于监控器管理下的虚拟服务器的正常使用将受到影响。利用区别于静态迁移的虚拟服务器动态迁移的方式，将其移动到相邻的虚拟机监控器下进行管理，以实现故障的快速恢复。

动态迁移，又称实时迁移、在线迁移。在云计算中动态迁移泛指在不同的物理服务器之间移动正在运行的虚拟服务器或应用程序，而在迁移的过程中不断开或以用户察觉不到的间隙断开客户机或应用程序。其中，虚拟服务器上的所有资源，包括内存、存储、网络、计算等都会从原来的物理服务器上转移到新的物理服务器上。

动态迁移的实现步骤和静态迁移类似，都存在硬盘和内存或单纯内存的迁移。但是，明显的区别在于虚拟服务器在动态迁移的过程中仅存在非常短暂的停机时间，云服务用户在使用过程中不会有明显感觉。在不考虑磁盘复制的情况下，即物理服务器之间已经实现了共享存储，其实现过程为：当动态迁移启动后，虚拟服务器在原来的物理服务器上并不会立即停机，而是继续运行，同时虚拟服务器的内存页会通过网络发送到目的物理服务器上；在内存页进行传输的过程中，虚拟机监控器会记录在这段时间内虚拟服务器上内存页的修改部分，并在内存页传输之后继续重复该操作，直到虚拟机监控器认为能够在一个极短的时间内将剩下的内存页传输完成为止；然后便会关闭虚拟服务器，在内存页传输完成之后恢复虚拟服务器的原始状态。通过上述的一系列操作，一个虚拟服务器的动态迁移就完成了。基于 KVM 的虚拟服务器动态迁移过程如图 8.15 所示。

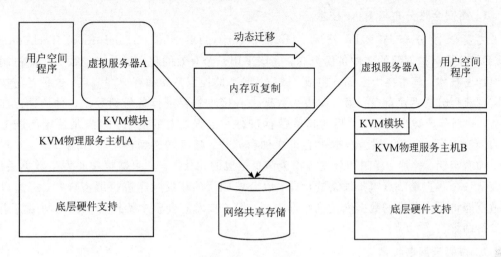

图 8.15　动态迁移

　　但是，动态迁移并不是完美的。如果虚拟服务器在动态迁移后，目的物理服务器上不存在其在源服务器上所拥有的硬件资源，则迁移后的虚拟服务器可能无法正常工作，如虚拟服务器上拥有物理服务器的直通设备，有可能在迁移后发生故障。

　　由于动态迁移在服务器迁移时间、服务器停机时间、内部服务性能影响上比静态迁移有着明显的优势，被广泛应用在以下场景中：

　　（1）负载均衡。当物理服务器上的资源利用率比其他的物理服务器都高时，可以通过动态迁移将虚拟服务器迁移到资源充足的物理服务器上，以达到负载均衡的效果。

　　（2）节约能源。云平台可以通过将虚拟服务器动态迁移到物理服务器集群中的几台服务器上，并在迁移后关闭物理服务器来达到节约能源的效果。

　　（3）远程迁移。如果虚拟服务器存在于某个访问量巨大的数据中心，则可以通过动态迁移将虚拟服务器转移到访问量低的数据中心。这种操作不管是对于用户还是云服务提供商来讲都是有益的。

8.2.6　数据备份

　　在第 2 章的云计算安全威胁所提到的安全事件中，存在一些数据丢失或数据被删除的事故，而事故的最终结果就是云服务提供商进行了大额赔偿。那么对于此类事件，云计算架构是如何处理的？这就涉及本小节即将介绍到的数据备份技术。

　　云计算作为一种新型的计算平台，向广大云服务用户提供各种不同的 IT 资源，而用户的服务请求或者信息都是以数据的形式流通或保存在云平台中，因此，一个云平台会在一天的时间内产生大量的数据。云服务用户希望云平台能够在为他们服务的期间内保存用户自身的数据，这也是云服务提供商必须做到的，但是云平台并不是一直处于正常状态，如果物理服务器上的磁盘发生故障，那么就会丢失大量的数据，对云服务用户的利益造成损害，同时云服务提供商还必须进行相应的赔偿。由此看来，对于云平台中的数据进行备份是非常必要的。数据备份的目的就在于当云平台发生故障时，可以利用早已备份的数据进行恢复，重现云平台故障前的状态，避免造成经济损失。下面我们将介绍在云计算数据备份领域取得一定成就的技术。

1. 高安全性分布与 Rake 技术

高安全性分布与 Rake 技术（High Security Distribution and Rake Technology，HS-DRT）是一种创新的文件备份概念，底层采用一个有效的超广泛分布的数据传输机制和高速加密技术。其主要由三部分组成：数据中心、监控服务器和客户端节点。这种备份技术的实现流程分为两个部分：第一阶段为数据中心接收到要进行备份的数据，对其进行加密扰乱，并划分成数个片段，然后对这些数据进行一定程度上的复制，以满足预定的服务所需的恢复速率；第二阶段为数据中心再次加密碎片，随机发送到各个客户端节点，并附上包含加密密钥、碎片、复制和分发等相关信息组成的元数据。如果数据中心发生数据丢失，则会从各个客户端节点收集加密的片段，以分发顺序的相反顺序进行解密合并，通过以上措施就能将原来备份的数据恢复到数据中心。但该技术需要整个架构对原先的网络应用程序进行调整。

2. 奇偶云服务技术

奇偶云服务技术（Parity Cloud Service，PCS）使用一种在用户系统中生成虚拟磁盘进行数据备份的新技术，在虚拟磁盘上制作奇偶校验组，并将奇偶校验组的奇偶校验数据存储到云中。其具体的实现方式是通过异或操作来创建奇偶校验信息，第一步为虚拟磁盘生成种子块，并由 PCS 服务器向集群中的第一个节点发送随机块；节点在接收后将该值与自己生成种子块进行异或操作，向下一个节点发送，集群中的节点不断重复该操作，每一个奇偶校验组的初始化工程只进行一次。该种子奇偶校验块会存储在虚拟磁盘的元数据区域中，当数据进行更新时，只需要通过种子块和新块来生成新的奇偶校验块，无须其他节点进行参与；最后当数据块损坏时，可使用 PCS 服务器提供的奇偶校验组中其他节点提供的编码数据进行恢复。但是由于某些限制，PCS 在提供完美的备份和恢复解决方案方面有些落后。

3. 冷备份和热备份服务替换策略

在云服务器的备份和恢复过程中，冷备份服务器是在主服务器发生故障丢失之后才可以使用的服务器；热备份服务器始终处于开机状态，和云服务器保持同步，当云服务器失效时可以立即启动热备份服务器。在冷备份服务替换策略恢复的过程中，会在检测到服务故障时触发，并在服务可用时不触发；在热备份服务替换策略中，用到了一种针对动态网络中服务组合的先验恢复策略，可以根据服务中断时当前服务组合的可用性和当前状态来动态恢复服务组合。但是，由于备份服务和原始服务是同时执行的，所以会相应增加恢复成本。

第三部分

云计算安全机制

　　云计算作为一种新兴的服务模式，不仅提供计算服务，还提供存储服务以及其他类型的服务。当所有的计算行为和数据存储都转移到分散各地的云中，就不可避免地会涉及个人或企业用户的隐私信息。伴随着云计算的发展，其中存在的安全威胁也越来越大，互联网时代的隐私泄露事件已经层出不穷，基于互联网的云计算服务也必然存在一些新的安全问题。因此，应该更加注意云计算中的安全问题，以防安全威胁问题对整个云系统造成不可挽回的损失。

　　2019年12月1日，等级保护2.0开始实施，其新标准也面向云计算技术提出了云计算安全扩展要求。它与等级保护的"通用"部分形成一个整体，约束云计算平台的等级保护建设，为云计算平台网络安全建设设立基线。云服务商和用户依据规定要求，确定相应等级，通过完善的云安全解决方案，确保云平台及云上业务能够满足网络安全等级保护基本要求（通用要求＋云计算扩展要求）。如何更好地落地云计算安全解决方案，结合云计算模式下的业务需求、合规需求，为云服务商及用户提供完整的云安全方案，也成为"十四五"阶段的重点工作之一。

　　本部分介绍云计算所需的各种安全机制，包括虚拟化安全、存储安全、计算安全、网络安全和系统安全，将分成不同的章节进行介绍。其中，第9章介绍虚拟化涉及的安全机制，描述不同的隔离类别以及隔离验证方法。第10章分别从静态数据安全与动态数据安全的角度描述存储安全机制。第11章介绍基于硬件和密码学的计算安全。第12章通过主动与被动防御的例子，介绍多种网络安全机制。在第三部分的最后，第13章介绍系统安全威胁及其安全防御的不同类型。

第9章 虚拟化安全

随着虚拟化技术在企业中的普及，虚拟环境下虚拟机遭受外部攻击的次数也在急剧上升，攻击的方式也变得多样化。在云平台基础设施中部署与虚拟化相关技术的同时，还要保证主机不受外部威胁的影响，确保虚拟环境的安全。我们从前面的章节了解到，虚拟化的主要特点是在不共享关键信息或数据的情况下灵活地共享系统资源。在虚拟化环境下，让相同的物理机上也能运行多个不同的操作系统，实现虚拟机之间的隔离。因此，隔离技术在虚拟环境中起到了非常重要的作用，下面将从虚拟化隔离技术深入浅出地介绍隔离技术及其验证。

9.1 隔离的对象

虚拟机的隔离性，使不同的客户可以在互不干扰的情况下分享主机的资源。根据使用场景的不同，并考虑到性能的约束，在设定隔离目标时，应充分考虑周围环境因素和实际需求，达到针对目前服务来讲相对可靠的安全性，而且对于租户来讲，费用支付也在可以接受的范围，这样的虚拟机隔离才能够得到租户的广泛喜爱。目前，虚拟化隔离技术主要通过划分不同类别的对象进行虚拟隔离，针对不同的隔离对象，对前人的经验进行了总结，下面将从租户隔离、虚拟机隔离、网络隔离、容器隔离和访问控制五个方面，详细地介绍虚拟机安全隔离技术。

9.1.1 租户隔离

在公有云环境下，物理网络是共享的。如果不能做到租户隔离，用户的信息就会被其他用户嗅探到，无法保证业务和数据安全。多租户是一种单个软件实例可以为多个不同用户提供服务的软件架构，而大家熟悉的软件（即服务（SaaS））就是一种多租户的结构。

租户隔离是云计算设计的第一原则，也是被作为第三方服务提供给租户的重要前提。在租户隔离机制中，被租户有效的信任，对于云计算技术服务的推广有着非常关键的作用。它不是指隔离租户这些现实中存在的具体的人，而是指在云计算平台中要防止租户的安全域之间存在干扰关系或信息的流动交互，防止租户之间有直接或者间接的信息流，确保对于其他已登录云端的租户来讲，本租户的行为和数据是不可见的；确保任何租户在云计算平台中的业务和数据不受其他租户的干扰或被其他租户观测到；确保租户数据的隔离和安全性，保证数据不会遭到来自其他租户以及外部网络的非法访问，让每个租户都感觉不到他人的存在，好像只有自己在操作整个物理实体机一样。

一般情况下，租户隔离可以分为租户行为隔离和租户数据隔离两部分。

1. 租户行为隔离

租户行为隔离是指当一个租户在操作计算机的时候，其他租户感知不到，即对于其他租户来讲相当于封闭式的。租户操作计算机的行为主要表现在消耗计算资源（如内存、GPU、CPU 和网络等）。换句话说，一个租户消耗计算资源的变动不会引起其他租户计算资源的可感知变动，其中不包括感知不到的一些变动。例如，租户 1 内存设定的配额是 8 GB，但是他在使用虚拟机的时候最多就使用了 4 GB 的内存，另外还有 4 GB 的空闲内存。此时，如果租户 2 运行一个大型软件，消耗了很多的内存，因为他们都运行在同一个实体物理机上，这个时候虽然租户 1 只剩下 2 GB 的空闲内存，但是租户 1 感知不到，因为他的软件运行照样流畅、响应速度照样快、网速不卡、运行环境一切如故。

现在很多虚拟机厂商更倾向于采用下面的行为隔离原则：按实际使用量分配资源，但不超过租户租用时设定的上限。这里的"上限"是指租户租用的资源额度。比如租户 1 租用的内存额度是 4 GB、硬盘额度是 20 GB、网络带宽为 5 Mb/s。如果他实际消耗 2.5 GB 的内存，就分配 2.5 GB 给他，这样不仅能够满足租户 1 的软件计算性能需求，而且租户空闲的内存余量可以被其他租户使用，这个时候物理实体机的资源就得到了充分的利用。由于租户设定内存最大额度为 4 GB，所以他最多只能用 4 GB 的内存。这样，同样的一台服务器就能服务更多的租户。比如一台服务器拥有 128 GB 的物理内存，假设每个租户租赁 4 GB 的内存空间，那么这台服务器很可能允许 45 个用户同时登录。云平台下的 SaaS、PaaS 和 IaaS 模式，都需要实施租户的行为隔离。

租户隔离的主要难点在于，在共享平台上实现不同租户安全域占用资源的安全隔离。例如，分配给租户的虚拟机组、存储资源以及网络资源与其他租户之间没有重叠交叉部分，由于虚拟机的技术主要实现了虚拟机之间的隔离，但是对于每个租户来讲可能拥有多个虚拟机，所以，不同租户之间的虚拟机组需要通过虚拟网络（VLAN）等技术来实现标识和隔离，如 802.1q。对于租户行为隔离，需要在物理机系统中通过访问控制来限定租户。

2. 租户数据隔离

针对云计算服务的租户数据隔离，可以概括为配置数据的隔离和服务业务数据的隔离。其中，配置数据指租户时区设定、系统语言设定、可视化自定义设置、基础服务操作系统相关设置和各种软件基础配置等，而业务数据就是日常文件的存储信息、会议纪要、娱乐信息（音乐视频等）、个人文件夹信息库等租户自己创建的相关文件数据信息。针对不同的服务模式，云计算服务商提供了多种不同的数据隔离方案。在 PaaS 模式下，租户的数据隔离一般采用容器的形式或者操作系统的访问控制列表（ACL），主要是在基础操作系统层面进行设定；而 SaaS 型租户的数据隔离主要在应用软件层及以上展开，租户身份鉴别和权限控制策略由应用软件开发者负责。

SaaS 型租户数据一般全部保存在数据库中。对于同一个数据库管理系统的租户，数据隔离有为每个租户提供独立的数据库、独立的表空间和按字段区分租户三种可选方案。

1）提供独立的数据库系统

独立数据库系统的数据隔离方式是通过租户共享同一个应用，但应用后端会连接多个数据库系统，一个租户单独使用一个数据库系统。采用这种方案租户的数据隔离级别最高、安全性最好，租户间的数据能够实现物理隔离，但是成本也较高。从图 9.1 中可以看到，租户之间的数据被数据库层隔离开来，达到了数据隔离的效果，但缺点也非常明显，就是随着租户量的增多，数据库开支比较大，增加了数据库安装量、维护成本和购置成本。这种方式与传统的单客户、单套数据、单套部署类似，差别在于软件统一部署在运营商上，如果客户群体是银行、医院等需要较高数据隔离级别的租户，这种模式是一个不错的选择，但是客户群体应能够承受这种模式的定价费用。当数据库部署在同一个资源组中时，可以将它们分组为弹性数据库池。这些弹性数据库池提供了跨多个数据库共享资源的具有成本效益的方式。使用弹性数据库池要比使用普通足够大数据库来容纳它所经历的使用高峰要便宜，虽然有数据库共享资源访问权限的汇集，但仍然可以实现高度的性能隔离。

2）共享数据库，隔离数据架构

独立的表空间，顾名思义就是对于多租户来讲，不再单独创建数据库系统，而是共享同一个数据库系统。如图9.1所示，应用后端只连接一个数据库系统，减少了数据库的开支和安装量，为安全性要求较高的租户提供了一定程度的逻辑数据隔离。独立的表空间并不是完全的隔离，出现故障的时候，数据恢复比较困难，因为恢复数据库会牵扯到其他租户的数据，如果需要跨租户统计数据，也存在一定的困难。

3）共享数据库，共享数据架构

共享数据架构的模式是这几个方案中最简单的一种，即在每张表中都添加一个用于区分租户的字段，如图9.2所示。类似于数据库中的外键，每当进行数据访问的时候都需要对该字段进行过滤。该模式的特点是将所有租户的相同功能类型的数据放在同一个表中，租户共享同一个数据库(DataBase)、模式（Schema）。租户数据隔离性是最低的，完全通过字段来进行不同租户之间的区分。这种模式的共享程度最高、隔离级别最低、维护成本和购置最低，大部分使用这种模式进行数据隔离的租户都希望以最少的服务器为最多的租户提供服务，以牺牲隔离级别的方式降低成本的。

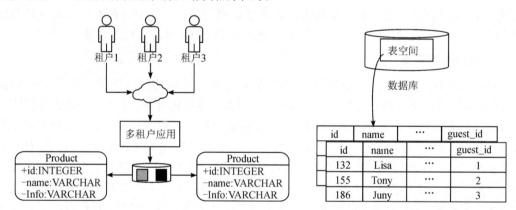

图 9.1　共享数据库并隔离数据　　　　　　图 9.2　共享数据架构模式

进行租户隔离时应考虑租户的负载是否会影响到其他租户，衡量三种模式主要考虑的因素是隔离还是共享。从成本角度讲，隔离性能越好，设计和实现的难度和成本就越高；而共享性越好，在同一运营成本下支持的用户越多，运营成本就越低。从安全角度讲，要考虑业务和客户安全方面的要求，安全性要求越高就越倾向于隔离。从租户数量角度看，应考虑系统支持的租户数量，租户数量越多，越倾向于共享，当需要支持多个租户同时访问系统时，就需要进行隔离。在进行租户隔离模式选择的时候，应该结合企业项目背景需求来进行模式的选择。

9.1.2 虚拟机隔离

虚拟机隔离是指虚拟机之间的资源隔离,以避免虚拟机之间的数据窃取或恶意攻击,保证具有利益关系的用户的虚拟机之间独立运行、互不干扰。终端用户使用虚拟机时,仅能访问属于自己的虚拟机资源(如硬件、软件和数据),不能访问其他虚拟机的资源,保证了虚拟机隔离安全。

虚拟机隔离是将一台实体物理机通过某种手段划分出多个分区,即在一台物理机上运行多个操作系统,在虚拟机之间配置多个系统资源,实现多个操作系统和应用共享主机硬件。

Hypervisor(虚拟化层)是一种运行在物理服务器和操作系统之间的中间软件层,允许多个操作系统和应用共享一套基础物理硬件,因此也可以看作虚拟环境中的“元”操作系统。它可以协调访问服务器上的所有物理设备和虚拟机,也叫虚拟机监视器(Virtual Machine Monitor,VMM)。Hypervisor 是所有虚拟化技术的核心。当服务器启动并执行Hypervisor 时,它会给每一台虚拟机分配适量的内存、CPU、网络和磁盘,并加载所有虚拟机的客户操作系统。

虚拟机隔离主要包括物理资源与虚拟资源的隔离、VCPU 调度隔离、内存隔离、内部网络隔离和磁盘 I/O 隔离。虚拟机之间的隔离可以分为下面几类。

1. 完全虚拟隔离

完全虚拟隔离指的是使用类似 Hypervisor 的中间层软件,在虚拟机服务器和底层软件之间建立一个抽象层,通过 Hypervisor 捕获 CPU 指令,充当指令访问硬件控制器和外设的中介。在完全虚拟隔离过程中,客户机操作系统不需要改动就可以实现单独空间上的运行操作,敏感指令在操作系统和硬件之间被 VMM 捕捉处理,然后向上分发给指定的操作系统层,向下控制相应的硬件进行操作。在这种模式下,客户机不需要修改配置文件,所有的软件都能在虚拟客户机中运行。因此,在完全虚拟隔离模式下,VMM 是模拟出来的完整的、和物理平台一模一样的平台客户机,在实现虚拟机之间隔离的同时也增大了虚拟化层(VMM)的复杂度,如图 9.3 所示。

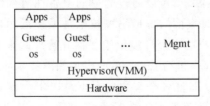

图 9.3 完全虚拟隔离

2. 准虚拟隔离

准虚拟隔离(Paravirtualization)是在全虚拟化隔离技术出现之后才发现的技术,也称为半虚拟技术。与完全虚拟隔离技术不同的是,准虚拟隔离的目的是修改操作系统内核,替换那些不能被虚拟化的指令,通过超级调用(Hypercall)直接和底层的虚拟化层(Hypervisor)进行信息交互,并且在客户端系统中集成虚拟化方面的代码。完全虚拟隔离技术是一种处理器密集型的技术,它要求 Hypervisor 完成各个虚拟机服务器的管理,实现彼此的隔离。为了减轻这种方式的负担，需要改动客户端操作系统，使其能够与 Hypervisor 协同工作。准虚拟隔离可以提高各虚拟机在物理主机上执行的性能，并在客户端操作系统(Guest OS)中集成虚拟化方面的代码。准虚拟隔离的方法无须重新编译或引起陷阱，操作系统虚拟能够和虚拟进程进行友好的协作。

3. 操作系统层虚拟隔离

操作系统层虚拟隔离是指在操作系统层面增添虚拟服务器功能，通过划分物理主机操作系统的指定部分，产生多个隔离的操作系统运行环境。在进行操作系统层虚拟隔离时，操作系统内核直接提供给客户机一个虚拟化的环境，虚拟出的操作系统共享物理主机的一个操作系统内核和底层的硬件资源。这种隔离方式将操作系统与上层应用隔离，对操作系统资源的访问进行了虚拟化隔离，上层应用的客户机感觉不到有其他客户机在占用物理主机的操作系统。

操作系统层虚拟隔离实现了虚拟操作系统与物理操作系统的隔离，并且有效避免了物理操作系统的重复安装。目前，比较有名的操作系统层虚拟隔离技术的解决方案有 Virtual Server、Zone、Virtuozzo 及虚拟专用服务器(Vital Private Sever，VPS)。VPS 利用虚拟服务器软件在一台物理机上创建多个相互隔离的小服务器，这些小服务器有自己的操作系统，运行和管理与独立主机完全相同，可以保证用户独享资源，并节约成本。操作系统层虚拟隔离允许多个客户执行的作业任务被分割成几个独立的单元，在内核中运行，而不是单独地运行作业。

操作系统层虚拟隔离的客户机只是物理机操作系统的副本，所以各个客户机操作系统都要和宿主机的物理操作系统一致，而且虽然是操作系统层的虚拟隔离，但是各个操作系统之间有着较强的联系。例如，在进行多个虚拟操作系统配置时，能够同时配置，而且当物理主机系统发生改变的时候，所有的客户机系统也会发生变化，但是性能消耗低，因为物理主机操作系统虚拟出来的操作系统都是虚拟的。

4. 桌面层虚拟隔离

桌面层虚拟隔离是指将计算机的终端系统进行虚拟化操作，实现桌面多人使用。它允许一个物理机提供多个虚拟桌面，可以通过简单的设备在有网络的地方进行访问，操作属于自己的桌面系统应用，而且桌面层虚拟隔离技术是最接近用户的隔离技术。桌面层虚拟隔离的主要功能是将每个客户的桌面环境集中保存并管理起来进行隔离操作，将桌面环境的下发、更新、管理等集中起来进行管理。桌面虚拟隔离技术使桌面管理变得简单，每台终端不用单独进行维护、更新，而且各个客户的数据可以集中存储在中心存储里，安全性相对传统桌面应用要高很多。桌面虚拟隔离技术可以使一个人拥有多个不同的桌面操作环境，也可以将一个桌面环境提供给多人使用，节省了执照(License)。虚拟桌面工作负载在桌面虚拟化的物理实体机上，客户的设备只需要显示器、键盘和鼠标，如果是简单办公的虚拟桌面，只需要简单的移动设备就能完成执行操作。

在桌面层进行虚拟隔离有多个优势。首先是资源利用率高。由于不需要向终端用户设备推送操作系统和应用的更新，任何台式机、笔记本电脑、平板电脑或智能手机都可用于访问虚拟化桌面的应用，因此，服务商可以部署功能较弱且成本较低的客户端设备进行虚拟机的访问，数据统一被数据中心管理存储，可实现资源的高利用率。其次是节省了成本，在一定程度上节约了电能。常见的桌面层虚拟隔离技术有虚拟桌面基础架构(VDI)、远程桌面服务(RDS)和桌面即服务(DaaS),感兴趣的读者可以查阅相关文章,这里不再过多赘述。

9.1.3　网络隔离

随着云计算技术的兴起和网络规模的不断扩大,传统网络在架构以及功能上的限制也慢慢地凸显出来。例如,传统网络在可扩展性、安全性、移动、服务质量等方面均难以适应现代网络的发展。在这种形势下,网络虚拟化被纳入了网络体系架构的研究中。而网络虚拟化的关键就是实现虚拟主机网络之间的隔离。

采用虚拟化技术对共用的底层基础设施进行抽象,并提供一个灵活的可编程接口,可将多个彼此隔离且具有不同拓扑结构的虚拟网络同时映射到共用的基础设施上,为用户提供差异化服务。网络隔离是将物理网络利用某种形式的虚拟网络技术来抽象并创建网络资源池。虚拟主机可以实现网络资源池的模块使用,使虚拟之间的网络达到隔离的效果。用户不需要知道底层的结构,只需要使用网络接口就可以对网络进行操作。网络隔离的基本结构如图 9.4 所示。

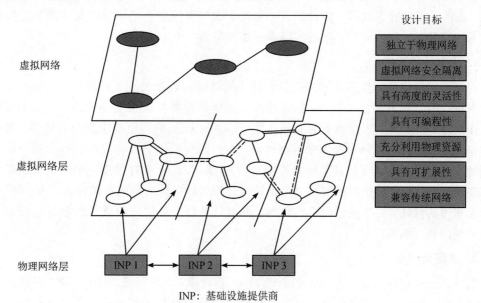

INP: 基础设施提供商

图 9.4　网络隔离的基本结构

网络隔离可以分为两类:一类是外部虚拟隔离,另一类是内部虚拟隔离。外部虚拟隔离主要是硬件上的网络隔离,是指将一个局域网拆分成几个相互隔离的虚拟网络。内部虚拟隔离则侧重于软件层的虚拟隔离,是指配置一个软件容器,使不同的软件可以在一个相对独立的环境中运行。

当初,网络隔离主要涉及虚拟局域网(VLAN)、虚拟专用网(VPN)、主动可编程网络以及覆盖网络。随着云计算技术的兴起,网络隔离技术有了更多的应用。在云计算领域,网络隔离可以使各服务器之间更好地配合,更便于管理服务器。网络隔离的特性表现如下:

VPN 在边缘网络对虚拟网络进行了隔离,但在公共互联网上的数据传输仍然依赖尽力而为的传输机制。此外，为了实现端口的复用，PlanetLab 切片（将物理网络切割成多个端到端的虚拟网络）中的多个虚拟机共享一个 IP 地址，因此，只能通过 IP 数据包携带数据。但这两种隔离并不彻底，网络虚拟化应具有强隔离性。例如，Trellis 公司使用 GRE（Generic Routing Encapsulation）协议封装以太网帧，通过复用 MAC 地址，提供虚拟以太网连接，实现彻底的隔离。在上述情况下，即使共用基础设施中的某个虚拟网络遭受到恶意攻击，共存的其他虚拟网络也不会受到任何影响。虚拟化的链路层给虚拟网络提供了独立的编程能力，可以不依靠 IP 技术而自行定制协议。

网络虚拟隔离将传统上通过硬件连接的网络以及服务抽象为互相隔离的逻辑虚拟网络，该虚拟网络独立运行于物理网络之上。在云计算虚拟化状态下，将创建硬件和软件网络资源（如交换机、路由器等）的逻辑视图，物理网络设备只负责转发数据包，虚拟网络负责提供一种智能的隔离抽象，可以轻松地部署和管理网络服务和底层网络资源。与服务器虚拟化隔离 CPU 构建 vCPU、vRAM 和 vNIC 类似，网络虚拟隔离需要构建逻辑交换、逻辑路由（L2～L3）、逻辑负载均衡和逻辑防火墙（L4～L7），进而使用任意的拓扑结构进行组合，实现虚拟机下完整的 L2～L7 的虚拟拓扑结构。目前，所有的虚拟网络配置都可以通过 API 在软件虚拟交换层进行配置。物理网络作为通用的包转发底层、可编程的网络虚拟交换层，提供了完整的虚拟网络特性集合，实现了虚拟网络之间的隔离。新的网络虚拟化隔离技术主要分为控制面隔离、数据面隔离和地址隔离三个方向。

1. 控制面隔离

控制器的性能对软件定义网络（SDN）整体的性能起着至关重要的作用。控制面隔离是将所有设备的控制平面合而为一，只通过一个主体处理整个虚拟交换机的协议、表项同步等工作。为了使不同租户能够更为流畅地使用 SDN，以及平等地享用其中的资源，需要使用虚拟化平台的控制面隔离技术来进行协调。在控制虚拟化平台时应保证每个租户的控制器性能在运行期间不会受到其他租户控制器的影响，保证租户对虚拟化平台资源的正常使用。虚拟化平台在连接租户控制器时应保证该进程可以得到一定的资源保证，如 CPU 资源和读写速度的保证。对于虚拟化平台而言，虚拟化平台所处的位置就可以轻易实现租户控制器之间的相互隔离。

2. 数据面隔离

数据面主要包括节点的 CPU、Flow Tables 等资源，以及链路的带宽、端口的队列资源等。为了保证租户正常使用网络，需要对数据面的资源进行虚拟化的隔离，进而保证租户的资源不被其他租户所占用。如果不在数据面上进行资源的隔离，就会产生租户数据在数据面上的竞争，无法保证租户对网络资源的需求。

3. 地址隔离

为了方便租户在自己的虚拟环境下任意地使用地址，虚拟化平台需要完成地址的隔离。实现地址隔离的主要手段就是地址映射。租户可以任意定制地址空间，而这些地址对于虚拟化平台而言是面向租户的虚拟地址。虚拟化平台在转发租户控制器协议报文时，需要将虚拟机的虚拟地址转化为外部可以访问的唯一物理地址。租户的服务器地址在发送到接入的交换机时会被修改成物理地址，然后基于修改之后的物理地址进行数据包的转发。当数据到达租户目的地址主机的出端口时，控制器需将地址转换成原来租户设定的地址，从而完成地址的虚拟化映射。地址的虚拟化映射使得租户可以使用完全的地址空间和任意的 FlowSpace(流空间,流表匹配项所组成的多维空间),而面向物理层面则实现了地址隔离,使不同租户使用特定的物理地址,且数据之间互不干扰。

谈到网络隔离,就不得不提起软件定义网络 SDN。最初发明 SDN 主要是为了将控制层面集中到设备外面,同时避免对多个设备进行配置,希望通过统一的标准化管理方式,更加直接且灵活地控制不同厂商设备的转发路径,这就是 SDN 转控分离以及 OpenFlow 协议标准的由来。SDN 将网络分为控制层(Control Plane)和数据层(Data Plane),网络的管理权交给控制层的控制器软件,通过 OpenFlow 传输通道,统一下达命令给数据层设备,数据层设备仅依据控制层的命令转发数据包。OpenFlow 的核心是将原本完全由交换机、路由器控制的数据包转发,转为由支持 OpenFlow 特性的交换机和控制服务器分别完成。OpenFlow 交换机是整个 OpenFlow 网络的核心组件,主要管理数据层的转发。OpenFlow 交换机主要包括:

(1) 流转发表:通知交换机处理流的方式。

(2) 安全通道:连接交换机和控制器。

(3) OpenFlow 协议:标准的供 OpenFlow 交换机和控制器通信的协议。

9.1.4 容器隔离

容器是目前流行的一项虚拟化技术,是对应用层的抽象。容器可以将应用程序及其依赖的运行环境打包为镜像,然后以独立进程的方式在宿主机上运行。与虚拟机相比,容器具有实例规模小,创建、启动以及迁移速度快等优点。2010 年,dotCloud 公司在美国成立,它提供基于 Linux 容器技术的 PaaS 服务。随着业务的不断发展,dotCloud 公司在 LXC 的基础上对容器技术进行了改进和封装,并将其命名为 Docker。

Docker 是一种基于 Linux 操作系统内核的虚拟化技术,Docker 容器则借助 Linux 容器技术,通过命名空间(Namespace)和进程组来提供容器的资源隔离与安全保障。Docker 有进程、网络、挂载、宿主和共享内存五个命名空间,利用这些命名空间将进程隔离。Docker 通过 AUFS(Advanced multi-layered Unification FileSystem,高级分层统一文件系统)对文件系统进行管理,并通过对系统内核的操作来进行安全性隔离,即通过 Namespace 进行隔离,通过 Cgroup 进行资源限制,通过 Capability 进行权限限制,以满足容器的安全隔离,以保障每一个容器中服务的运行环境是保持隔离的。由于 Docker 隔离机制具有独特性,因此运行资源的开销较低,能够很好地保障虚拟化的密度。

Docker 解决的核心问题是利用 LXC 来实现类似 VM 的功能,从而利用更加节省的硬件资源提供给用户更多的计算资源。为了实现每个用户实例之间相互隔离,互不影响,一般的硬件虚拟化方法给出的方法是 VM,而 LXC 给出的方法是 container,更详细一点讲就是 kernel Namespace。其中,pid、net、ipc、mnt、UTS、user 等 Namespace 将 container 的进程、网络、消息、文件系统、UTS(UNIX Time-sharing System)和用户空间隔离开。

1. pid Namespace

pid,即 Process ID。在所有的用户空间中,每个进程都应从属于一个进程,因为每一个进程都由其父进程创建,否则,该进程就是 init 进程。一个系统运行要存在两棵树,即进程树和文件系统树,对于当前用户空间,若让其以为自身为当前系统中唯一一个用户空间,那么其中的进程就必须明确自己从属于某一 init 进程或者自己就是 init 进程。但一个实际的系统中只存在一个 init 进程，于是为每一个用户空间创建 init 进程，对于该用户空间来说是一个特殊的进程，但对于系统来说，并非 init 进程。当该特殊进程结束时，该用户空间也将消失。pid Namespace 就是按照上述方法对 pid 进行隔离的。

不同用户的进程都是通过 pid Namespace 隔离的，且不同 Namespace 中可以有相同的 pid。所有的 LXC 进程在 Docker 中的父进程为 Docker 进程，每个 LXC 进程具有不同的 Namespace。同时由于允许嵌套，因此可以很方便地实现 Docker in Docker。

2. net Namespace

有了 pid Namespace，每个 Namespace 中的 pid 可以相互隔离，但是网络端口还是共享 host 的端口。网络隔离是通过 net Namespace 实现的，每个 net Namespace 有独立的 network devices、IP addresses、IP routing tables 和/proc/net 目录。这样每个 container 的网络就能隔离开。Docker 默认采用 veth 的方式将 container 中的虚拟网卡同 host 上的一个 docker bridge：docker0 连接在一起。

3. ipc Namespace

container 中进程交互采用 Linux 常见的进程间交互方法（InterProcess Communication，IPC），这些交互方法包括信号量、消息队列和共享内存。然而与 VM 不同的是，container 的进程间交互实际上还是 host 上具有相同 pid Namespace 的进程间交互，因此，需要在申请 IPC 资源时加入 Namespace 信息，每个 IPC 资源有一个唯一的 32 位 ID。

4. mnt Namespace

类似于 chroot，mnt Namespace 将一个进程放到一个特定的目录执行。mnt Namespace 允许不同 Namespace 的进程看到的文件结构不同，这样每个 Namespace 中的进程看到的文件目录就被隔离开了。与 chroot 不同的是，每个 Namespace 中的 container 在/proc/mounts 的信息只包含在所在 Namespace 的 mount point 中。

5. UTS Namespace

UTS（UNIX Time-sharing System）Namespace 允许每个 container 拥有独立的 hostname 和 domain name，使其在网络上可以被视为一个独立的节点，而非 host 上的一个进程。

6. user Namespace

每个 container 可以有不同的 user 和 group id。也就是说，可以在 container 内部由用户执行程序，而非 host 上的用户。

在主机内核级别，所有的资源都独立且只能属于某一个资源组，即只支持单个用户空间的运行。后来，因为有运行 jail/vserver 的需要，就在内核级别将这些资源进行了虚拟化，即将资源切分为多个互相隔离的环境，且在同一内核创建多个名称空间，每个名称空间有自己独立的主机名。

Linux 内核已经在内核级通过一个 Namespace 机制对以上 6 种需要隔离的资源给予了原生支持，可以直接通过系统调用向外输出。采用容器级虚拟化技术，可以在总体用户空间上实现资源按比例分配，也可以在单一用户空间上实现固定数量的资源绑定，而这一操作是借助 Cgroups(Control Groups，控制组)实现的。控制组就是一组按照某种标准划分的进程。Cgroups 中的资源控制都是以控制组为单位实现的。一个进程可以加入某个控制组，也可以从一个控制组迁移到另一个控制组。一个进程组的进程可以使用 Cgroups 以控制组为单位分配的资源，同时也受到 Cgroups 以控制组为单位设定的限制。

在资源隔离方面，与采用虚拟化技术实现操作系统内核级隔离不同，Docker 通过 Linux 内核的 Namespace 机制实现容器与宿主机之间、容器与容器之间资源的相对独立。Docker 通过为各运行容器创建自己的命名空间，保证了容器中进程的运行不会影响到其他容器或宿主机中的进程。

在资源限制方面，Docker 通过 Cgroups 实现宿主机中不同容器的资源限制与审计，包括对 CPU、内存、I/O 等物理资源进行均衡化配置，防止单个容器耗尽所有资源而造成其他容器或宿主机拒绝服务，保证所有容器的正常运行。

但是，Cgroups 未实现对磁盘存储资源的限制。若宿主机中的某个容器耗尽了宿主机的所有存储空间，那么宿主机中的其他容器将无法进行数据写入。Docker 提供的磁盘限额仅支持 Device Mapper 文件系统，而 Linux 系统采用的磁盘限额机制是基于用户和文件系统的 quota 技术，难以针对 Docker 容器实现基于进程或目录的磁盘限额。因此，可考虑采用以下方法实现容器的磁盘存储限制：

(1) 为每个容器创建单独用户，限制每个用户的磁盘使用量。

(2) 选择 XFS 等支持针对目录进行磁盘使用量限制的文件系统。

(3) 为每个容器创建单独的虚拟文件系统，具体步骤为：先创建固定大小的磁盘文件；再从该磁盘文件创建虚拟文件系统；然后将该虚拟文件系统挂载到指定的容器目录。

此外，在默认情况下，容器可以使用主机上的内存限制机制，防止一个容器消耗所有主机资源的拒绝服务攻击，具体可运行-m 或-memory 参数。

传统虚拟化技术与 Docker 容器技术在运行时的安全性差异主要体现在隔离性方面，主要包括进程隔离、文件系统隔离、设备隔离、进程间通信隔离、网络隔离、资源限制等。

在 Docker 容器环境中，由于各容器共享操作系统内核，而容器仅为运行在宿主机上的若干进程，其安全性特别是隔离性与传统虚拟机相比，在理论上与实际上都存在一定的差距。

9.1.5　访问控制

网络访问控制技术是保障网络通信系统安全的主要技术之一。访问控制是对信息资源进行保护的重要措施之一。访问控制指系统对用户身份及其所属的预先定义的策略组限制其使用数据资源能力的手段，通常用于系统管理员控制用户对服务器、目录、文件等网络资源的访问。

对于一些大型的组织机构来讲，其网络结构比较复杂，应用系统比较多，如果分别对不同的应用系统采用不同的安全策略，应用系统和用户都是分散分布的，对用户的访问控制和权限管理就显得非常复杂和凌乱。而机构必须控制由"谁"访问指定虚拟机的资源；用户访问的是"什么信息"；哪个用户被授予什么样的"权限"。一旦确定了权限管理和发布的方式，资源访问控制系统就可以根据发放的权限以及定义的安全策略控制用户对虚拟机的访问，保护虚拟机应用系统的安全。它主要通过对访问行为的主体进行授权来控制主体对客体即资源的可操作属性。一般情况下，访问控制模型由主体、客体(资源)和权限构成。主体可以是用户或程序，权限就是对资源的操作，资源就是信息系统中的网络和数据。

访问控制的主要目的是保护信息或网络资源不被非授权的主体访问。广泛使用的传统的访问控制策略为自主访问控制、强制访问控制和角色访问控制三种。自主访问控制就是对资源具有读写权限的主体可以将权限授权给其他主体，因为权限的可传递性导致其安全性较差；强制访问控制即所有的权限集中管理，不存在授权给其他主体的问题。但实现权限集中管理比较复杂，管理难度较大；基于角色的访问控制是在传统访问控制模型中的用户和权限之间添加角色，通过角色来控制实现用户权限的授予和撤销，有效降低因系统用户过多而造成的授权管理工作的复杂性。

下面对自主访问控制、强制访问控制和基于角色访问控制进行详细的说明。

1. 自主访问控制

自主访问控制(Discretionary Access Control，DAC)指一个主体能够自主地把一个客体的一种访问权限及多种访问权限授予其他主体，并且能够对这些授权予以撤销，只要该主体拥有这个客体。其基本思想是基于对主体的识别来限制对客体的访问，自主的含义是指系统中的主体能够自主地把其拥有的对客体的访问权限全部或部分地授予其他主体。DAC 提供的访问权限安全性较低，无法对系统资源提供严格保护。

2. 强制访问控制

强制访问控制(Mandatory Access Control，MAC)指一个主体必须经过系统授权才可决定其是否能够对客体进行访问，以及进行什么层次的访问。这种访问控制机制是对主体和客体分别进行的安全标记，当有访问请求时，可比较主体与客体的安全标记，用来决定主体是否拥有访问客体的权限。

3. 基于角色的访问控制

基于角色访问控制(Role-Based Access Control，RBAC)是将访问许可权分配给一定的角色，用户通过饰演不同的角色获得角色所拥有的访问许可权。RBAC 的基本思想是将对客体的访问权限赋给角色，再将角色赋给用户。角色和用户以及权限并非单一的关系，一个用户可以被指派给多个角色，同一个角色也可以被指派给多个用户，一个角色可以有多个权限，一种权限也可以分配给多个角色。用户要进行访问就必须建立起一个会话，一个会话一次只能对应一个用户，但是一次会话中的用户可以根据自己的需要动态激活自己拥有的角色，从而拥有所激活角色的所有权限。在 RBAC 中，通过分配和取消角色来完成用户权限的授予和撤销，实现了用户与访问权限的逻辑分离，极大地简化了权限管理。

云环境下的访问控制安全始终是云计算的主要问题之一，通过对云计算的安全策略进行专门系统的研究，提出了一种新的能够适应云环境的安全访问控制模型。由于基于角色访问控制机制的有效性，在云环境下，这种访问机制被大范围采用。在 RBAC 中，权限授予角色而并非直接授予给用户，是用户通过角色分配来得到操作权限从而实现授权。因为角色在系统中相对于用户更有稳定性，且可以被更直观地理解，所以减少了系统安全管理员的工作复杂度和工作量。云服务提供商是将物理设施虚拟成一个超大规模的虚拟资源池，进而对不同资源设置不同的访问权限，且把这些权限分配给不同的角色，用户支付费用后，云计算服务提供商就将角色分配给用户。获得角色的用户，拥有其相对应的访问权限，就能够对相应的资源进行访问。

由于"云"的动态性和流动性的特点，云平台租户并不清楚自己所使用的虚拟机的数据以及使用的资源被放在什么地方，无法控制这些资源，而且也缺乏相关的法律法规，一旦造成用户或者企业的重要机密泄露，用户的相关权益无法得到有效保障，那么，对于他们来讲这是灾难性的事件。因此，云服务提供商必须要有可靠的安全措施来保证其提供的服务是安全的、可信的。

9.2　隔离的验证

在虚拟化环境中，隔离的程度取决于使用者的具体行为和使用方式。例如，完全虚拟化一定比准虚拟化具有更好的隔离性。而虚拟化系统虽然可以做到完全隔离 CPU 占用者的影响，但却不能隔离网络占用者的影响。虚拟化平台的性能隔离度是虚拟化技术的一个重要性能指标，衡量了虚拟机监控器隔离虚拟机之间性能影响的能力。性能隔离度的评测，对查找性能瓶颈、优化系统有着重要的意义。因此，我们需要分别对 CPU、内存、磁盘、网络等进行测试，来验证是否做到了用户要求的隔离程度。

9.2.1　隔离的证明

多台虚拟机整合在一台物理机上，提高了物理机的资源利用率，但是多个虚拟机之间会产生相互影响。其中，性能影响是指某个虚拟机的性能影响其他虚拟机的性能，致使其他虚拟机的关键服务性能降低，给用户造成不必要的损失。当发生性能影响时，不同的虚拟化解决方案（如全虚拟、半虚拟、操作系统级）的影响程度也是不一样的。在实际应用中，选择哪一种虚拟化解决方案，这种方案的性能隔离程度也是考虑的一个重要因素。除此之外，同一虚拟化系统隔离不同干扰类型的能力也有较大差异。比如，一个虚拟化系统隔离 CPU 干扰的能力很强，但是隔离磁盘干扰的能力却很差。可是，所有的评测技术，包括 vConsolidate 和 VMmark 都忽视了这方面的性能评价。以下就分别介绍 CPU、内存、磁盘、网络资源的测试验证方法。

不同资源的隔离验证有着不一样的方式，内存的测试可以通过循环分配和释放内存来进行，例如循环创建新的子进程，检测是否会影响到虚拟机的运行；CPU 的测试可以通过包含整数算术运算的紧密循环进行；磁盘的测试通过多个线程运行交替的读写模式进行；网络资源可以使用物理机传输压力测试来判断影响的程度。多层次、多粒度网络性能组合测试方法可以完整地描述虚拟计算系统网络性能，并有效地协助分析虚拟计算系统网络性能瓶颈。该测试方法通过协同使用标准测试程序组合测试和 Trace 方法，获得在不同层次下，不同粒度的网络性能测试结果，从而完整地描述虚拟计算系统的网络性能。

除此之外，分离验证可以帮助云用户验证利益冲突文件是否由云服务提供商（CSP）单独放置，且是否能从同一硬盘访问。其基本思想是测量同时访问冲突文件的时间。如果两个文件存储在同一个硬盘上，由于 I/O 资源的争用，读取时间会比它们在不同硬盘上时间长。但是，顺序读取或随机读取等多种因素会影响文件访问时间和分离验证的准确性。

另一种方案是通过监控有意留在磁盘上，且文件系统不可见的影子数据的变化来检测对专用设备的恶意占用。当云服务提供商与其他用户共享专用磁盘时，可以检测到这种滥用，因为影子数据将被覆盖并且无法恢复。

9.2.2　隔离的追责

现有的隐私保护技术缺乏针对"人为或失责因素"导致的隐私泄露进行的有效处理措施。考虑到云计算的工作模式、特殊架构和云数据信息的体量，传统的隐私安全技术往往在云中难以奏效。而另外的一个重要事实是，由技术因素导致的云隐私安全威胁比重较小，绝大多数的隐私安全问题都和诸如云服务商的滥用权限、利益关系、人为责任、失职和不作为以及参与者的非法操作、恶意占用等有关。且这些恶意行为导致的后果往往比较严重且最终无人担责，最后不了了之，所有这些都会产生恶劣的社会影响。

目前，由于不同国家隐私或数据保护法律正处于立法和修订过程中，云计算的应用需要遵守复杂的不断演变的监管制度。对云的监管复杂性也正在给传统的隐私框架带来压力，有必要建立一个清晰、一致的数据保护规则框架问责制，以此来解决各国法律定责不同的情况，所以，云计算在应用过程中责任的明确变得非常重要。在责任认定的基础上，我们可以建立一个问责云，对所有的操作进行记录，在责任认定的基础上进行追责。如何构建云计算中的问责制体系，规范云计算参与主体的责、权、利，使云参与者按规则办事、按制度实施，从根本上保护云隐私的安全，是云计算需要解决的重要问题之一。

第 10 章　存储安全

数据的生命周期分为六个阶段：创建、存储、使用、共享、归档和销毁。一旦创建了数据，它就可以在任何阶段之间自由切换。数据从创建到销毁的整个生命周期都应该得到保护。数据处于存储和归档阶段也称为静态数据，使用阶段称为使用中的数据，共享阶段称为传输中的数据，销毁阶段称为删除后的数据。数据存储安全包括静态数据安全和动态数据安全。本章主要从数据接入、数据加密和数据完备三方面介绍静态数据安全，从权限管理和确定性删除两方面介绍动态数据安全。

10.1　数据接入

数据接入指从各种来源吸收数据，并将其传输到可以对其进行存储和访问的地方，如数据库、数据仓库、文档存储等。

根据不同的需求，可采用不同的数据接入方式，如实时数据接入、批处理数据接入。当收集到的数据对实时性的要求较高，实时数据接入会很有用。数据生成后，会立即接入、处理和存储数据，以进行实时决策。当分批进行数据提取时，数据将以周期性安排的时间间隔移动，这种批处理数据接入的方法对可重复的过程是有益的。

10.1.1　并发处理

并发处理是指在两个或多个单独的位置同时运行信息系统。对于影响水平和任务关键程度足以保证高可用性措施的系统，并发处理是连续的，而不是暂时的。

数据库是共享资源，通常会有许多个事务同时运行。当多个用户、进程、线程并发地存取数据库时，会产生同时读取或修改同一数据的情况。若对并发操作不加控制就可能会存取不正确的数据，破坏数据库的一致性。所以，数据库管理系统必须提供并发控制机制。

控制并发计算之间的交互需要促进对资源的并发访问，同时，保持可序列化的独立性和隔离性。常用的方法包括并发编程模型，包括监视器、信号量和互斥体等构造，它们用于通过共享值来控制计算之间的交互。远程过程调用和消息传递等机制在没有共享值的情况下促进了计算之间的交互。下面介绍有关并发处理的相关技术和概念，如事务、锁的类型、锁的粒度、并发冲突情况、死锁和并发控制技术。

1. 事务

事务就是一组原子性的 SQL 语言，是一系列严密的操作，一个最小的不可再分的工作单元。事务有以下四种基本特征。

（1）原子性。一个事务是不可分割的最小执行单元，事务中所有的操作要么都做，要么全部回滚，不可以只执行其中的一部分操作。

（2）一致性。事务执行的结果必须是使数据库从一个一致性状态变到另一个一致性状态，数据是完整的。

（3）隔离性。一个事务的执行不能被其他事务干扰，即一个事务内部的操作及使用的数据对并发的其他事务是隔离的。并发执行的各个事务之间不能互相干扰，事务之间不可见。

（4）持久性。一个事务一旦提交，它对数据库中数据的改变就应该是永久地保存下来，即使系统崩溃，修改的数据也不会丢失。

2. 锁的类型

基本的封锁类型包括：排他锁（Exclusive Lock，简称 X 锁）和共享锁（Share Lock，简称 S 锁）。

1）排他锁

排他锁又称为写锁（Write Lock），用于一个事务对表进行写操作前。若事务 T 对数据对象 A 加上 X 锁，表示只允许 T 读取和修改数据 A，其他任何事务都不能再对 A 加任何类型的锁，直到 T 释放 A 上的锁。只有 T 释放了 A 上的锁，其他事务才能读取和修改 A。

2）共享锁

共享锁又称为读锁（Read Lock），用于一个事务对表进行读操作前。若事务 T 给对象 A 加上 S 锁，表示事务 T 可以读对象 A 但不能修改对象 A，其他事务只能对 A 加 S 锁，但不能加 X 锁，直到 T 释放 A 上的 S 锁。这就说明其他事务可以读 A，但不能修改对象 A，直到 T 释放对象 A 上的 S 锁。

3. 锁的粒度

锁的各种操作，包括获得锁、检查锁是否已经解除、释放锁等。系统花费大量的时间来管理锁，增加了系统的开销。通过锁粒度，将锁控制在某个级别，在锁的开销和数据安全之间寻找动态平衡，可以提供更好的性能。其中，表锁和行锁是锁的两种重要策略。

1）表锁

表锁是最基本的锁，即锁定整张表。开销最小的一个用户对表进行写操作（插入、删除、更新等），需要先获得写锁，这会阻塞其他用户对该表的所有读写操作。只有没有写锁时，其他读取的用户才能获得读锁，读锁之间不会相互阻塞。

2）行锁

行锁是粒度最细的一种锁。行锁可大大减少数据库操作的冲突，但是开销比较大。

4. 并发冲突情况

当多个用户、进程或者线程同时对数据库进行操作时，会出现 3 种冲突情形，导致数据的不一致。

（1）事务 T1 和事务 T2 同时读取相同的数据并且对数据进行修改，当 T2 数据进行提交，其结果将会破坏 T1 的提交结果，从而使 T1 修改的数据丢失。

（2）事务 T1 读取某一个数据后，事务 T2 执行更新操作，会使 T1 无法得到前一次读取的结果，包括三种情况：

① T2 执行修改操作，T1 再次读数据时，得到的值与前一次不相同。

② T2 执行删除操作，T1 再次读数据时，得不到值。

③ T2 执行插入操作，T1 再次读数据时，发现得到新的数据。

②和③两种情况也称为幻影现象。

（3）事务 T1 修改某一数据并将其写回磁盘，事务 T2 进行数据读取。当 T1 被撤销之后，被 T1 修改过的数据将被恢复到原始值，此时，T2 所读到的数据与数据库中的数据不一致，T2 读到的数据就称为"脏"数据。

5. 死锁

两个或多个事务在同一资源上相互占用，并且请求占用对方的资源，导致循环。例如，如果事务 T1 封锁了数据 R1，T2 封锁了数据 R2，然后 T1 又请求封锁 R2，因 T2 封锁了 R2，于是 T1 等待 T2 释放 R2 上的锁；接着，T2 又请求封锁 R1，因 T1 封锁了 R1，于是 T2 等待 T1 释放 R1 上的锁。于是就出现了 T1 在等待 T2，而 T2 又在等待 T1，那么 T1、T2 两个事务永远不能结束，形成死锁。

1）死锁预防

（1）一次封锁法：一次性将所有要使用的数据全部加锁，否则就不能继续执行。此方法存在的问题是扩大了封锁范围，降低了系统的并发度。

（2）顺序封锁法：预先对数据对象规定一个封锁顺序，所有事务都按照这个顺序实施封锁。此方法存在的问题是数据库在动态地变化，要维护这样的资源封锁顺序非常困难，成本较高。事务的封锁请求可以随着事务的执行而动态地决定，很难确定每一个事务要封锁哪些对象，因此，很难按规定的顺序施加封锁。

2）死锁检测和恢复

（1）如果一个事务的等待时间超过了规定的时限，就认为发生了死锁。

（2）事务等待图动态地反映了所有事务的等待情况。并发控制子系统周期性地生成事务等待图，并进行检测。如果发现图中存在回路，则表示系统中出现了死锁。并发控制子系统一旦检测到系统中存在死锁，就应设法解除。通常采用的方法是选择一个处理死锁代价最小的事务，将其撤销，释放此事务持有的所有的锁，使其他事务得以运行下去。

6. 并发控制技术

并发控制机制的任务主要是对并发操作进行正确调度、保证事务的隔离性、保证数据库的一致性；并发控制的主要技术有封锁、时间戳、乐观控制法和多版本并发控制。最常用的技术是封锁技术，下面介绍封锁技术。

封锁就是事务 T 在对某个数据操作之前，先向系统发出请求，对其加锁。加锁后，事务 T 就对该数据对象有了一定的控制，在事务 T 释放它的锁之前，其他的事务不能更新此数据对象。封锁是实现并发控制的一个非常重要的技术。

封锁协议：约定了对数据对象何时申请 X 锁或 S 锁、持续时间、何时释放等一系列规则。

（1）一级封锁协议：事务 T 在修改数据 R 之前必须先对其加 X 锁，直到事务结束才能释放（事务结束包括正常结束（COMMIT）和非正常结束（ROLLBACK））。

（2）二级封锁协议：在一级封锁协议的基础上增加事务 T 在读取数据 R 之前必须先对其加 S 锁，读完后即可释放 S 锁。

（3）三级封锁协议：在二级封锁协议的基础上增加事务 T 在读取数据 R 之前必须先对其加 S 锁，直到事务结束才能释放。

封锁可能带来活锁和死锁。活锁是指如果事务 T1 封锁了数据 R，事务 T2 又请求封锁数据 R，于是 T2 等待；T3 也请求封锁数据 R，当 T1 释放了 R 上的锁之后，系统首先批准了 T3 的请求，T2 仍然等待；然后，T4 又请求封锁 R，当 T3 释放 R 上的锁之后，系统又批准了 T4 的请求，T2 就有可能永远等待。

10.1.2　数据源验证

数据源（Data Source）是提供某种所需要数据的器件或原始媒体。数据源中存储了所有建立数据库连接的信息。就像通过指定文件名称可以在文件系统中找到文件一样，通过提供正确的数据源名称，可以找到相应的数据库链接。

数据源是实时数据集的抽象表示，为其他对象进行交互提供通用的可预测 API。数据的性质、数量、复杂性以及返回查询结果的逻辑，都在确定数据源类型方面发挥着作用。对于少量的简单文本数据，JavaScript 数组是一个不错的选择。如果数据占用空间较小，但在显示之前需要简单地计算或转换过滤器，那么 JavaScript 函数可能是正确的方法。对于比较大的数据集（如大的关系数据库）或访问第三方 Web 服务，就需要利用脚本节点或 XHR 数据源的功能。

10.1.3　数据流

数据流（Data Stream）是一组有序、有起点和终点的字节的数据序列。数据流可以分为输入流（Input Stream）、输出流（Output Stream）和缓冲流（Buffered Stream）。

1. 输入流与输出流

输入流只能读不能写，而输出流只能写不能读。通常程序使用输入流读出数据，输出流写入数据，就好像数据流入程序并从程序中流出。数据流的采用使程序的输入/输出操作独立于相关设备。输入流可从键盘或文件中获得数据，输出流可向显示器、打印机或文件传输数据。

2. 缓冲流

为了提高数据的传输效率，通常使用缓冲流，即为一个流配一个缓冲区，缓冲区就是专门用于传输数据的内存块。当向一个缓冲流写入数据时，系统不直接将数据发送到外部设备，而是将数据发送到缓冲区。缓冲区可自动记录数据，当缓冲区满时，系统将数据全部发送到相应的设备。当从一个缓冲流中读取数据时，系统从缓冲区中读取数据。当缓冲区空时，系统就会从相关设备中自动读取数据，并读取尽可能多的数据充满缓冲区。

3. 数据流数据本身的特点

数据流数据本身具有三个特点：

（1）快速。快速意味着短时间内可能会有大量的输入数据需要处理，对处理器和输入/输出设备来讲都是一个较大的负担，因此，对数据流的处理应尽可能简单。

（2）广域。广域指数据属性（维度）的取值范围非常大，可以取的值非常多，如地域、手机号码、人、网络节点等。这导致数据流无法在内存或硬盘中存储，如果维度少，即使到来的数据量很大，也可以在较小的存储器中保存这些数据。例如，对于无线通信网来讲，同样的 100 万条通话记录，如果只有 1000 个用户，那么，使用 1000 个存储单位就可以保存足够多和足够精确的数据来回答"某一用户的累计通话时间有多长"的问题；而如果共有 100 000 个用户，要保存这些信息，就需要 100 000 个存储单位。数据流数据的属性大多与地理信息、

IP 地址、手机号码等有关，而且往往与时间联系在一起。这时数据的维度远远超过了内存和硬盘容量，这就意味着系统无法完整保存这些信息，只能在数据到达的时候存取数据一次。

（3）持续。数据的持续到达意味着数据量可能是无限的，而且对数据进行处理的结果不会是最终的结果，因为数据还会不断地到达。因此，对数据流查询的结果往往不是一次性而是持续的，即随着底层数据的到达而不断返回最新的结果。

数据流的特点决定了数据流处理一次存取、持续处理、有限存储、近似结果和快速响应的特点。

近似结果是在前三个条件限制下产生的必然结果。由于只能存取数据一次，而且只在相对较小的有限空间存储数据，因此，通常是不可能产生精确的计算结果的。而将对结果的要求从过去的"精确"改为"近似"后，实现数据流查询的快速响应也就成为了可能。

10.2　数　据　加　密

数据加密是一种安全方法，其对信息进行编码，并且只能由用户使用正确的加密密钥进行访问或解密。数据加密用于阻止恶意或疏忽的一方访问敏感数据。

加密是当前使用的最流行和有效的数据安全方法之一，是网络安全体系结构中的重要防御手段，使访问被拦截的数据变得尽可能困难。加密数据（也称为密文）在未经允许的情况下对个人或实体进行访问时显得混乱或不可读，而未加密的数据称为明文。加密可以应用于从政府保密信息到个人信用卡交易的各种数据保护需求。

加密主要有三种实现方法：硬件加密、软件加密和网络加密。硬件加密指通过专用加密芯片或独立的处理芯片等实现密码运算，包括加密卡、单片机加密锁和智能卡加密锁等。软件加密指使用相应的加解密软件实现加解密操作，包括密码表加密、软件校验方式、序列号加密、许可证管理方式加密、钥匙盘方式加密和光盘加密等。网络加密指不使用本机的软硬件进行加密，而由基于网络的其他计算机或设备完成加解密或验证工作，网络设备和客户端之间通过安全通道进行通信。

10.2.1　加密算法

加密算法是加密技术中的一项内容，常用的算法为对称加密算法和非对称加密算法。而混合加密算法则是将对称加密算法和非对称加密算法相结合，相互弥补、相互促进，将两种算法的优点放大。

加密通常以两种不同的形式应用，即对称密钥（私钥加密）或非对称密钥（公钥加密，私钥解密）。对称加密双方加密和解密使用相同密钥的加密算法，因此，加密的安全性不仅取决于加密算法本身，密钥管理的安全性更为重要。因为加密和解密都使用同一个密钥，如何把密钥安全地传递到解密者手上就成了必须解决的问题。由于速度快，对称性加密通常在消息发送方需要加密大量数据时使用。对称性加密也称为密钥加密。

非对称加密算法在使用时需要同时拥有公开密钥和私有密钥，公开密钥与私有密钥相对应，如果在对数据的加密过程中使用了公开密钥，那么，只有使用相对应的私有密钥才能解密；反之，如果在对数据进行加密时使用了私有密钥，也只有使用与之相对应的公开密钥才能解密。非对称加密算法对信息进行加密的基本过程是：甲方首先生成一对密钥，同时将其中的一把作为公开密钥；得到公开密钥的乙方使用该密钥对需要加密的信息进行加密后再发送给甲方；甲方再使用另一把对应的私有密钥对加密后的信息进行解密，这样就实现了机密数据传输。非对称加密算法的另一种加密过程是：甲方使用自己的私有密钥对信息进行加密后发送给乙方；乙方使用甲方提供的公开密钥对加密后的信息进行解密，如果成功解密即可证实信息确实是由甲方所发，并非他人冒充，这就是常用的数字签名技术。

非对称加密算法的特点是算法复杂，安全性依赖于算法与密钥。由于其算法复杂，使加密解密的速度远远低于对称加密算法，因此，不适用于数据量较大的情况。由于非对称加密算法有两种密钥，其中一个是公开的，所以在密钥传输上不存在安全性问题，使其在传输加密数据的安全性上高于对称加密算法。

10.2.2　密钥管理

密钥是保密系统中脆弱的重要环节，公钥密码体制是解决密钥管理工作的有力工具；利用公钥密码体制进行密钥协商和产生，保密通信双方不需要事先共享秘密信息；利用公钥密码体制进行密钥分发、保护、托管、恢复等。

密钥管理是指管理加密密钥的密码系统，包括处理密钥的生成、交换、存储、使用、加密粉碎（销毁）和替换。它包括加密协议设计，如密钥服务器、用户程序和其他相关协议。

密钥管理涉及用户或系统之间的用户级别所使用密钥的相关处理过程。这与密钥调度相反，密钥调度通常是指在密码操作中对密钥进行内部处理。

密钥的管理体系通常分为三级：会话密钥、二级密钥和主密钥。会话密钥是每次会话生成一个密钥，自主产生，更换频繁；二级密钥是专职管理员生成或只自主生成；主密钥是专职管理员生成。

密钥管理通常包括交换，存储和使用三个步骤。

1. 密钥交换

在进行任何安全通信之前，用户必须设置加密的详细信息。在某些情况下，这可能需要交换相同的密钥（在对称密钥系统的情况下）；在另一些情况下，则可能需要拥有另一方的公钥。尽管可以公开交换公共密钥（将其对应的私有密钥保密），但对称密钥必须通过安全的通信通道进行交换。以前，交换这样的密钥比较麻烦，但通过使用安全的通道（如外交邮袋）大大简化了交换。对称密钥的明文交换使任何拦截器都能立即获悉密钥以及任何加密数据。

使用类似于书籍代码的内容，可以将关键指示符作为明文附加到加密邮件中。

密钥交换的另一种方法是将一个密钥封装在另一个密钥中。通常使用某种安全方法生成和交换主密钥，这种方法通常很麻烦或昂贵（例如，将主密钥分成多个部分，然后将每个部分发送给受信任的快递人员），并且不适合大规模使用。一旦安全地交换了主密钥，就可以使用它轻松、安全地交换后续密钥。此技术通常称为"密钥包装"，使用分组密码和加密哈希函数。

还有一种相关的方法是交换主密钥（有时称为根密钥），并根据需要从该密钥和一些其他数据（通常称为多样化数据）中导出子密钥。此方法最常见的用法是在基于智能卡的密码系统中。例如，银行或信贷网络在安全生产设施中进行卡生产期间，将其秘密密钥嵌入到卡的安全密钥存储中；然后，在销售点读卡器能够基于共享密钥和特定于卡的数据（如卡序列号）来导出一组通用的会话密钥。但是以这种方式将密钥相互绑定会增加由于安全漏洞而造成的损失，因为攻击者会学到一部分的密钥。对于攻击者而言，这会减少所涉及的每个密钥的熵。

2. 密钥存储

无论如何分发，密钥都必须安全地存储以维护通信安全。用户管理密钥是最常见的加密应用程序，依靠访问密码控制密钥的使用。同样地，在智能手机密钥访问平台，它们会将所有识别门信息保留在手机和服务器之外，并对所有数据进行加密。

3. 密钥使用

密钥使用的主要问题是使用密钥的时间长短，因此，需要经常更换频率、更改密钥以增加攻击者的工作量。这也限制了信息的丢失，因为当找到密钥时变得可读存储加密消息的数量将随着密钥更改频率的增加而减少。历史上，对称密钥在密钥交换困难或只能间歇性交换的情况下长期使用。理想情况下，对称密钥应随每条消息或每次交互而变化，因此，如果学会了该密钥（如被盗、加密分析或社交工程），则只有该消息才变得可读。

10.2.3　密文查询

存储在云服务器上的隐私数据已经脱离数据拥有者的直接控制，面临网络攻击和云服务提供商中不可信的管理员的双重威胁。然而，数据加密在保护安全性的同时使数据的高效利用成为一个具有挑战性的任务。在云计算中，基于关键字的查询是最普遍的一种查询方式，关键字查询能够使用用户获取自己感兴趣的文件。数据所有者可以与大量的用户分享他们的外包数据，用户也可以只检索他们自己感兴趣的特定文件。然而，数据加密限制了关键字的查询能力，使传统的明文查询方法失效。

当前可搜索的加密方案有可搜索的非对称加密（Asymmetric Searchable Encryption，ASE）和可搜索的对称加密（Symmetric Searchable Encryption，SSE）。

1. 可搜索的非对称加密

可搜索的非对称加密是使用非对称的加密方式实现的可搜索方案。2004 年，非对称的可搜索加密方案被首次提出。可搜索的非对称加密是每一个关键词使用公钥加密生成关键词密文，将搜索语句中的关键词使用私钥加密，生成查询陷门，支持密文下单关键词的搜索。但是方案中采用的双线性映射算法性能不高，随后的研究进行了理论的扩展，使用非对称加密解决多关键词的查询问题。非对称加密下多关键词查询的方案主要有以下几种。

（1）使用双线性映射（Bilinear Maps，BP）理论进行多关键词加密的算法。在多关键词加密查询场景中，当使用双线性映射理论时，每一个被查询的关键词都应符合查询要求。采用 BP 理论提出的支持多关键词连接查询方案，只能返回匹配了所有的关键词的数据，并且该方案只能进行多关键词的连接查询，无法决定返回结果的优先级。之后，有研究采用 BP 理论加密各个关键词，并使用保序加密（Order-Preserving Encryption，OPE）的方式加密各个关键词的权重。

（2）将文档处理为向量，对于向量中的元素通过采用同态加密算法，根据查询关键词的匹配数量实现可排序的多关键词查询；也可引入关键词权重的信息，根据查询关键词的权重进行结果排序。但是，这两种方案都需要用户端进行结果比较。

（3）引入了可信的第三方，数据拥有者对关键词使用自己的密钥加密后，将安全索引发送给可信第三方，可信第三方重新加密安全索引并发送到云端，关键词权重加密的加密方式仍然是保序加密。但是文献和文献的关键词权重值的选取方式只适用于单数据源的情况，无法支持多数据源下关键词权重值的计算，并且关键词的权重使用保序加密，云服务提供商可根据背景知识攻击数据拥有者的数据。

2. 可搜索的对称加密

相比于可搜索的非对称加密，可搜索的对称加密方法性能好，但是缺少灵活性。可搜索的对称加密指使用对称加密算法，实现云环境密文下关键词的可搜索性。以下列举几种可搜索的对称加密方案。

（1）只有用户能够加密文件，并生成搜索请求及解密密文。在该方案中，数据文件中每个单词在一种特殊的双层加密结构中进行加密，用户想要进行搜索时，生成单词的密文并发给服务器，通过将含有密文单词的密文文件遍历运算后进行对比。这时云服务器就可以判断关键词是否存在，甚至统计关键词在文中出现的频率。但是，由于搜索代价随数据库的大小呈线性增长，因此效率较低。

（2）使用布隆过滤器（Bloom Filter）为每个文件构造一个索引的方法，将文件关键词映射到向量中，并使用布隆过滤器的查询算法，判断密文文件中是否包含待查询的文件关键词。布隆过滤器存在假阴性和假阳性的问题。此外，该方法还公式化地给出了选择关键字攻击不可区分性（IND-CKA）的语义安全性。

（3）加入了对陷门隐私的考虑，为提高搜索效率，首次采用倒排索引的方法。在此方案中，应建立一个加密文件集的哈希索引表，其中，每一条记录包含该关键词的加密的文件地址集。该方法的搜索操作时间复杂度与关键词数量成正比，而和数据库中的文件或记录规模无关。

10.3　数据完备

云计算数据的处理和存储都在云平台上进行，计算资源的拥有者与使用者相分离，具体来讲，就是用户数据甚至包括涉及隐私的内容在远程计算、存储、通信过程中都有被故意或非故意泄露的可能，亦存在由断电或宕机等故障引发的数据丢失问题。因此，什么是数据的完备，如何衡量数据是否完备，是保障数据安全的第一步。

10.3.1　完整性

随着计算机技术的发展，云计算的应用越来越广泛，用户将数据存储在云端的服务器上，可以随时随地访问该数据，与此同时，云端数据的安全性也成为用户使用云存储最关心的问题，云服务提供商可能出现被未授权第三方恶意篡改、用户的存储数据被窃取或因管理员的错误操作而导致数据损坏等情况。因此，数据的完整性验证尤为重要。

云系统可能因为软硬件故障导致数据丢失或损坏，恶意的攻击者可能会破坏或篡改用户数据，云服务提供商也可能丢弃那些长时间未被访问或很少被访问的数据以达到节省存储空间的目的。但云服务提供商出于维护自身声誉或者避免赔偿等目的隐瞒这些事故，并向用户声称数据仍然被完整地存储在云系统中。如何高效灵活地验证存储在云端数据的完整性是亟待研究的问题，而数据完整性验证方案可以很好地解决这个问题。

数据完整性验证方案根据存储数据是否可恢复分为数据持有性证明（Provable Data Possession，PDP）和数据可恢复证明（Proofs of Retrievability，PoR）。PDP 能够快速判断数据是否损毁，效率较高；而 PoR 可以在一定程度上恢复损坏的数据，但效率较低。Ateniese 等在论文"Provable data possession at untrusted stores"中提出了一种采用概率性策略进行完整性验证的方案，利用 RSA 签名机制的同态特性将证据聚集成一个小的值，降低了验证过程中的通信开销，但其不支持动态更新操作。为了支持用户对存储在云系统上的数据进行动态更新操作，研究人员引进了动态数据结构。

10.3.2　正确性

云计算模式中，企业将数据交给专门的云服务提供商进行管理，是外包数据的一种典型应用。当前，国际上的一些著名公司纷纷提供云计算机服务，如 Amazon 推出的弹性计算云（Elastic Compute Cloud，EC2）、IBM 的蓝云（Blue Cloud）、SUN 的云基础设施平台（IaaS）。Oracle 公司利用 Amazon 的 EC2 提供数据库软件服务和备份服务。但是，在这种云服务中，除了数据的完整性，用户数据的正确性也亟待解决。

正确性是指数据未被非法修改、增加和删除，用户查询的数据是数据库中的原始值。一般来说，正确性和完整性研究主要采用基于数字签名的认证技术，其关键之处在于设计一种高效的验证数据结构，提高服务器查询的执行效率和用户的验证效率。该问题最近引起了许多研究人员的关注。

常见的数据的不正确性表现如下：

（1）虚假的数据。这类数据往往是虚假的、杜撰的、没有现实根据的。这是最常见的数据不正确问题，也是最为严重的数据问题。

（2）拼凑的数据。这类数据是把不同数据源的数据人为地拼凑成的同一时间、地点、性质的数据。这类数据虽然存在事实根据，但不符合事实。

（3）逻辑性错误的数据。逻辑性错误是指数据的出现不符合逻辑关系，和数据库的数据约束之间相互矛盾。

为了保护数据的正确性，一方面云服务提供商需要采取数据安全保障措施，防止由于系统漏洞、人为破坏等可控因素导致的数据丢失或服务器宕机；另一方面云服务提供商需要采取一定的技术手段，确保在由于自然灾害等不可控因素导致数据丢失或服务器宕机之后可以迅速地恢复用户数据和重新开始云服务。

10.3.3　一致性

当多个用户试图同时访问一个数据库，且它们的事务同时使用相同的数据时，可能会发生以下四种情况：丢失更新、相关性未确定、分析不一致和幻想读。

数据存储的一致性模型是存储系统和数据使用者之间的约定。数据一致性根据不同程度大致分为如下几种：

（1）强一致性：要求无论更新操作在哪个副本执行，之后所有的读操作都能获得最新的数据,更新完成后,任何后续访问都将返回更新过的值。在这种一致性原则下,副本的读写操作一定会产生交集,从而保证可以读取到最新版本。

(2)弱一致性:用户读到某一操作对系统特定数据的更新需要一段时间,也就是产生不一致窗口。但读写操作的副本集合不产生交集,所以可能会读到脏数据。弱一致性适合对一致性要求比较低的场景。

(3)最终一致性:存储系统保证如果对象没有新的更新,最终所有访问都将返回最后更新的值。

云计算是利用虚拟化技术将各种资源整合到一起,以 IT 资源池的形式向云用户提供"按需获取、按量计费"的一种新的资源使用形式。存储资源是 IT 资源中比较基础的资源之一,云计算采用大量低成本、低性能的基础设施构建大容量、高性能存储服务,所以在行业范围内得到了快速发展。

OpenStack 是目前国内外较为流行的开源云计算 IaaS 层搭建平台,该平台技术已经在多个实践业务领域有过成功的项目经验,且处在快速的版本迭代中,平台功能日趋完善,平台性能日趋稳定。OpenStack 的 Swift 模块专门负责云存储功能,该模块目前主要采用基于复制的静态副本管理策略。其主要思路是:根据机架敏感原理,将数据的一个副本放置在本地机架的存储节点上,以获取较高的网络交换速度,从而提高数据备份的效率;另一个副本放置在不同机架的存储节点上,以牺牲一定的网络交换速度来获取更高的数据可靠性,避免一个机架的故障造成同一机架上的原始数据和备份数据同时损坏,造成数据不可恢复。但是 Swift 在保持数据一致性时通过简单的二次哈希方式选取副本存储节点,而没有具体分析不同节点在存储性能上的差异,可能形成性能瓶颈并造成整体存储性能优化不够的问题。

10.4 权限管理

由于云计算平台具有诸多优点,包括规模庞大,可靠性高,资源透明等,所以搭建在其上的应用系统越来越多,云终端用户数量也越来越多。同时,对应的用户访问安全机制、用户账户及其访问权限的管理与控制也随之变得越来越复杂。

云计算能够实现规模经济和动态配置,也能为用户提供较为灵活的资源和较低的费用支出,但是它也面临一系列新的安全风险。随着系统规模的扩大,越来越多的政府部门、企业和科研院所喜欢将他们的数据信息存储在云端,从而使得用户规模急剧增加,在此状况下,数据面临的安全威胁也就越来越大。

10.4.1 身份认证

身份认证机制对系统安全具有极其重要的作用,身份认证的目的在于确认用户身份的真实有效性。

最常用的身份认证方式是系统通过核对用户输入的用户名称和口令是否与系统中该用户已登记的名称和口令完全一致,来判断该用户身份的真实性与合法性。复杂一些的身份认证方式则可能采用某种加密算法和通信协议,需要认证主体提供更多的身份信息(如指纹、特征码等)来证明其身份,如 Kerberos。

　　员工画像也是进行信息安全认证的方式之一，能够将当下的员工工作能力和工作进程进行详细的分析，保证员工个人的信息在企业经营发展的过程中得到保护，成为保障员工自身权益的方式之一。对于员工与客户之间的行为交流动机和交流情况的分析而言，能够将员工画像进行相应的完善和补充，给予员工工作过程中更加完善的技术支撑。

　　信息认证处理流程主要是根据客户提出的问题进行分类和判断，在不同的种类中采取不同的处理形式，奠定良好的信息认证处理结构。完善的信息认证分析能够明确客户的潜在需求，将客户与员工之间的关系和沟通内容回归到信息认证分析模块中，利用信息分析和提取、员工画像隐性特征匹配等不同的技术手段对相关的数据进行计算，将众多的数据和标签相结合，形成可视化的数据分析报告，提交给相关部门作为工作调整的信息基础。后信息认证增值服务是服务价值模型中的延伸部分，在对客户信息认证内容进行整合和分类之后，详细地分析客户信息认证的潜在需求，能够帮助客户建立有效稳定的后增值服务，进而对那些对信息认证不满意的客户进行挽留和保障，而对那些信息认证得到良好解决的客户在一定程度上提升其忠诚度，实现企业的服务质量提升以及核心竞争力完善。

10.4.2　访问控制

　　身份认证通常与访问控制逻辑关联。访问控制是指一旦用户的身份通过系统认证后，云系统就要根据该用户的属性特征及所属组织来制订相应的访问控制列表，以授权该用户可以访问哪些资源，以何种方式操作（如读、写、存储、下载等）。常见的访问控制策略有自主访问控制（DAC）、强制访问控制（MAC）和基于角色的访问控制（RBAC）。访问控制的主要内容包括权限管理、策略管理、规则配置、密钥管理。

　　访问控制是将用户区分开来和防止用户非法访问的主要手段。访问控制必须确保即使数据都在同一物理主机上，用户也只能访问自己的数据而无法访问其他用户的数据。

　　自主访问控制模型在应用中比较灵活，针对相同的一个客体，可以让不同的主体进行访问权限的审核，主体可以自主管理客体的权限，进而将这种权限转给其他主体。正是因为这种灵活的自主性，导致权限管理过程缺少严格性，出现了权限转移的情况，严重降低了资源的保护能力，在访问过程中可能会遭到木马攻击。在云计算环境下，自主访问控制具有灵活的特点，但是单这一点是不够的，因为在转移过程中无法保证其他用户的合法性，而在虚拟资源中，如果非常重要的信息资源让非法用户共享，就会造成很大的安全事故。另外，自主访问控制并不适合云环境的动态效果。

　　在强制访问过程中，会给访问主体与客体分别标注不同种类的安全特性，系统会针对主体与客体的安全属性，决定主体与客体的访问权限。这种访问控制模式将信息单向的流动性进行控制，阻止一些未通过授权的用户进入，实现安全系统的全新模式。例如，军队中就经常使用这样的访问控制方法。但是这种方法的使用缺少必要的灵活性，安全属性不容易分配，因此在访问过程中不会轻易改变。此外，在安全管理过程中不适合使用这种方式。

　　基于云计算环境下的改进模型能够对传统的访问模式进行一定的完善，克服其中的不足，符合云计算的安全要求。基于角色的访问控制模型（如图 10.1 所示）中，服务端根据对客户的分析为其分配角色，对其权限进行分类设置，进而实施与任务内容匹配的控制。角色模型将传统的模型进行了改进与完善，改善了客体特征中存在的不足之处，大大提升了客体的访问效率。

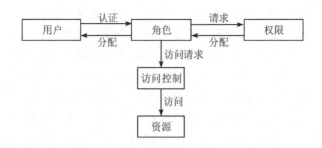

图 10.1 基于角色的访问控制模型

在基于 RBAC 的面向云环境的自适应访问控制模型中，当服务请求成本比预算限制低时角色保持不变，但如果高于或者等于预算，角色就会转换为更高的版本。这种基于角色的变换模型可以解决云计算环境变量的动态变化问题，但该模型是一种粗粒度的访问控制模型，针对的是明文数据。

基于属性的加密方法 ABE(Attribute-Based Encryption)的基本思想是：密文与私钥分别与一组属性关联，当用户的私钥属性与密文属性相互匹配到达一个门限值时，该用户才能解密密文。

10.5 确定性删除

在云计算的环境下，用户的数据都由云服务的提供者(Cloud Service Provider，CSP)管理。这种方式导致数据的所有权与管理权分离，并且对用户来说，数据所存储的物理位置和组织方式都是透明的，因此用户失去了对数据的物理控制，从而不能完全掌控自己的数据，有被泄露出去的危险和发生非法迁移及非授权访问等安全问题。

确定性删除是非常重要的，它有助于保护云用户的数据隐私，是云存储中数据保留法规的必要组成部分。

因此，提供云数据的确定性删除方案是云数据安全存储领域的核心问题之一。云环境下数据的确定性删除面临数据外包与安全、数据迁移与多副本、数据残留与销毁的挑战。

从租户的角度来看，获得数据将按约定处理和销毁的保证是至关重要的。从云提供商的角度来看，需要这样的保证来遵守各个国家和地区的数据法规，并满足租户的要求和期望。此外，确定性删除也可以成为区别市场上云服务提供商的差异点。

确定性删除的要求如下：

(1) 细粒度。删除应该是细粒度的，因为只有目标数据被删除，而其他数据仍然是安全的，租户才可以访问。细粒度删除让用户能够更好地控制在云中删除的内容，减少了删除操作的成本。

(2) 可用性。用户的日常工作和云的使用不受影响。有保证的删除应该很容易实现，而不会累积任何可用性成本或影响用户的生产力。

(3) 云计算。数据的使用不应受到影响，即云租户应该像以前一样继续使用数据，且没有任何问题。用户应该能够完成必要的数据操作，如排序和搜索。

(4) 完全删除。有保证的删除要求删除与目标数据相关联的所有数据副本，包括元数据。

(5) 及时性。删除应及时完成，删除完成后，不应立即从环境中访问已删除的数据。

10.5.1　基于非密码学的方案

数据拥有者将数据上传到云端存储后，为节省本地存储空间，会删除数据的本地副本，当数据拥有者想删除云端的数据副本时，给云服务提供商下达删除命令。可信的云服务提供商会根据删除命令直接删除数据，但是由于当下复杂的网络环境下云服务提供商的不可信性，其可能只是进行逻辑删除，真实的数据副本仍然存储在云端，更为严重的情况是直接将这部分存储空间租给其他租户，这样其他租户直接获取了前者的数据副本，致使数据泄露。目前，保证云数据确定性删除的方法从密码学的角度来分主要有三种：基于可信执行环境的数据确定性删除方案、基于访问控制策略的数据确定性删除方案和基于密钥管理的数据确定性删除方案。本小节主要介绍前两种基于非密码学的方案。

基于可信执行环境的数据确定性删除方法是利用硬件和软件的相互协调，构建一个可信的执行环境，来完成对数据的确定性删除。

基于访问控制策略的数据确定性删除方法并没有对原始数据进行删除，只是将用户进行了隔离，使其在云环境中只能访问到自己权限内的文件，进而间接达到数据确定性删除的目的。基于访问控制策略的数据确定性删除方法虽然在一定程度上实现了云数据的确定性删除以及细粒度访问控制，但该方法较少考虑到数据迁移或者多副本问题，并没有对数据副本进行关联删除，因此那些未被彻底删除的云端残余数据，仍面临着暴力攻击和分析攻击等威胁。

10.5.2　基于密码学的方案

在云计算中，基于密码学的方法是在存储之前对数据进行加密，其中密钥管理对安全性非常重要。数据删除是删除相应的密钥的过程，因此，即使云服务器保留了密文，也无法恢复用户的数据。

2010 年，有研究提出了基于策略的有保证的数据删除方案（FADE），它支持基于策略的有保证的删除，即每个文件都有自己的访问策略，该策略也与控制密钥相关联。其中，文件用数据密钥加密，数据密钥用与策略组合相关联的控制密钥进一步加密。加密密钥是保密的，并由密钥托管系统独立管理。当关联文件的访问策略被吊销时，将实现有保证的删除。FADE 的缺点是删除策略仅限于一层或两层布尔表达式。因此，尽管 FADE 采用了复杂的公钥密码体制，但无法实现对文件的细粒度访问。

相关研究人员提出了一种细粒度的保证删除方案，利用抗冲突哈希函数设计了密钥调制函数。该方案主要包括调制树、调制哈希链和删除调整算法。所有的数据密钥都是从主密钥中派生出来的，当任何数据密钥被删除时，可通过运行调制器调整算法来改变主密钥以确保 k 值在将来不可恢复，而其他文件对应的其他密钥保持不变。作者声称：通过使用一种称为递归加密红黑密钥树（RERK）的多层密钥结构可防止任何潜在的数据隐私泄露。RERK 负责保护云中存储的数据和加密密钥，支持细粒度删除，但删除多个副本的问题仍未解决。

在基于属性的加密方案中，属性用于生成公钥和构造访问策略。如果一组属性满足访问策略，则用户可以解密密文。根据访问策略，基于属性的加密大致可以分为基于密钥策略属性的加密和基于密文策略属性的加密。在基于密钥策略属性的加密（KP-ABE）中，访问策略附加到用户的私钥上，密文用属性集标记；而在基于密文策略属性的加密（CP-ABE）中，访问策略建立在密文中，并使用一组属性来描述用户的私钥。

第11章　计算安全

什么是安全计算？非正式地说，它包括找到一种通信协议，允许一组计划者完成一种特殊类型的任务，尽管他们中的一些人可能会试图阻止完成这个任务。安全计算的目标是隐私性和正确性。

计算安全的作用就是在保护数据隐私的前提下完成计算任务。多方安全计算（Secure Multi-Party Computation，MPC）理论是姚期智先生在没有可信第三方的前提下为解决一组互不信任的参与方之间针对保护隐私信息以及协同计算问题而提出的理论框架。多方安全计算能够同时确保输入的隐私性和计算的正确性，在无可信第三方的前提下通过数学理论保证参与计算的各方成员输入信息的安全性，且同时能够获得准确的运算结果。

11.1　基于硬件的安全计算

如果不考虑运行软件的硬件，讨论软件的隐私保护或安全计算是没有意义的。软件访问控制依赖于某些硬件，如果这些硬件可以在没有警告的情况下失效或被故意禁用，那么剩下的就是虚假安全。

11.1.1　软件保护扩展

云计算已经改变了传统计算的世界，彻底改变了互联网规模服务的部署和扩展方式。然而，一般的安全问题和保护业务关键数据的需求仍然是阻碍公司将其信息技术基础架构迁移到云的主要因素。软件保护扩展（Software Guard Extensions，SGX）技术提供了一个硬件强制的可信执行环境，专门用于在不可信的公共云中计算机密数据。

英特尔 SGX 技术增强了对私人用户计算的保护，控制着整个硬件软件堆栈，包括物理机、操作系统和虚拟机管理程序。英特尔 SGX 技术是英特尔中央处理器的指令集体系的扩展，能够提高应用程序敏感部分的保密性和完整性。应用程序的非敏感部分驻留在不受信任的内存中，并照常执行，而敏感代码和数据则放在英特尔 SGX 内，这是一个对包括特权操作系统/虚拟机管理程序在内的所有其他软件都不透明的内存区域。飞地内的代码可以执行所有的 CPU 指令，并且可以访问飞地内外的数据。但是，特权或非特权软件从飞地外部尝试直接访问飞地数据会失败。英特尔 SGX 还会在数据离开中央处理器芯片时对其进行加密，因此试图发起硬件攻击直接读取内存或内存总线上数据的行为也会失败。

应用程序的不可信部分必须将数据传输到飞地，以便对其执行秘密计算。类似地，飞地在完成计算后，必须将结果传递回不可信的应用程序（应用程序通过不可信的输入/输出将这些结果转发给最终用户）。在英特尔 SGX 中，飞地和不可信部分之间的唯一通信方式是共享不可信的应用程序内存。

11.1.2　可信平台模块

可信平台模块(TPM)能够安全地存储信息,如加密密钥、解密密钥、签名密钥、数字证书或类似的机密信息。此外,所有关键的加密操作都是在受保护的环境中执行的,攻击者不可能危及这些操作。图 11.1 显示了可信平台模块的主要组件,如随机数生成器(RNG)、平台配置寄存器(RCR)、安全散列算法(SAH-1)、散列消息认证码(HMAC)等。而芯片的结构还包含管理通信总线上的信息流和与平台电源状态相关的 TPM 电源状态所需的其他组件。

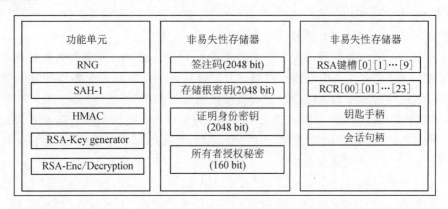

图 11.1　TPM 的主要组件

为了模拟用户,许多网络钓鱼攻击以身份信息和身份验证凭据为目标。我们依靠全员生产性维护来降低身份盗窃的可能性。全员生产性维护芯片允许我们在芯片内创建和锁定加密密钥材料,并阻止软件中任何危及全员生产性维护的关键数据的企图。密钥可以生成为不可迁移的,它们的私钥不会离开 TPM。可选的个人识别码可以控制对密钥的访问。每个全员生产性维护都有一个唯一的、不可更改的背书密钥(Endorsement Key,EK),以证明真正的全员生产性维护的存在。身份证明密钥(Attestation Identity Key,AIK)是由 EK产生的签名密钥,用于证明 TPM 平台的身份、状态和配置等。

在广泛的 TPM 应用中,在数据存储中,TPM 最重要的好处是能够保护加密密钥和数字密码免受软件攻击或物理盗窃。如果计算机被盗,信息不会被泄露,因为它受到驻留在TPM 中的密钥的保护,这些密钥的大小高达 2048 位。加密/解密或签名过程发生在芯片内部,它们不会暴露在外部,这与没有 TPM 的机器形成对比,在 TPM 中,这些过程由 CPU执行。芯片焊接在主板上,如果被撬开,信息就会丢失,并且实施和维护成本低。除了这些优点,TPM 还有一些限制。如果芯片失效,那么实际上没有办法恢复存储在芯片里的密钥,这意味着受这些密钥保护的信息不能再被访问。然而,用户可以对密钥进行备份,并将它们转移到另一个 TPM 上,但是将密钥从一个平台转移到另一个平台的过程相当复杂,并且需要第三方的参与。实际上,用特定的 TPM 加密的文件只能由同一个 TPM 解密。

11.1.3　信任区域

信任区域(TrustZone)是对基于 ARM 体系结构的芯片组的一组安全性增强功能。这些增强功能涵盖处理器、内存和外设。使用信任区域,处理器可以在任何给定时间以两种安全模式之一（正常世界和安全世界）执行指令。第三种监控模式有助于用户在正常世界和安全世界之间进行切换。安全世界和正常世界有各自的地址空间和不同的特权。处理器通过称为安全监控调用（Secure Monitor Call，SMC）的指令从正常世界切换到安全世界。当从正常世界调用指令时，处理器上下文切换到安全世界（通过监控模式），并冻结正常世界的执行。

ARM 信任区域将内存分成两部分，其中一部分专门为安全世界保留。它还允许将单个外围设备分配到安全世界。对于这些外围设备，硬件中断直接路由到安全世界并由安全世界处理。虽然正常世界不能访问外围设备或分配给安全世界的内存，但安全世界可以无限制地访问设备上的所有内存和外围设备。因此，安全世界可以访问正常世界的代码和数据，从简单的应用程序到整个操作系统执行任意软件。

一个带有 ARM 信任区域的设备可以在安全的世界中启动。安全世界初始化后，它会切换到正常世界，并在那里引导操作系统。大多数启用信任区域的设备被配置为执行安全引导序列，该序列将加密检查结合到安全世界的引导过程中。

ARM 信任区域由 2004 年引入 ARM 应用处理器（Cortex-A）的硬件安全扩展组成。最近，为了涵盖新一代的 ARM 微控制器（Cortex-M），TrustZone 已被修改。信任区域遵循片上系统和中央处理器系统的安全方法。这项技术围绕着"安全世界"和"正常世界"的保护域概念，由处理器执行的软件在安全或非安全状态下运行。在 Cortex-A 处理器上，被称为安全监视器的特权软件实现了世界之间安全上下文切换的机制；在 Cortex-M 处理器上，没有安全的监控软件，两个世界之间的桥梁由一组在核心逻辑中实现的机制来处理。两个世界都是完全硬件隔离的，并被授予不均匀的特权，不安全的软件被阻止直接访问安全的世界资源。这种强有力的硬件强制隔离为保护应用程序和数据开辟了新的思路，特别是通过将操作系统限制在正常世界的边界内运行，关键应用程序可以驻留在安全世界中，而不需要依赖 OS 来提供保护。

处理器信任区域是基于硬件的安全功能，它通过对原有硬件架构进行修改，任何时刻处理器仅能在安全世界和普通世界中的一个环境内运行。这也为 Cortex-A 处理器改进系统安全性提供了基础，基于 Cortex-A 的应用处理器中的 TrustZone 技术通常用于运行安全启动和可信操作系统，以创建可信执行环境（TEE）。常见应用程序包括安全身份验证机制、加密、移动设备管理和数字版权管理（DRM）等。

处理器级别最重要的体系结构变化在于引入了两个以世界命名的保护域：安全世界和正常世界。图 11.2 说明了信任区域所包含的概念。在给定的时间点，处理器只在其中一个世界运行。处理器当前执行的世界由新的第 33 个处理器位的值决定，也称为非安全（NS）位。该位的值可以从安全配置寄存器（SCR）中读取，并在整个系统中传播到内存和外设总线。信任区域引入了一个额外的处理器模式，负责在世界转换发生时保持处理器状态。该处理器模式采用监控模式的名称，并作为将处理器置于安全状态的桥梁，与 NS 位的值无关。一个新的特权指令——安全监控调用（Secure Monitor Call，SMC），允许监控软件桥接两个世界中的软件栈。除了通过该指令，还可以通过在安全环境中正确配置异常、中断（Interrupt ReQuest，IRQ）和快速中断（Fast Interrupt Request，FIQ）来进入监控模式。为了加强世界之间的硬件隔离，处理器存储了特殊寄存器的版本以及一些系统寄存器（通过 ARMv7-A 上的协处理器 cp15 访问，并在 ARMv8-A 上使用 MSR 和 MRS 指令）。在正常情况下，安全关键系统寄存器和处理器核心位要么被完全隐藏，要么由安全世界软件监督的一组访问权限来控制。

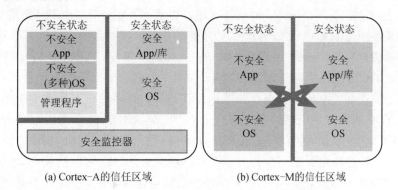

(a) Cortex-A的信任区域　　　　　　　(b) Cortex-M的信任区域

图 11.2　信任区域技术

内存基础架构也扩展了信任区域安全功能，特别是引入了信任区域地址空间控制器（TrustZone Address Space Controller，TZASC）和信任区域内存适配器（TrustZone Protection Controller，TZMA）。TZASC 可用于将特定的存储区域配置为安全或非安全的，使得在安全世界中运行的应用程序可以访问与正常世界相关联的存储区域，但在正常世界中运行的应用程序不能访问与安全世界相关联的存储区域。动态随机存取存储器可划分为不同的存储区域，其与特定世界的相应关联由 TZASC 在编程接口的控制下执行，该编程接口只限于以安全世界特权运行的软件。TZMA 实现了类似的内存分区功能，但目标是只读存储器或静态随机存取存储器。请注意，TZASC 和 TZMA 是由信任区域规范定义的可选组件，在特定的 SoC 实现中可能存在，也可能不存在，取决于 SoC 指定存储区域的粒度。一些带有信任区域扩展的 SoC 包括内存控制器，提供对特定内存区域的有限访问，传统的 SoC 没有实现这种存储控制器的能力。通用快速平台就是这样一个例子，它不允许将任何形式的动态随机存取存储器划分为安全和非安全区域。然而，现代启用信任区域的存储控制器配备了全功能的启用信任区域的存储控制器。信任区域感知内存管理单元（Memory Management Unit，MMU）允许每个世界拥有自己从虚拟内存地址到物理内存地址的转换表。为了在高速缓存中提供存储器隔离，处理器的高速缓存行标签包含一个额外的位，该位指示在哪个世界下执行了高速缓存行访问。

信任区域技术允许系统设备被限制在安全或正常的世界。这是通过引入信任区域保护控制器（TrustZone Protection Controller，TZPC）来实现的。由于 TZPC 是一个特定于平台实施的可选组件，这一事实导致了跨硬件平台信任区域感知设备的数量和类型的多样性。信任区域架构扩展了通用中断控制器（Generate Interrupt Controller，GIC），支持优先的安全源和非安全源。中断优先级对于防止非安全软件的拒绝服务（Denial of Service，DoS）攻击非常重要，因为它能够以比非安全中断更高的优先级处理安全中断。根据 GIC 的配置方式，可以针对 IRQ 和 FIQ 实现几种中断模型。ARM 建议采用 IRQ 作为正常世界的中断源，并将 FIQ 与安全世界的中断源相关联。

ARMv8-M 的信任区域技术是为新一代 ARM 微控制器（Cortex-M）设计的。从高层次上来说，这种信任区域技术的变体类似于 ARM Cortex-A 处理器中的变体。在这两种设计中，处理器可以在安全或非安全状态下执行，非安全软件被阻止直接访问安全资源。然而，这两个处理器家族之间有重要的区别，即 Cortex-M 已经针对更快的上下文切换和低功耗应用进行了优化。事实上，在微控制器应用中，低功耗、实时处理、确定性行为和低中断延迟是主流要求，这使得 ARMv8-M 的信任区域可以从头开始设计，而不是重用 Cortex-A 的信任区域。因此，Cortex-M 和 Cortex-A 处理器的信任区域技术的底层机制是不同的。

更具体地说，与 Cortex-A 处理器中的信任区域技术不同，ARMv8-M 中的世界划分是基于内存映射的，转换在异常处理代码中自动发生。这意味着，从安全存储器运行代码时，处理器状态是安全的，而从非安全存储器运行代码时，处理器状态是非安全的。这些安全状态与现有的处理器模式正交，即在安全和非安全状态下都有线程和处理程序模式。ARMv8-M 的信任区域技术排除了监控模式和对任何安全监控软件的需求，这大大减少了世界交换延迟，从而转化为更高效的转换。为了在两个世界之间桥接软件，信任区域现在支持多个安全功能入口点，而在 Cortex-A 处理器的信任区域中，安全监视器处理器是唯一的入口点。为此，增加了三个新的指令：安全网关(Secure Gateway，SG)、交换到非安全状态的分支(BXNS)和链接交换到非安全状态的分支(BLXNS)。SG 指令用于在安全入口点的第一条指令处从非安全状态切换到安全状态；安全软件使用 BXNS 指令来转移或返回到非安全程序；BLXNS 指令被安全软件用来调用非安全函数。另外，异常和中断也会导致状态转换。

随着信任区域在所有 ARM 处理器家族中变得越来越普遍，信任区域已经成为保护小型物联网设备的关键技术。

信任区域为受信任的软件提供强大的硬件强制隔离，目前，这项技术在移动设备中的可用性及其在未来小型智能设备上的广泛部署，提高了人们对信任区域作为保护最终用户数据和应用程序的强大构建模块的认识。

11.2　基于密码学的安全计算

当我们将计算需求外包给云服务器时，数据是否会被泄露，或者外包给云服务器的计算能否正确执行，以及能否给用户返回正确的计算结果，这些都是云计算在发展过程中急需解决的问题。为了给外包计算提供更好的隐私保护，研究人员提出了许多密码算法。本节将介绍安全外包计算、程序逻辑保护、程序结果验证三方面的内容。

11.2.1　安全外包计算

随着对存储和计算资源需求的不断增加，如果本地资源有限，将很难实现大规模数据处理。因此，随着云计算的发展，个人或公司将他们的计算需求外包给云。然而，由于客户端和服务器端之间的物理隔离，客户端在外包计算任务之前无法判断给定的云服务器是否可信，这会给用户带来安全和隐私等问题。

如图 11.3 所示，云计算中安全外包计算体系架构中涉及两个主要的不同实体：客户端(用户)和云服务器(具有强大的计算能力和巨大的存储容量)。由于执行的计算量较大，因此客户端将计算任务外包给云服务器，而云服务器可能不完全可信，于是客户端可以在本地应用一个密钥将计算任务转换成加密问题，然后上传给云服务器，之后接收问题的解决方案。云服务器按资源需求收取费用，解决并返回问题的解，附加解的证明。用户接收云服务器返回的解，然后对解进行解密，通过验证证明来判断解是否正确。

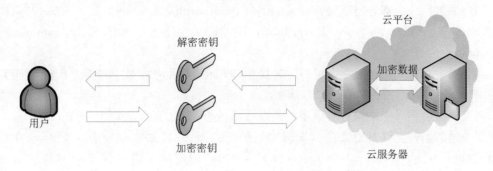

图 11.3　云计算中安全外包计算体系结构

安全外包计算不仅通过数据加密来保护敏感信息，而且还需要验证计算结果来保护客户免受恶意行为的侵害，从而得到正确的计算结果。

密码学是实现安全目标的实用工具。云服务提供商提供了不同的安全措施来防止数据泄露和非法访问，如亚马逊、谷歌和微软使用 AES-256 加密静态用户数据，并利用基于资源或基于用户的访问策略来实施正在使用的数据访问控制。然而，这些方法灵活性较差，扩展性较弱，不能支持灵活和可扩展的数据共享、隐私保证的数据搜索和安全计算。除了删除用户端的存储管理之外，在云中获得方便的数据以利用服务正是用户想要的。

Sahai 和 Waters 在论文"Fuzzy identity-based encryption"中提出了基于属性加密（Attribute-Based Encryption，ABE）的访问控制策略，数据所有者通过使用访问策略将数据加密，从而实现云计算中细粒度数据共享。使用基于属性的加密，密文可以按照特定的策略加密，并且只能由密钥满足该策略的个人解密。ABE 策略分为两类：密文策略 ABE（Ciphertext-Policy Attribute-Based Encryption，CP-ABE）和密钥策略 ABE（Key-Policy Attribute-Based Encryption，KP-ABE）。在密文策略 ABE 中，访问策略被嵌入密文中；在密钥策略 ABE 中，访问策略被分配在私钥中。

在密文策略 ABE 中，只有当与用户私钥相关联的属性集满足与密文相关联的访问策略时，用户才能解密密文。在密钥策略 ABE 中，只有当与密文相关联的属性集满足与用户私钥相关联的访问策略时，用户才能解密密文。

传统的加密方案如高级加密标准（Advanced Encryption Standard，AES）要求在计算之前恢复加密数据。也就是说，在处理数据之前，云服务器应首先使用密钥将加密的数据进行解密，然后对明文执行相应的计算。在这种情况下，用户的敏感信息将暴露给云服务器。安全外包计算主要有以下几种。

1. 同态加密技术

同态加密技术的提出很好地解决了用户敏感信息暴露给云服务器的问题。同态加密算法允许在加密数据上直接执行算术运算，无须事先解密，且计算结果与明文上的加密结果（通过相同的加密算法）相匹配。

如果下列等式成立，则加密方案被称为操作上的同态：

$$E(m_1)\Theta_c E(m_2) = E(m_1 \Theta_m m_2) \quad \forall m_1, m_2 \in M$$

$E()$ 是加密算法，$E(x)$ 是消息的对应密文，M 是明文集合，运算符 Θ_c 或 Θ_m 分别表示纯文本或密文域上的一些操作。

同态加密可分为部分同态加密(Partially Homomorphic Encryption，PHE)、有点同态加密(SomeWhat Homomorphic Encryption，SWHE)和完全同态加密(Fully Homomorphic Encryption，FHE)。

部分同态加密只允许对密文进行一种操作(即加法或乘法)，次数不限。因此，PHE可分为两种：加法同态加密和乘法同态加密。

有点同态加密对密文执行有限步的同态运算，包括加法和乘法。

完全同态加密允许对密文进行无限次数的任意操作(即加法和乘法)。Gentry在论文"Fully homomorphic encryption using ideal lattices"中给出了第一代FHE，构建了一个SWHE方案，并使其可自举。具体地，该方案在加密域上评估其自身的同态解密电路之后，可以执行一个以上同态操作。第二代FHE是由基于错误学习(Learning With Error，LWE)问题的硬度构建的。随后出现了一个基于LWE的相对简单的FHE方案(即GSW密码系统)，其中矩阵加法和乘法用来表示同态。之后，具有高效自举功能的第三代FHE方案问世。

2. 安全多方计算

安全多方计算(Secure Multi-Party Computation，SMPC)指多方共同计算其输入的函数，同时保持单个输入的私密性，并在整个计算过程中保持数据的机密性。SMPC通常将对称的工作负载分配给计算方，并且将每一计算方的计算结果以保护的形式保存在系统中。SMPC也是实现隐私保护、安全和可靠的外包计算方案的通用方法。

3. 基于乱码电路的方法

乱码电路(Garbled Circuits，GC)是一种实用的工具，可以通过恒定的计算周期和线性(在函数的大小上)的通信规模来计算任何函数。由于确定性函数可以用布尔电路来表示，因此在这种方法中目标函数首先用布尔电路来表示。随后，电路被一方加密(使用对称密钥)为乱码版本，并被其他方评估(使用不经意传输技术)。

4. 基于秘密共享的协议

该协议使用秘密共享技术生成随机份额，并将份额分配给不同的参与方，各方共同交互式地计算目标函数。秘密共享(最初由Shamir和Blakley等人在论文"How to share a secret"和"Safeguarding cryptographic keys"中提出)能够将机密信息进行分割并分发给一定数量的股东，只有在收集到足够多的各方时，才能共同解密。之后出现了安全评估任何功能的协议。它们都以可验证的秘密共享的形式设计了计算值的加法和乘法解决方案，并且结果保持秘密共享。有关秘密共享的研究列举如下：

(1)基于秘密共享的可证明安全的外包矩阵乘法协议。虽然这项工作使单服务器假设和计算效率(没有昂贵的加密原语)有提高，但缺点是通信开销大。

(2)模幂运算的安全外包协议。这项工作在大多数公钥密码操作中被认为是极其昂贵的。

由于云服务器可能会检查用户的数据，因此外部攻击者可以利用云服务的技术漏洞来访问云上的数据。从用户的角度来看，外包数据在本质上是不安全的，希望服务器不应该获取有关计算中使用数据的任何信息。云服务应该采取切实可行的加密算法保护隐私和安全等，以确保吸引大量客户。

11.2.2 程序逻辑保护

云服务提供商向用户提供强大的计算能力,用户上传自己的程序和数据到云端进行计算,而资源所有权和使用权的分离导致了云服务提供商不可信。恶意的攻击者可以分析和跟踪云端程序的执行过程,从而获取程序的算法或逻辑。

程序中的算法和逻辑是核心,如果用户在不可信的云服务器中运行程序,则攻击者可以通过 Concolic 测试等逆向工程手段获取软件中的重要逻辑信息并进行改写。因此,随着云计算的发展和外包计算的普及,对云服务器端的程序逻辑保护刻不容缓。

云服务器端的主流保护技术包括代码隔离和代码混淆等方法。代码隔离主要是把程序中包含重要信息的代码移动到可信执行环境(Trusted Execution Environment,TEE)中执行并返回结果。

代码混淆是一种便捷、有效的保护方法,其中控制流混淆是保护程序逻辑最直接的方法。控制流混淆的目的是改变控制流或将程序原有控制流复杂化,使程序不易被逆向工程攻击。即使恶意攻击者能够找到用户的源代码,但破解需要更多的时间和精力。如果一种程序逻辑混淆方案能够证明恶意攻击者破解和重组所获取的利润小于其付出的代价,则说明该方案是有效的。

代码混淆实质上是一种保留原始程序功能的变换,也称混淆变换,在给定相同输入的情况下输出不变,但是变换后的程序不易被软件破解和人工识别。

如图 11.4 所示,假设原始程序为 P,变换后程序为 P',T 为原始程序到变换后程序的变换,即 $P'=T(P)$。若在满足相同输入的情况下,变换后的程序保持原始程序的功能且输出相同,则称 T 为一种混淆变换。

程序 P 与变换后程序 P' 应满足以下条件:

(1) 从开始执行到结束,P 与 P' 具有相同的功能,且保持在相同输入的情况下输出

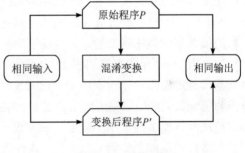

图 11.4 混淆变换

相同,但是 P' 的执行流程可以与 P 的执行流程不同。

(2) P' 比 P 的可读性差,不易被逆向分析,混淆的目标是不能还原和获取程序 P' 中的算法和逻辑。

(3) 由于代码混淆技术在程序执行时会引入额外的性能消耗,P' 的效率一般低于 P,但追求 P' 相对于 P 引入的性能消耗尽可能小。

代码混淆是为了让攻击者在分析混淆后程序时不易获取程序中重要的逻辑信息,而不是让保护的代码变得坚不可摧。总体来说,代码混淆技术就是对原始程序在数据、布局、控制与设计等方面进行模糊变换。

假设 T 是一种混淆变换,混淆前程序 P 具有重要的逻辑信息 τ,程序混淆后 $P'=T(P)$。假设 τ 为使用 S 对程序 P 分析获得的重要逻辑信息(即 $\tau=S(P)$),假设 τ' 为使用 S 对程序 P' 分析获得的重要逻辑信息(即 $\tau'=S(P')$)。根据 τ 与 τ' 之间的关系进行分析如下:

当 $\tau \approx \tau'$,且逆向分析 P' 计算 $S(P')$ 相对于逆向分析 P 计算 $S(P)$ 需要花费更多的代

价，则 T 是一种有效的混淆变换。

当 $\tau \approx \tau'$，且逆向分析 P' 计算 $S(P')$ 相对于逆向分析 P 计算 $S(P)$ 需要花费代价相当，则 T 是一种无效的混淆变换。

当 $\tau \approx \tau'$，且逆向分析 P' 计算 $S(P')$ 相对于逆向分析 P 计算 $S(P)$ 需要花费更少的代价，则 T 是一种失败的混淆变换。

从实用性角度分析，如果一种程序逻辑混淆方案能够证明恶意攻击者在破解和重组混淆变换后的程序时，需要付出更多的代价，则说明其是有效的。考虑到攻击者可以利用较多的逆向分析软件来破解，这里对实用的混淆变换方法做出定义：

假设 T 是一种混淆变换，混淆前程序 P 具有重要的逻辑信息 τ，混淆后的程序 $P' = T(P)$，$S = \{S\_1, S\_2, \cdots, S\_n\}$ 表示逆向软件工具集。对于程序 P，如果 $\exists S\_i \in S$，T 针对逆向软件 S_i 是一种有效的混淆变换，并且 $\forall S\_i \in S$，T 不是一种失败的混淆变换，则 T 是一种实用的混淆变换。一种实用混淆变换至少能够抵御一种逆向软件攻击，并且不会被其余的逆向软件轻易进行分析。

在混淆变换与逆向分析相互促进的发展过程中，不存在一种混淆变换方案可以抵御所有的分析攻击。因此，程序安全保护者只有深入研究各类分析攻击，才能有针对性地设计和改进混淆变换方案。

控制流混淆是保护程序逻辑最直接的方法，在论文《基于神经网络的云计算程序逻辑混淆方法研究》中提出基于神经网络的控制流混淆模型，设计了一种云计算服务中基于神经网络的程序逻辑混淆框架 NNObfuscator，通过精准的程序控制流分割方法提取分支语句，根据分支语句的逻辑信息训练神经网络，将分支语句的判断条件用相同语义和功能的神经网络模型的调用函数替代，实现了程序重要控制流信息的精准抽取并隐藏。

NNObfuscator 的框架如图 11.5 所示。NNObfuscator 分为三个阶段：准备阶段，神经网络混淆器定位用户原始程序 P 的分支语句，并为每个分支选择能够触发两条路径的输入值作为训练集，然后根据训练集训练神经网络模拟分支语句的行为；程序转换阶段，混淆器用神经网络模型的调用函数替代分支语句的判断条件；执行阶段，将混淆后的程序 P' 与神经网络权重矩阵上传到云端执行，条件评估时会调用神经网络模型权重，神经网络模型根据输入值推理计算出和原始程序相同的执行路径。

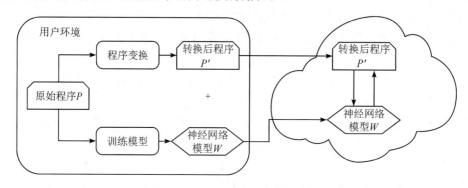

图 11.5　NNObfuscator 框架图

NNObfuscator 架构中，所有混淆的过程全部都处在可信的用户环境，混淆后的程序 P' 和神经网络模型 W 会暴露在不可信的云环境下，由于神经网络模型权重的不可解释性，恶意攻击者无法从中提取任何有用的控制流信息。

如何对程序的复杂度进行精确度量并保证混淆变换的有效性，将是代码混淆技术下一步要解决的问题。

11.2.3　程序结果验证

外包计算给用户带来诸多方便的同时，也存在着很多安全问题。由于云计算供应商的配置缺陷、软件漏洞、外部恶意攻击等问题，导致服务器所提供的计算结果也可能存在问题。可信性、可检查性或可验证性是安全计算外包的重要问题。

可验证外包计算方案是用户验证云服务器返回计算结果的有效途径，使用户能够检查他的外包任务是否被正确计算。

一个可验证的计算方案中，用户接收云服务器返回的解和证明，通过证明来验证解是否正确。可验证的方案应该满足以下三点特征：

（1）正确性。如果云服务提供商成功完成指定的任务，计算结果将在客户端通过验证。

（2）可靠性。任何错误生成的结果仅以可忽略的概率通过验证。

（3）效率性。验证过程的开销比直接计算原始任务的开销小。如果证明的开销大于处理任务本身的开销，那将计算任务外包出去就没有意义。

一般性可验证外包计算的解决方案主要有两种途径。

（1）第一种可验证外包计算的解决方案。

第一种可验证外包计算的解决方案是采用可验证计算协议，基于密码的构造极大地提高了可验证计算方案的效率。Gennaro 等在论文"Non-Interactive Verifiable Computing：Outsourcing Computation to Untrusted Workers"中提出了可验证外包计算（Verifiable Computation，VC）的概念。VC 采用混淆电路技术实现了验证过程，并通过全同态加密方案来保证数据的隐私，生成具有 FHE 方案的同态性质的证明。这就要求工作方不仅要执行目标计算，还要生成一个辅助证明用于验证结果的正确性，相当于对正确的计算结果进行签名，供用户进行验证。

VC 模型提供了一种保证数据隐私性的方法，即在问题生成器（ProbGen）阶段，采用加密或者盲化的技术手段对输入数据进行预处理。虽然 VC 模型能够满足数据隐私性的需求，但是由于其验证算法 Verify 需要输入私钥，因此验证过程只能由用户单独执行。在实际场景中，这种只能由用户单方面验证云服务器计算结果的情形存在一定的实用缺陷。例如，当用户声称验证出现错误时，其原因究竟是服务器没有诚实地执行计算，还是用户单方面恶意诋毁，亦或其他阶段出现了问题，都不得而知。VC 模型在特殊的场景下无法达到公平性。

（2）第二种可验证外包计算的解决方案。

第二种可验证外包计算的解决方案是冗余计算方案，其基本思路是用户将相同计算任务分配给多个远程服务器并发计算，然后验证计算结果，判断它们返回的结果是否一致。冗余计算方案举例如下：

（1）协议允许用户最少使用 2 个云服务器实现可验证性，但是该协议假设至少有一台服务器是诚实的，并且还会产生比普通方案高 10～20 倍的开销。

（2）方案允许轻量级客户端将计算任务外包给云服务器。用户通过比较多个服务器的输出来确保输出正确。它假设至少有一台服务器是诚实的，使用有效的冲突解决协议来确定哪些服务器出错，从而获得正确的输出。

在服务器不完全可信的情况下，计算结果的可验证性成为最先进的安全计算外包解决方案的基本属性。

随着移动设备能力的不断提高和对低延迟应用程序需求的增加，计算任务将越来越多地迁移到本地，但这也带来了设备能耗、占用的设备计算和存储等问题。因此，将数据外包给近端可以减少网络传输延迟，减轻移动设备的压力。然而，外包过程中出现的安全和隐私问题不容忽视。

在信任机制方面，当设备在系统中发现恶意服务节点时，可以验证数据生成仲裁证据，以便系统中的其他节点可以验证并避免向恶意节点发送外包任务。通过理论分析和实验对比，可以验证该方案在效率、安全性和正确性方面都有一定的提高，可以应用于实际场景。

第 12 章 网 络 安 全

网络安全(Cyber Security)是指网络系统的硬件、软件及其系统中的数据受到保护,不因偶然的或者恶意的原因而遭受破坏、更改、泄露,系统可连续可靠地运行,且网络服务不中断。云计算中的网络安全是指云供应商提供数据查询、网络传输、数据存储等服务时,保证服务对象的数据不受监听、窃取和篡改等威胁。传统的信息安全,受限于技术的发展,采用被动防御方式。随着大数据分析技术、云计算技术、SDN 技术、安全情报收集技术的发展,信息系统安全检测技术对安全态势的分析越来越准确,对安全事件预警也越来越及时、精准,安全防御逐渐由被动防御向主动防御转变。

12.1 主 动 防 御

主动防御(Active Cyber Defense)是在入侵行为对计算机系统造成恶劣影响之前,能够及时精准预警,实时构建弹性防御体系,是避免、转移、降低信息系统面临风险的安全措施。主动防御也是一种变相的攻击型安全措施(Offensive Security),其重点是寻找入侵者,计算机系统在某些情况下会使它们丧失入侵能力或者破坏它们的入侵行动。本节将介绍几种已应用在云计算中的主动防御技术。

12.1.1 入侵检测

入侵检测是监视计算机系统或网络中发生的事件,并分析它们的入侵迹象的过程。入侵检测系统是使监控和分析过程自动化的软件或硬件产品,它可以自动监控计算机系统或网络中发生的事件,分析它们是否存在安全问题。

入侵是指未经授权访问或试图访问计算机、信息系统及试图在其中进行未经授权的活动。因此,入侵检测技术对于提高计算机系统的整体安全性变得极其重要。入侵检测能识别已经尝试、正在发生或已经发生的入侵过程。入侵检测技术是计算机信息安全的重要环节,该技术用于发现计算机系统的入侵行为,既可以用于实时检测也可以用于事后分析。防火墙与入侵检测系统都是网络安全的一部分,入侵检测系统相当于防火墙之后的第二道闸门。入侵检测系统结构图如图 12.1 所示。

通过对现有的入侵检测技术和入侵系统地研究,可以从事件数据源、检测方法方面对入侵检测系统进行分类。

1. 依据事件数据源分类

1) 基于主机的入侵检测系统

这类入侵检测系统一般部署在目标主机上,有三个主要组成部分,即数据源、传感器和决策。使用系统中的日志、用户记录、系统调用等作为检测入侵行为的数据来源,通过比

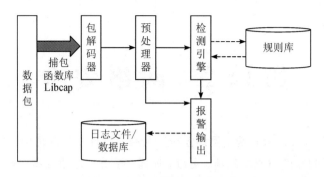

图 12.1　入侵检测系统结构图

较这些数据和已知入侵行为的一些特征，发现他们是否匹配，如果匹配成功，则向用户发出入侵行为警告，从而采取措施。该方法具有警报生成和集中报告的延迟，有消耗主机资源的局限性。

2）基于网络的入侵检测系统

网络入侵检测系统（Network Intrusion Detection System，NIDS）通过传感器捕获特定网段的网络流量，抓取网络的原始数据包，然后分析应用程序和协议的活动，分析出其中的入侵行为，以识别可疑事件。这类入侵检测系统可以同时检测同一个网段内的多台主机，提供实时的网络入侵检测，具有较好的隐蔽性，但无法检测加密流量中的攻击。

3）基于混合型的入侵检测系统

这类入侵检测系统经常配置为分布式模式，又称为分布式入侵检测系统。使用多种数据源来提高入侵检测系统的检测效果，既可以发现网络中的攻击行为，也可以从系统日志中发现异常。通常情况下，这类入侵检测系统会使用一台中心服务器管理整个入侵检测系统。

2. 依据检测方法分类

1）基于特征的入侵检测

基于特征的入侵检测，也称为基于规则的入侵检测，其特征对应于已知攻击或威胁的模式或字符串。通过对特定攻击和系统漏洞的学习，得到一种描述入侵行为的模式，如果待检测的数据中有与已知特征相匹配的模式，则认为其是一个入侵行为。由于这种方法是依据具体的行为特征进行匹配判断，所以检测结果的正确率比较高。

从捕获到的网络数据报报头开始，逐个字节地与入侵行为特征字符串比较。如果结果是相匹配，则判定其为一个入侵行为；如果不匹配，那么就向后移动一个字节再进行比较，直到把数据包中所有的字节都比较完为止。对于每一个入侵行为特征，重复以上步骤，一直到每一个入侵行为特征都比较完为止。

该方法可以有效地检测已知攻击。但是这种基于入侵行为特征规则的模式匹配算法的计算量比较大，进行模式匹配的过程中要与所有的数据报内容相比较，在网络带宽较大时，会影响到网络的性能及用户正常的网络体验，而且无法有效检测未知威胁且漏报率较高。

Snort 是一个由 Martin Roesch 编写的开源网络入侵检测系统。Snort 以 Libpcap 库函数为基础，具有良好的可移植性，可以在多种软硬件系统平台上运行。Snort 有四种体系结构，包括数据包嗅探器、预处理器、检测引擎、警报或日志。首先，数据包嗅探器捕获网络流量；然后预处理器检查数据包，判断数据包是否处于某种行为；其次检测引擎接收传入的数据包，并通过规则进行匹配；最后当规则匹配时，发生警报或日志记录。

Security Onion 是基于 Ubuntu 的 Linux 发行版，用于网络监控和入侵检测。Security Onion 包含了入侵检测、网络安全监控、日志管理所需的 Snort、Suricata、Bro、OSSEC 等众多工具。

2）基于异常的入侵检测

基于异常检测技术的入侵检测系统寻找统计的异常行为，即是对已知行为的偏离。首先，通过一段时间内监控常规活动、网络连接、主机或用户等获得正常的行为，建立"正常"行为轮廓，模型的特征量既要准确体现用户行为特征，又要使模型最优，即用最小的特征去覆盖用户的行为；然后，根据正常的活动轨迹建立模型，如果当前流量数据偏离了正常行为的轮廓，则认为是入侵行为。

模型的特征包括数据包长度、到达间隔时间、流量大小和其他网络流量参数，以便在特定的时间窗口内对其进行有效建模。这种方式可以有效地检测未知的入侵行为，其难点在于建立行为基线与选取合适的判别算法提高系统识别的准确率。

异常检测系统的优点是可以有效检测新的和不可预见的漏洞，缺点是由于观察到的活动不断变化，行为轮廓的精度较低，触发警报的时间不及时。异常检测系统的缺点容易出现误报信息，如假阳性和假阴性。假阳性是指入侵检测系统错误地将良性活动识别为恶意活动，造成了误报。假阴性是指入侵检测系统在入侵发生时或发生后，未能检测到入侵的情况。误报的频率过高时，用户可能会对入侵检测系统失去信心。

SiLK 用于流收集器，可提供一种简单的方法快速存储、访问、解析和显示流数据，并对数据集进行显示、排序、统计、分组和匹配。其中，Rwflowpack 可以监听和收集进程，rwstats 和 rwcount 可以生成流量排名。

3）基于有状态协议分析的入侵检测

有状态协议分析中的有状态表示入侵检测系统可以知道并跟踪协议状态（如 TCP 协议的三次握手）。状态协议分析比上述方法有较为强大的能力，因为有状态协议分析作用于网络层、应用层和传输层。通过辨别数据包的协议类型，使用预先定义的数据分析程序判定是否存在恶意流量。该方法存在协议状态跟踪和检查的资源消耗问题。

4）基于机器学习的入侵检测

自学习系统是当今应对攻击的有效方法之一。它使用有监督、半监督和无监督的机器学习机制来学习各种正常和恶意活动的模式，包括大量的正常网络和攻击网络以及底层事件。常见的基于机器学习的入侵检测方法如下所示。

（1）利用决策树、随机森林、KNN 方法，研制出准确检测潜在的攻击入侵检测系统，该方法在检测基于 IPv4 攻击方面具有比较满意的效果，但还无法检测到基于 IPv6 的攻击。

（2）利用聚类和 KDD 算法的检测被称为 NEC 的新异常，具有良好的效率。该方法不需要有标签的数据集，并且在 NSL-KDD 2009 数据集上进行了验证。该方法确定的假阳性率比较高。

（3）利用机器学习、排名、Voronoi 聚类，通过识别和跟踪攻击者来提高系统安全性。使用该方法可以减小数据集的大小和提高检测精度。但是在大规模网络中应用会有延迟。

（4）利用安卓操作系统的流量数据，利用人工神经网络来检测安卓移动设备中的异常行为。该方法为安卓提供了一种轻量级、可扩展和高效的入侵检测系统。

（5）利用离散向量分解（DVF）深度学习方法，来演示一种用于网络入侵检测系统的神经形态认知计算方法。使用深度学习算法可以提高系统的准确率。

12.1.2　态势感知

态势感知概念的起源可以追溯到第一次世界大战。当时，奥斯瓦尔德·波尔克意识到在敌人获得类似意识之前获得对敌人认识的重要性，并设计了实现这一点的方法。随后态势感知被引入各个领域（电网、战略和战术系统、医学以及网络空间），以确保操作员根据收到的数据正确评估情况，并做出明智的决策。这些领域的自动化使操作者从决策过程中的主动搜索信息，转变为从系统中获取信息并利用这些信息制定决策的决策者。

基于前人的分析，有学者认为网络安全态势感知是对网络系统安全状态的认知过程，包括从系统逐步测量到融合提取的原始数据过程，以及语义系统背景条件和活动的实现过程，从而识别出各种网络活动和异常活动的存在意图，进一步了解网络安全态势趋势的正常表现以及对网络系统正常运行的影响。

Mica Endsley 在论文"Toward a Theory of Situation Awareness in Dynamic Systems"中，仿照人的认知过程提出了一个经典的态势感知模型。这个模型在当前看来虽然比较简单，但却是很多后续理论的基础，人们一般称该模型为 Endsley 模型（Endsley's model）。Endsley 模型将态势感知分为三个层级，分别是态势要素感知、态势理解和态势预测。

在第一个层次，感知环境中元素的感知水平、环境的状态属性和相关属性的动态性。在这一阶段，不会对采集到的数据进行解释，所有的解释都交给下一级。此级别旨在表示原始形式信息的初始接收，将数据采集与数据理解和解释分开，可以识别来自感官和传感器的数据可能出现的差异。

在第二个层次上，即对现状的理解，态势感知超越了对数据的简单感知。我们的目标不仅是感知形势，还要正确理解形势。对一种情况的理解是基于在第一层感知到的不相交元素的综合。这些元素被组合、解释、赋予与给定目标相关的意义，并与操作者的知识相结合，形成一个环境的整体图景。

未来态势的预测是态势感知的第三个层次，也是态势感知的最高级别。基于当前事件和动态的未来预测使用户能够预测未来事件及其影响，从而使用户能够及时做出决策。

Tim Bass 在 1999 年发表的文章"CC2 and Cyberspace Situational Awareness"中，首次提出了网络安全态势感知（Network Security Situation Awareness，NSSA）的概念，用基于态势感知概念的整体方法来解决网络安全问题。NSSA 是多传感器数据融合在网络安全领域的应用。Tim Bass 提出了一种基于多传感器数据融合的网络态势感知功能模型，这是NSSA 的主要模型，是其他模型的基础。

NSSA 能够提供对网络安全状况全面、实时的观察。NSSA 模型分为三个层次：态势要素提取、态势评估和态势预测。态势要素提取是 NSSA 的基础，该层主要从海量的多源异构数据中接收网络安全态势信息,并将其转换为可理解的格式,为下一级的信息准备;态势评估是 NSSA 的核心,这是一个对当前安全形势的动态理解过程,主要识别安全事件并分析这些事件之间的关系,得到整个网络的安全状况;态势预测是根据安全态势信息、当前网络安全态势和网络态势历史,预测未来网络态势的变化趋势。

NSSA 模型通过融合多源异构数据提供了一种全面、实时的网络安全态势观测和分析方法,具有广泛的应用方向,包括基丁融合的网络安全态势感知模型、基于马尔可夫博弈模型的网络态势感知模型和具备自主特性和动态配置能力的认知计算等,这些模型各自有着不同的特点和优势,通过它们可以从大量的网络数据中提取安全信息,以更好地了解网络安全状况。

(1) 基于融合的网络安全态势感知模型。在分析模型构件及其功能的基础上,使用融合算法对异构多传感器安全事件进行准确决策。结合威胁基因与威胁等级关系的推演,提出了层次化的态势感知方法。该方法可以融合异质安全数据,克服了处理网络构件间复杂成员关系不足的问题,提高了对网络威胁的表达能力。

(2) 基于马尔可夫博弈模型(Markov Game Model,MGM)的网络态势感知模型,其通过融合多传感器收集的各种系统安全数据来解决漏洞,并通过分析每一种威胁的传播规则,建立一个威胁传播网络(TPN)。MGM 可以动态评估系统安全状况,并为管理员提供最佳的加强方案,遏制威胁的传播。

(3) 具备自主特性和动态配置能力的认知计算,被认为是实现系统自适应性的可行途径。有关学者认为认知计算能够自主地推理和感知,拥有模拟学习、记忆、推理和感知等认知功能,能够应用于安全、信息系统决策等领域。将认知理念融入与安全态势感知相结合,提出了网络安全态势认知融合感控模型,模型可以用于异质传感器环境的多源融合算法,实现对网络安全态势的动态量化感知,将 NSSA 的调控机制,形成闭环反馈控制结构,感知外部环境信息,控制内部运行状态,建立离散计算与连续控制之间的桥梁,达到认知感控的目的。

NSSA 模型如图 12.2 所示。

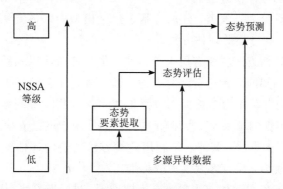

图 12.2　NSSA 模型

根据 NSSA 模型,网络安全态势感知主要分三部分:态势要素提取、态势评估、态势预测。

1. 态势要素提取

网络安全态势要素的提取是态势感知研究的第一步。有效的态势感知依赖于准确的要素提取，该层的主要功能是利用网络流量监测分析工具对网络异常流量进行监测分析。可以从报警数据库中提取样本数据，并对样本数据进行处理。态势要素应尽可能地包含与态势变化有关的因素，并且对所提取的要素进行全方位的分析与研究。该阶段通过对获取的数据进行预处理，提取出比较重要的态势要素，将数据标准化，从而进行态势评估和态势预测。

态势要素获取本质上是对网络中的数据进行分类，提取出与态势变化有关的因素，并判断每条数据是否异常，如果发现异常数据就判断它属于哪种异常。常见的分类算法有决策树（如 J48）、支持向量机（Support Vector Machines，SVM）、人工神经网络（Back Propagation，BP）等。

决策树是一种树形结构，其中的每个内部节点表示一种属性，每个分支代表一种属性判断结果的输出，每个叶节点代表一种分类结果。其优点是易于解释、速度快、准确性高，适合处理有缺失属性的样本。缺点是容易过拟合、忽略属性之间的相关性，对于各类别样本数量不一致的数据信息增益偏向于那些更多数值的特征。

支持向量机（SVM）是一种基于统计学理论的模式识别方法，基本原理是通过一个非线性映射将输入空间向量映射到一个高维特征空间，并在此空间上进行线性回归，从而将低维特征空间的非线性回归问题转换为高维特征空间的线性回归问题来解决。

2. 态势评估

网络安全态势评估是网络安全态势感知系统的核心环节，它可以评估网络安全是否受到攻击。通过处理当前信息网络中可能影响网络安全的网络攻击信息，并根据具体情况的评估模型，生成相应的安全态势图，从而反映网络安全态势系统的状态。

态势评估主要是通过一系列的数学模型和算法，对提取的海量网络安全数据信息进行关联分析和融合，以获取宏观的网络安全态势，使网络管理者能够有目标地进行决策，提前做好防护措施，并对下一步态势预测提供依据。网络安全态势评估的重要作用就是为安全防护的实施提供强有力的支持。网络安全态势评估是网络安全态势感知的重点，目前，国内外关于网络安全态势评估方法的研究成果有很多。按照评估依据的理论技术基础，网络安全态势评估方法可分为三大类，分别是基于数学模型的评估方法、基于概率和知识推理的评估方法、基于模式分类的评估方法。

基于数学模型的评估方法主要有层次分析法、集对分析法以及距离偏差法等，它们是对影响网络安全态势感知的因素进行综合考虑，然后建立安全指标集与安全态势的对应关系，从而将态势评估问题转化为多指标综合评价或多属性集合等问题。它有明确的数学表达式，也能够给出确定性的结果。该类型的方法是最早用于网络安全态势感知中的评估方法，也是应用最为广泛的方法，其缺点是利用此类方法构造的评估模型以及对其中变量的定义涉及的主观因素较多，缺少客观统一的标准。

基于概率和知识推理的评估方法主要有模糊推理、贝叶斯网络、马尔可夫理论、D-S证据理论等，它们是依据专家知识和经验数据库来建立模型，采用逻辑推理的方式对安全态势进行评估。其主要思想是借助模糊理论、证据理论等来处理随机性的网络安全事件。采用该方法构建模型需要获取先验知识，从实际应用来看，该方法对知识的获取途径比较单一，主要依靠机器学习或专家知识库，机器学习存在操作困难的问题，而专家知识库主要依靠经验的累积。由于规则和知识需占用大量的空间，而且推理过程也越来越复杂，很难应用到大规模的网络评估中。

基于模式分类的评估方法主要有聚类分析、粗糙集、灰色关联分析、神经网络和支持向量机等，它们是利用训练的方式建立模型，然后基于模式的分类来对网络安全态势进行评估。该方法具备很好的学习能力，能够建立较为准确的数学模型，但是在实际应用中计算量过大，如粗糙集和神经网络等建模时间较长，特征数量较多且不易于理解，在实时性要求较高的网络环境中不能得到很好的应用。

3. 态势预测

网络安全态势预测是网络安全态势感知的关键步骤，是指在大规模网络环境中根据当前的网络安全态势评估和已有的历史评估数据，对未来网络安全态势变化趋势进行预测。网络安全态势预测是对当前网络整体安全性的综合评估，是对整个网络系统安全性的度量。

态势预测可以利用网络运行产生的历史记录和日志数据，预测出当前网络安全状态以及一段时间的信息值，为网络管理人员提供决策依据，使网络管理人员能够及时发现安全问题并且做出相应的反应。主要的预测方法有神经网络、支持向量机、时间序列预测法、灰色预测等。

神经网络是目前网络态势预测最常用的方法，具有自学习、自适应性和非线性处理等特点，适用于非线性的复杂系统，并且在网络安全态势预测方面取得了不错的效果。目前，常用的神经网络有 BP 神经网络、RBF 神经网络、反馈神经网络等。但是，神经网络在使用过程中存在训练时间长、过度拟合或者训练不足、难以提供可信的解释等问题。

时间序列预测法利用时间序列的历史数据来揭示态势随时间变化的规律，通过此规律对未来的态势做出预测。优点是简单、直观，实际应用方便，可操作性较好，不足之处是对于预测精度有较高要求，需要有合适的模型阶数以及最佳的模型参数估计，而且建模过程也比较复杂。

网络态势感知是网络防御的一个重要组成部分，它使网络安全运营商能够应对当今网络和威胁环境的复杂性。通过感知和理解，操作员可以预测即将发生的事件并做出战略决策。网络态势感知是态势感知在网络领域的应用，也是网络安全研究经常讨论的话题。通过感知网络环境，能够了解当前的安全形势，并预测网络形势的变化，是网络防御的重要组成部分。网络态势感知会收集一些必要的信息，通过理解这些信息，识别出网络中的攻击行为，并预测出将要发生的可能攻击行为，从而有效的应对网络和系统的复杂性。

在具体的网络安全态势感知实践中，无论是态势要素提取还是态势预测，学术界都有比较深入的研究成果。

在态势要素提取中，真实的信息网络实体中态势感知的数据来源较全面和丰富，网络安全态势要素应涵盖信息网络的各个层次，从而为整个网络安全态势提供全面、准确的信息支持。选取的态势要素应该具有以下特点：覆盖全面、特征显著、易于提取以及强鲁棒性。之所以具有以上特点，是因为：首先，从诸多的网络安全态势要素中选取的特征要素必须能全面反映网络安全态势的状况，即依据所选取出来的态势要素即可对整体网络安全态势状况进行感知分析；其次，所选取的态势要素应具有代表性，即根据态势要素可以清晰准确地对样本进行分类，且保证不同类别的样本之间具有较大区分度；最后，还要在保证分类性能不变的前提下，所提取的态势要素的个数不宜过多，从而可以减少运算量，提高整体态势感知的效率。最重要的是当网络安全态势发生变化时，仅仅需要更新那些对应单元中的态势要素值即可，且对于网络安全态势中的噪声数据具有一定的处理能力，这就要求我们的态势要素选取要具有一定的鲁棒性。一般的态势要素提取过程如图12.3所示。

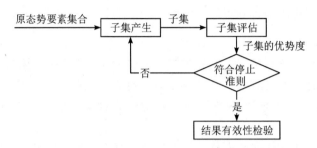

图 12.3　态势要素提取过程

　　网络安全态势要素作为网络安全态势感知系统的基础，其质量的优劣直接影响整个安全系统的性能。美国国家能源研究科学计算中心的 Lawrence Berkeley National Labs 开发的 The Spinning Cube of Potential Doom 系统以简单网络管理协议（Simple Network Management Protocol，SNMP）数据源为基础，用旋转的 3D 立体中点的颜色展示恶意的网络流量，通过分析网络连接状况实现态势要素的提取，但该系统态势要素信息源单一，难以全面地评估网络态势状况。美国国家高级安全系统研究中心将开发的 Security Incident Fusion Tools 与专业人员的认知能力相结合，从而实现网络安全态势要素提取，但该方法容易受到主观因素的影响。虽然，我国学术界对于网络安全态势要素提取相关研究起步较晚，但是前期在入侵检测方面所做的相关工作为网络安全态势要素提取技术的研究奠定了基础。为去除冗余特征、提高运算准确度，一些学者提出过算法融合的方法解决要素提取的问题。例如，有人提出一种基于进化神经网络的态势要素提取模型，通过将进化策略引入神经网络提高模型的收敛速度和分类精度；有人建立了基于改进的粒子群优化（Improved Particle Swarm Optimization，IPSO）算法和逻辑斯谛回归（Logistic Regression，LR）算法的态势要素提取模型（LR-IPSO），利用 IPSO 全局寻优能力对 LR 的参数进行估算，从而提高学习精度与速度。针对网络安全态势要素多源异构的特点，学者们也提出过很多可行性方案，其中比较优秀的两个方案，一个是基于本体的网络安全态势要素知识库模型对态势要素进行分类和提取；另一种是基于融合的网络安全态势认知感控模型，在模型中通过引入权系数生成理论对攻击威胁因子进行排序，从而实现态势要素的提取。上述研究方法在某些特定领域取得了一定的成效，但态势要素提取过程中需要大量的先验知识，而网络安全领域中较难获取先验知识。为解决这一问题，网络安全工作者提出将粗糙集（Rough Set，RS）理论引入网络安全态势感知研究中，充分利用粗糙集理论学习能力强，无须数据集以外的任何先验知识的优势进行安全态势要素提取。

　　相比于态势要素提取，学术界成果最多的还是在态势预测这一方向。态势预测的一般过程如图 12.4 所示，基于对历史态势要素的学习从而对未来态势进行预测。近些年来，人工智能算法在计算机视觉、自然语言处理等方面取得了巨大成功并被广泛应用，而经过实践证明，人工智能算法亦可被应用于网络安全态势预测中，且已取得了初步成效。

图 12.4　态势预测一般模型

在机器学习模型中使用 Markov 模型，支持向量机以及神经网络进行态势预测，均具有较好的效果。Markov 模型是一种随机化方法，用于描述从一种状态到另一种状态的转变，其概率与各种状态相关。如图 12.5 所示，S 表示状态，状态之间的连线表示这两种状态之间可以相互转移。

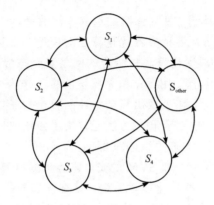

图 12.5　Markov 模型

Markov 预测模型的核心思想是将历史数据中当前状态转移概率最大的状态作为下一状态的预测值。根据 Markov 理论中转移概率的定义，需要通过条件概率来计算从当前状态转移到下一状态的概率。在 Markov 理论的基础上，一些学者先后提出了基于 Markov 的态势预测方案。其中，有学者提出了一种结合自回归移动平均（Auto-Regression and Moving Average，ARMA）模型和 Markov 模型的安全态势预测组合模型，在该模型中，将先前的数据分别用作每个模型的输入以获得其预测值；还有学者提出了一种基于模糊 Markov 链的安全态势模糊预测方法，该模型利用安全行为的历史数据和威胁级别来预测网络状况。与前述两种方法不同，近年有学者将隐 Markov 模型（Hidden Markov Model，HMM）应用到了态势预测领域。HMM 用来描述一个含有隐含未知参数的 Markov 过程，从我们可观测到的参数确定该 Markov 过程的其他隐含参数，这些隐藏参数可用于更深层次的分析。考虑到传统的 HMM 虽可通过已知状态来预测未知状态，但不能准确预测网络态势的局限性，这些学者提出了一种加权 HMM 算法，以预测移动网络安全态势。该算法使用了多尺度熵来选择合适的缩放因子，不仅解决了移动网络中数据训练的低速问题，同时还优化了 HMM 状态转移矩阵的参数。

传统机器学习模型中，除了 Markov 在态势预测中的应用外，支持向量机（SVM）也有应用。SVM 是 Vapnik 等人于 1995 年在论文"Support-vector networks"中提出的，广泛应用于分类和回归问题。如图 12.6 所示，SVM 用于寻找能够更好地区分两个类的最优超平面。

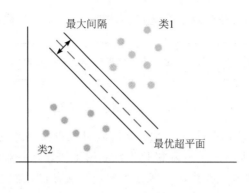

图 12.6　支持向量机(SVM)

　　基于 SVM 的安全态势预测方法对参数的选取非常敏感，SVM 的预测结果取决于参数选择是否合理。目前，通常结合各种参数优化算法对模型参数进行优化。有学者提出了一种支持向量机与改进的粒子群优化算法相结合的网络安全态势预测方法，即在 SVM 的基础上引入改进的粒子群优化算法，用无体积无质量的粒子作为个体，规定各粒子的行为规则，模拟个体之间的协作寻优，在表现出复杂特性的整个粒子群中寻找最优解，进而优化支持向量机的 3 个参数。该安全态势预测方法还解决了使用线性预测方法带来的预测精度低、描述网络目前状态与未来状态关系困难等问题。还有学者提出了基于灰狼优化算法(Grey Wolf Optimization，GWO)和 SVM 的安全态势预测模型。GWO 算法是受到灰狼捕食猎物活动的启发而开发的一种优化搜索算法，具有较强的收敛性，参数少，易实现。此外，考虑到大数据时代海量的态势因素，传统的 SVM 模型训练成本日益增大，综合目前的形势提出了基于大数据处理框架 MapReduce 和 SVM 的 MR-SVM 模型，使用布谷鸟搜索算法(Cuckoo Search，CS)对 SVM 参数进行优化，利用 MapReduce 并行训练 SVM 模型，改进模型训练精度，减少训练成本。

　　除此之外，在机器学习中，神经网络在态势预测模型中也具有举足轻重的地位。神经网络是一种模拟人脑以期能够实现类人工智能的机器学习技术。一个典型的神经网络由 3 层组成，分别是输入层、隐藏层和输出层，如图 12.7 所示。

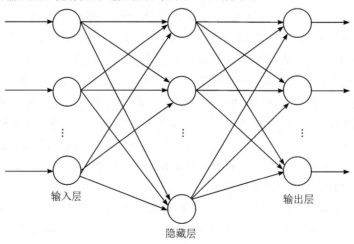

图 12.7　神经网络

　　BP 神经网络在预测方面具有较好的性能，但同时也存在一些问题，如狩猎速度慢，容易陷入局部最优，学习过程容易发生振荡。由于 BP 神经网络的这些固有缺陷，许多学者在使用 BP 神经网络时，都会搭配相应的优化算法，用以克服自身缺陷。例如，有些学者提出了应用思维进化算法（Mind Evolution Algorithm，MEA）对 BP 神经网络进行优化的MEA-BP 安全态势预测模型，他将蜜罐采集的实际数据用作样本以测试结果，并验证模型的准确性；还有的学者考虑到通用的进化类算法容易陷入局部最优解，因此利用杂交水稻优化算法（Hybrid Rice Optimization Algorithm，HROA）全局快速搜索、快速收敛的特点，改进了这方面存在的问题，同时进一步提高了态势预测的准确率。

　　除了 BP 神经网络以外，小波神经网络（Wave-let Neural Network，WNN）也广泛应用于安全态势预测领域。例如，有学者提出基于改进遗传算法优化 WNN 的态势预测模型，使用改进的遗传算法（Improved Niche Genetic Algorithm，INGA）来优化 WNN 的训练参数，用以解决通用遗传算法早熟收敛的问题；还有学者提出使用最大重叠离散小波变换（Maximal Overlap Discrete Wavelet Transform，MODWT）结合 WNN 的态势预测模型，利用 MODWT 更好地捕获时间序列的相关性特点，利用 Hurst 指数发现时间序列数据的长周期性，最终模型能实现较好的长周期预测准确率，然而迭代预测方法会使当前层的误差传播到下一层。此外，针对小样本预测问题的模型构建，一些学者尝试将灰色系统理论与神经网络结合起来构建灰色神经网络（Grey Neural Network，GNN），用于安全态势预测。但由于灰色神经网络容易因收敛过快而陷入局部最优解，因此他们在使用灰色神经网络的基础上应用多混沌粒子群优化算法（Multi-swarm Chaotic Particle Optimization，MSCPO）优化灰色神经网络的关键参数，以实现更好的预测效果。

　　NSSA 作为态势感知的一个重要应用场景，在工业互联网中扮演着重要的角色，不仅是维护网络安全的重要手段，也是从传统被动防御走向主动防御的重要手段，今后将会继续大放异彩。

12.1.3　内生安全

　　传统的边界防御在网络安全中一直扮演着重要的角色，是安全防护的重要阵地。随着新型攻击方式及种类的增多，以及云计算等新型服务方式的出现，传统的防御措施无法应对新的挑战。网络内生安全的定义是：一个软硬件构造或算法除本征（元）功能之外，总存在着伴生、衍生的显式副作用或隐式暗功能，这些副作用或暗功能如果被某种因素触发，将会影响到本征功能的正确表达，这类副作用和暗功能被称为网络空间的内生安全问题。

　　内生安全功能（Endogenous Safety and Security，ESS）是指利用技术系统的架构、功能和运行机制等内源性效应获得的可量化设计、可验证度量的安全功能，其作用域同时涵盖可靠性和可信性领域，其功能有效性既不依赖关于攻击者的先验知识或特征信息，也不依赖（但可以融合）外挂式的传统安全技术，仅以架构特有的内生安全机制就能抑制基于目标系统的内生安全问题。网络空间内生安全具有"改变网络空间攻防不对称游戏规则"的变革性意义，能够抵消基于"隐匿漏洞、设置后门"的不对称战略局势，也预示着"可设计、可验证"的内生安全必将成为新一代信息系统或控制装置的标志性功能。

内生安全问题主要包括两类问题：第一类是客观导致问题，即在设计、实现和管理软硬件系统的过程中，由于考虑不周、实现错误、维护失误以及第三方脆弱性等客观原因所导致的设计方案之外的功能；第二类是主观引入的问题，即除第一类问题之外，出于某种目的，故意引入的未向用户公开的功能，主要包括后门、特殊管理维护接口等。内生安全问题的存在具有必然性，呈现具有偶然性，认知具有时空差异性，威胁具有不确定性。内生安全问题的产生不以人类的意志为转移，其存在具有必然性。通过各种维度、层次和构件的动态组合，内生安全问题呈现具有极大的偶然性。人们对具体事务的认知水平，也会随着时间和空间的变化而不断发展变化，因此对内生安全问题的认知也具有时空差异。即便是同样的内生安全问题，在不同阶段，采用不同顺序，对不同对象的威胁也是不同的，其威胁具有不确定性。

更进一步讲，由于全球化导致供应链的精细化分工合作，开源软硬件的广泛应用，成本效益的最优化考虑，使得绝大多数信息系统难以彻底使用自己开发的软硬件模块，因而无法避免也难以检查并发现全部的软硬件漏洞与后门。针对内生安全问题引发的不确定安全威胁，目前主要采用基于特征的安全防御方法，只能起到"亡羊补牢，扬汤止沸"的作用，无法从根本上解决。

"内生安全"突破了传统思路，变革了网络安全范式，是一种全新的网络安全体系。通过将安全能力与网络设备深度融合，网络安全不再依附于特定的安全设备与安全机制，信息网络因此拥有强健的安全基因，具备由内而外不断生长的安全能力。"内生安全"具有自适应、自主、自生长等特征，是构建安全可信智能通信网络不可或缺的组成部分。近年来，许多专家学者对内生安全架构进行了积极的研究。此外，还有不少研究聚焦于内生安全的具体技术和应用场景。以下进行举例说明。

（1）有关学者提出了一种由身份管理者、本地 DHCP 服务器、ID 验证者、边界路由器和审计代理 5 种特定安全功能组件组成的具有内生安全特性的网络架构 NAIS。

（2）从具有随机性、时变性和互易性等特征的无线信道展开研究，提出了一种基于射频指纹和信道密钥，融合认证、加密、传输于一体的内生安全通信框架。

（3）在安全光通信方面，提出了一种"通密一体，防传融合"的内生安全光通信结构，并给出了基于"微元"的"三区耦合，两路简并"的微元内生安全模型。

近年来，由于受到地表形态和自然灾害等因素的限制，通信系统基于内生网络通过多标识管理系统将个人、组织和设备所有者的真实身份信息与网络通信标识绑定，要求所有网络分组都携带发出者签名，且至少带有首跳转发路由器的签名，以支持所有网络分组可溯源。同时，引入标识自认证、可信计算和人工智能威胁感知等技术，提升网络体系内生的安全强度。

为了解决路由器资源受限以及新型网络标识转发表规模庞大的问题，针对地基网络，设计了基于双曲距离的贪婪路由策略；针对具有星间链路的天基网络，设计了轻量级的基于时延的分布式自适应卫星路由算法；针对不同的应用场景，设计了不同的路由方案和转发策略。天地一体化多标识网络路由模型如图 12.8 所示。

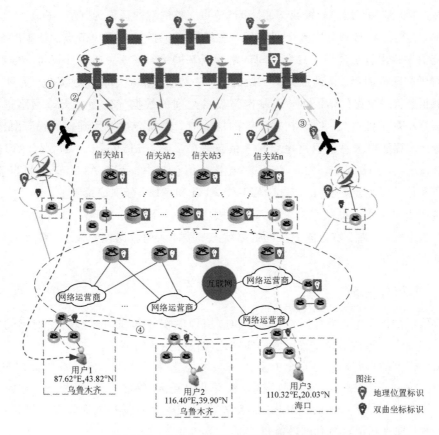

图 12.8 天地一体化多标识网络路由模型

基于双曲模型的天地一体化协同路由方案将网络拓扑嵌入双曲空间中，计算出映射后节点的双曲坐标。路由时采用贪婪策略，依赖较少的路由信息，当前节点仅需计算每个邻居节点和目的地节点之间的双曲距离，并优先选择距离最小者进行转发，可以有效解决转发表规模指数膨胀问题。由于卫星高速运动，星上存储空间以及运算能力不足，因此采用基于时延的概率路由在一定程度上可以减少数据包传输的时延，降低网络出现拥塞的可能性。基于天基网络和地基网络在可操作性与性能之间存在的差异，根据不同的应用场景灵活设计天-天、天-地、地-地之间的协同路由方案，优化转发策略并提高路由成功率。天地一体化多标识网络的标识空间采用层级化的思想，将网络域划分为 k 个层级，并将各层级域的网络拓扑分别映射到双曲空间，此时每个域节点的边界路由器均被分配一个双曲坐标作为该域节点的双曲标识。每个域节点本地记录自身的双曲标识和一定数量（比如 $20 \sim 50$ 个）同等级邻居域节点的双曲标识。假设网络标识域划分为 k 个层级，k 由实际需求与拓扑稳定性确定，每级路由器能支持 N 个网络标识，依次对每一层级的网络拓扑做双曲嵌入，得到各个层级节点的双曲坐标集合 (R_i, Θ_i)，其中 $i = 1, 2, \cdots, k$。划分后的网络支持 N_k 数量级的网络标识空间。以三级网络域为例，一级域包含多个域节点，把一级域节点组成的网络拓扑嵌入双曲空间，得到一级网络域的双曲坐标集合 (R_1, Θ_1)，将其作为节点的双曲标识指引一级域间路由；再将一级域划分为多个二级域，把二级域节点形成的网络拓扑嵌入双曲空间，得到二级网络域的双曲坐标集合 (R_2, Θ_2)，将其作为节点的双曲标识指引二级域间路由，考虑到其归属的一级域，则二级域节点完整的双曲标识为"$(R_1,\Theta_1):(R_2,\Theta_2)$"；以此类推，再将二级域划分为多个三级域，三级域内包括各个用户节点。基于时延的分布式自适应卫星路由算法适用于具有星间链路的天基网络，该算法通过计算每个候选下一跳的传播时延和队列时延，得到选择下一跳的概率，然后按照概率转发数据包。另外，在天基网络负载低、状态良好的情况下，天基网络设备之间的数据优先通过天基网络进行传输；当天基网络出现负载过高、链路状态失效的情况时，数据会被下发到信关站，由地基网络进行中继。该算法要求每个卫星建立接入信息表（Access Information Table，AIT）和状态信息表（Status Information Table，SIT）。在接入信息表中，表项 AITs 记录与当前卫星连接的用户和信关站信息，表项 AITu、AITd、AITl 和 AITr 分别记录其上、下、左、右方向卫星连接的用户和信关站信息。在状态信息表中，表项 SITu、SITd、SITl 和 SITr 分别记录当前卫星上、下、左、右方向卫星的链路状态、缓冲队列数据包的大小、缓冲队列负载和信道衰减系数。

12.1.4　零信任安全

在零信任的概念中，所有用户、设备和应用程序在外部和内部都将受到相同的对待，其中初始的安全态势在不同位置区域的实体之间没有隐含的信任。

零信任模型的核心理念是安全专业人员必须停止像对待人一样地信任数据包。相反，它们必须消除可信网络（通常是内部网络）和不可信网络（外部网络）的概念。在此模型中，所有的网络流量都是不可信的。因此，安全专家必须验证和保护所有资源，限制并严格执行访问控制，检查和记录所有网络流量。

零信任安全模型的指导原则是"永不信任，始终验证"，而不是当前的运行模型"信任但验证"。在此模型下，必须根据租户的要求，使用细粒度的周边策略来保护每个已部署的租户微服务，访问系统的每个请求都必须经过身份验证、授权和加密。此外，零信任模型依靠多种预防技术来阻止违规行为并最大限度地减少其破坏，结合实时监视功能以改善其"爆发时间"，即入侵者入侵第一台计算机与它们可以横向迁移到其他系统之间的关键窗口。实时监视对于组织检测、调查和补救入侵至关重要。

零信任模型只是全面安全策略的一个方面。尽管其在保护组织中起着重要的作用，但仅数字功能并不能防止漏洞。因此，必须采用具有各种端点监视、检测和响应功能的整体安全解决方案，以确保其网络的安全性。

零信任与传统的网络安全有很大的不同，零信任遵循的是"永不信任，始终验证"，但传统的网络安全遵循"信任但验证"的方法。传统方法会自动信任组织范围内的用户和端点，从而使组织受到恶意内部参与者的威胁，并允许未经授权的用户进入内部进行广泛的访问。

零信任安全模型不是信任通过防火墙的内容，而是验证每个连接、负载、设备能否被合法地允许访问资源。零信任安全模型可以提高网络可见性、漏洞、检测和漏洞管理，并且阻止恶意软件的传播、提高数据意识和洞察力、阻止内部数据外泄。

零信任网络架构是 Forrester 在 2010 年提出的安全模型，是一种网络/数据安全由实体到实体的方法，是一种区别于传统安全方案只关注边界防护，而更关注数据保护架构的方法。

　　区别于传统边界安全架构，零信任架构提出了一种新的安全架构模式，对传统边界安全架构思路进行了评估与审视，默认情况下不信任网络空间中的任何人员、设备、软件和数据等访问实体，需要基于持续性的实体信任评估对认证和授权的信任基础进行动态重构。零信任网络架构模型核心组件如图 12.9 所示。

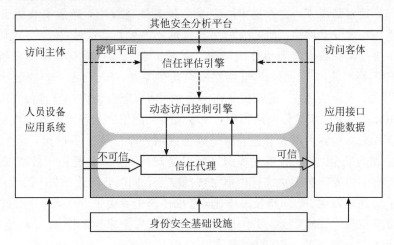

图 12.9　零信任网络架构模型

　　零信任架构模型核心组件由数据平面、控制平面和身份保障基础设施组成。其中，控制平面是零信任架构的支撑部分，数据平面是交互部分，身份保障基础设施是保障部分，控制平面实现对数据平面的指挥和配置。

　　数据平面主要包括信任代理组件。其作为各类访问主体开展业务安全访问过程的交互入口，是实现资源动态访问控制的关键执行点。信任代理将资源访问请求转发至控制平面动态访问控制引擎进行处理，通过身份认证、权限判定等过程实现访问主体合法性验证，验证通过后放行业务请求。同时，信任代理支持对资源访问信息进行按需加密，以提升业务访问过程的安全性。

　　控制平面主要包括动态访问控制引擎和信任评估引擎组件。动态访问控制引擎作为零信任架构控制平面的核心判定点，能够基于身份认证、授权服务、访问控制等基础设施实现与信任代理的协同联动，确保所有访问请求强制认证和动态信任。其中，身份认证过程由传统的单因子、静态认证方式，演进为支持身份认证策略动态调整的强制认证模式。授权服务过程由传统的基于静态规则的权限判定，演进为基于信任等级、安全策略和评估结果的动态权限调整服务。信任评估引擎作为控制平面的中枢神经，是信任评估过程的能力实现点，支持与访问控制引擎的动态联动，为各类实体提供基于信任评估结果的权限策略判定支撑。信任评估引擎通过采集网络空间中各类实体行为日志信息和外部分析平台结果，并综合运用安全大数据分析和智能推理技术，实现实体身份持续融合构建、行为日志持续审计分析、信任程度持续度量评估，支撑动态访问控制过程。

　　身份保障基础设施能够为各类访问主体提供身份管理和权限服务功能，有效支撑零信任架构模型以身份为基石的能力构建。其中，身份管理过程从全生命周期角度实现了对各类网络实体的身份管理，权限服务过程实现了不同粒度的资源访问授权服务，服务模式由传统静态、封闭的固定保障模式逐步演进为动态、灵活的协同服务模式。

随着网络化办公的兴起，网络安全问题越来越多，网络安全边界也变得更加模糊，如果使用老方法解决新问题，则无法保证数据的安全，这就需要采用新的方法来构建安全网络。2011 年，Google 公司启动了 BeyondCorp 安全访问方法，作为一种完全不信任网络，它采用了零信任模型。BeyondCorp 架构的身份认证不是基于网络访问控制的，而是合法用户与受控设备。通常情况下，在数据中心安全防护系统建设中，通过安装防火墙、入侵检测、防毒盾牌等构建安全网络。但随着网络技术的不断发展，这种"安全—风险"的边界也更加模糊，传统的防护技术能力也逐渐弱化。Google 公司通过对安全模型分解、重塑，构建了符合当代网络潮流的 BeyondCorp 网络安全防护系统。BeyondCorp 的设计理念为：所有网络都不可信；以合法用户、受控设备访问为主；所有服务访问都要进行身份验证、授权加密处理。由此可见，在零信任网络当中，根本无须关注用户的登录渠道，因为零信任网络是对"网络"不可信，包括内网和外网，这是因为内网安全边界变得模糊，黑客可以渗透到系统中威胁数据的安全。零信任安全模型之所以受到行业追捧，是由于传统安全架构设计中，企业高投资的边界防护无法确保内部系统的安全。同时，随着 5G、云计算等技术的融入，也加剧了边界模糊化、访问路径多样化，造成传统边界防护无从入手。通过对安全现状分析，风险持续预测、动态授权、最小化原则的零信任安全思维，借助云、网络、安全、AI、大数据的技术发展，推动了零信任安全架构系统时代的到来。

12.2 被 动 防 御

被动防御（Passive Cyber Defense）是指计算机在受到攻击后，计算机系统所采取的安全措施。例如，系统内部的安全审计工具（防火墙或者杀毒软件）扫描或监测出计算机系统内存在木马或者病毒文件，将它们杀死或者永久删除。修复系统漏洞或者 bug 也是被动防御。被动防御也是大部分人口中默认的网络安全防御措施。

被动防御技术主要有以下四种：

（1）防火墙技术。

（2）恶意软件（代码）检测。

（3）流量分析。

（4）拒绝服务攻击。

12.2.1 防火墙

防火墙是保护网络（或主机）免受恶意用户攻击的第一道防线。防火墙是由软件和/或硬件组成的系统，旨在防止未经授权用户访问网络或设备。防火墙这个词是从防火领域借用的，是一种用来限制建筑物内火灾的屏障。

防火墙可拦截网络数据包，并根据特定的防火墙策略决定是否允许或拒绝某些数据包通过它。由于防火墙由许多供应商（如 Cisco、Check Point）开发，防火墙策略语言的语法和语义各不相同。然而，在其核心，用这些规范语言表示的大多数包过滤规则都可以转换成访问控制列表（Access Control Lists，ACL）。ACL 防火墙策略被指定为规则的有序列表。每个规则都有"target→action"的形式，其中 target 指定了一组适用于此规则的数据包，action 说明了应该如何处理该数据包。在 ACL 中，可以将多个规则应用于单个分组，并且将适用于该分组的第一个规则的决定施加到该分组上。这种方法被称为"第一匹配语义"。

防火墙是基于一组规则，处理传入和传出网络流量的网络安全组件。正确配置防火墙的过程非常复杂，而且容易出错，并且会随着网络复杂性的增加而恶化。配置不当的防火墙可能会导致重大的安全威胁。在网络防火墙的情况下，组织的安全可能会受到威胁，而在个人防火墙的情况下，单个计算机的安全可能会受到威胁。

防火墙可用于调节计算机或其他设备与网络之间的网络流量，根据给定的策略接受或丢弃数据包。防火墙可分为两类：

(1) 个人防火墙(Personal Firewall，PF)，旨在保护单个主机免受未经授权的访问。

(2) 网络防火墙(Network Firewall，NF)，旨在保护整个网络的资源。

防火墙也可以根据其工作的 OSI 层进行分类：包过滤器，主要在数据链路、网络和传输层运行；电路网关(也称为状态检查防火墙)，在数据链路、网络、传输和会话层运行；应用网关，在应用层的数据链路范围内运行。

软件防火墙是运行于特定的计算机上的防火墙，它需要客户预先安装好的计算机操作系统的支持，一般来说，这台计算机就是整个网络的网关，俗称"个人防火墙"。软件防火墙就像其他软件产品一样，需要先在计算机上安装并做好配置才可以使用。防火墙厂商中做网络版软件防火墙最出名的莫过于 Checkpoint。使用这类防火墙，需要网管熟悉工作的操作系统平台。

硬件防火墙是针对芯片级防火墙来说的。它们最大的差别在于是否基于专用的硬件平台。目前，市场上大多数防火墙都是这种硬件防火墙，都基于 PC 架构，就是说，它们和普通家庭用的 PC 没有太大区别。在这些 PC 架构计算机上运行一些经过裁剪和简化的操作系统，最常用的有老版本的 Unix、Linux 和 FreeBSD 系统。由于此类防火墙采用的是别人的内核，因此，会受到 OS(操作系统)本身安全性的影响。传统硬件防火墙一般至少应具备三个端口，分别连接内网、外网和 DMZ 区(非军事化区)。现在一些新的硬件防火墙往往扩展了端口，常见四端口防火墙将第四个端口作为配置端口、管理端口。很多防火墙还可以进一步扩展端口数目。

软件防火墙和硬件防火墙最主要的差别在于当受到大量请求类的攻击时，软件防火墙有可能占有当前服务器过多的系统资源而导致系统资源匮乏，而硬件防火墙因为使用自己的硬件设备，所以不会对当前服务器的资源造成影响。

12.2.2　恶意软件检测

恶意软件为一种被植入系统中，以损害受害者数据、应用程序或操作系统的机密性、完整性或可用性，抑或对用户实施骚扰或妨碍的程序。

恶意软件是许多成功网络攻击的有力工具，包括数据和身份盗窃、系统和数据损坏以及拒绝服务；病毒、蠕虫、特洛伊木马、时间和逻辑炸弹、僵尸网络和间谍软件等。

恶意软件的检测可以部署在许多不同的位置。它可能是运行于受感染系统中，监视进入系统的数据、系统中程序的运行和行为的反病毒程序；它也可以是某个组织的网络防火墙或入侵检测系统所维护的边界安全机制的一部分；它还可以分别从主机和边界传感器收集数据，以便以最大的视野了解恶意软件的活动情况。

恶意软件检测技术是恶意软件研究的重要组成部分。检测方法的先进性和完备性，在很大程度上决定了其他恶意软件分析方法的有效性。

基于特征码的恶意软件检测方法用一个已知的恶意数据模式集合去匹配系统中的数据，在应对不断涌现出的恶意软件时，容易表现出响应不够及时、分析成本过高等缺陷，尤其是在面对 0day 恶意软件时，具有较大的漏报率。

基于启发式动态检测恶意软件，其检测规则由系统或用户自行定义，不但增加了系统负载，也无法适应多变的用户需求，经常会出现误报的情况。

当前的恶意软件具有攻击手段多样性、制作技术更加复杂以及隐蔽性更强等特点。新的恶意软件检测技术能够保证在自动或少量人工干预情况下，完成对软件信息尤其是恶意软件特有的信息进行快速提取和识别，使用多类型特征抽象出恶意软件特有的结构或行为，有效的识别 0day 恶意软件，0day 恶意软件的特征很少完全出现在原有的特征库中。新型检测方法需要利用统计或数据挖掘等方式，建立更广谱的检测规则，识别这类恶意软件的新特征，同时还需要保持较低的误报率。

12.2.3　流量分析

网络流量分析在许多网络监控和安全任务中起着重要作用。网络管理员通过对网络流量分析，识别流量中的任何恶意或可疑数据包，维护网络环境安全。在基于流量分析的入侵检测中，可以过滤不需要的流量或防止拒绝服务攻击等。

同时，网络管理员分析下载和上传速度、吞吐量、内容、网络传输性能等，以了解网络操作和流量行为。

网络攻击者使用网络流量分析来识别任何侵入或检索敏感数据的漏洞或手段。

12.2.4　拒绝服务攻击

拒绝服务攻击(Denial of Service，DoS)是指通过耗尽 CPU、内存、带宽以及磁盘空间等系统资源，来阻止或削弱对网络、系统或应用程序的授权使用的行为。常见的在不同网络、针对不同内容的攻击形式包括以下几类。

1. 洪泛攻击

洪泛攻击(Flooding Attack)：最简单经典的 DoS 攻击。洪泛攻击的目标就是占据所有到目标组织的网络连接的容量。攻击者可以利用大型公司的 Web 服务器，来攻击那些有较小容量网络连接的中型公司的 Web 服务器。攻击者可以简单地发送大量 Ping 数据包给目标公司的 Web 服务器，这些流量可以被它们之间路径上的高容量链路所处理，直到到达 Internet 云图中的最终路由器。其中，一些数据包被丢弃，剩余的数据包将会消耗掉到中型公司链路的大部分容量。这将导致该链路出现拥塞，致使其他有效流量被丢弃。

2. 源地址欺骗

源地址欺骗(Source Address Spoofing)：攻击者利用操作系统上的原始套接字接口，制造出具有伪造属性的数据包。在 Ping 洪泛攻击中，数据包到达目标系统，ICMP 回送响应数据包将不能再返送给源系统，而是散发到 Internet 上各种伪造的源地址。其中，这些地址可能对应于真实系统，但是这些系统并不期望收到响应数据包，所以，它们可能会以差错报告数据包响应，这样会增大目标系统的网络负荷。还有一些地址连接请求未被使用或不可到达。对于这些 ICMP 回送响应数据包，可能会返回 ICMP 目标不可达或者将数据包简单抛弃。任何返送回来的数据包，只会加大目标系统的网络拥塞。

3. SYN 欺骗

SYN 欺骗：通过造成服务器上用于管理 TCP 连接的连接表溢出，从而攻击网络服务器响应 TCP 连接请求的能力。

TCP 三次握手：

第一次握手([SYN]，Seq＝x)，客户端发送一个 SYN 标记的、Seq 初始序列号 x 的数据包给服务器，以发起 TCP 连接请求。

第二次握手([SYN，ACK]，Seq＝y，ACK＝x＋1)，服务器在 TCP 连接表中记下这个连接请求信息，返回确认包 ACK 应答，同时还要发送一个 SYN 标记，ACK＝x＋1，Seq＝y 的包，表示让客户端确认是否能收到。将 TCP 连接标记为已连接。

第三次握手([ACK]，ACK＝y＋1)，客户端再次发送确认包 ACK，ACK＝y＋1，表示确认收到服务器的包。将 TCP 连接标记为已连接。

在此协议中，任何数据包在传输过程中都有可能丢失(如由于网络拥塞而丢失)。无论客户端还是服务器都需要跟踪其发送的数据包，如果在规定的时间内没有得到响应，就需要重发这些数据包。因而，基于重发机制的 TCP 协议是一个可靠的传输协议。任何使用 TCP 协议进行数据传输的应用程序都不需要考虑数据包丢失或者重新排序问题。当然，这也增加了系统在管理数据包可靠传输上的开销。

SYN 欺骗正是利用了目标服务器系统上的这种行为而发动攻击。攻击者构造出一定数量的具有伪造源地址的 SYN 连接请求数据包，并发送给目标系统，造成 TCP 连接表永远被填满，而对于正常用户的请求，则不会得到服务器的响应。

4. 分布式拒绝服务攻击

分布式拒绝服务攻击(Distributed Denial of Service，DDoS)：攻击者通过操作系统或者某些常用应用程序的一些熟知的漏洞，来获得访问这些系统的权限，并在上面安装自己的程序。这些被入侵的主机系统就是所谓的僵尸机(zombie)。僵尸机一旦被安装上合适的后门程序，就会完全在攻击者的控制之下。攻击者控制的大量僵尸机组合在一起，就形成了一个僵尸网络(Botnet)。

第13章　系统安全

云计算系统作为整个架构的底层，其安全的重要程度在整个云计算安全中名列前茅，只有保证云计算系统的安全，其他领域的安全才能有保障。在本章中，我们将先介绍系统中的安全威胁类型，包括内外部威胁防控，然后介绍几种安全防御类型，以及如何通过这些手段来保证云计算中的系统安全。

13.1　安全威胁类型

统计表明，在大部分组织中，80％的防御重点是针对外部威胁。绝大部分的尝试性攻击都来自外部而不是内部，但是大多数外部攻击都以失败告终，而大部分内部攻击都能造成一定程度上的威胁。

由于内部威胁往往具有隐蔽性、高危险性，传统手段面对内部威胁时会力不从心。内部人的攻击往往比外部人的攻击更有害。Verizon公司进行的两项研究显示，尽管涉及内部人员案件的可能性低于涉及外部人员的案件，但它们在数据泄露方面的影响更大。

13.1.1　内部威胁防控

随着云计算和大数据技术的飞速发展，越来越多的业务应用构建在数据中心进行统一管理。业务和数据的集中，也意味着目标与风险的集中。数据已经成为企事业单位高价值的资产，包括客户隐私数据（如身份信息、住址信息、财务状况）、商业秘密（如知识产权、销售合同、业务机会）、内部机密（如员工信息及薪酬、财务数据）等，已经成为最主要的攻击目标和窃取对象。

与此同时，在企事业单位中，内部威胁如影随形。由于攻击者具备内部知识，可以直接访问核心信息资产，一旦发生，对企业造成的危害是巨大的；同时，由于来自内部的威胁和攻击相对更加隐蔽和难以防范，传统安全手段已经难以应对，也将面临多种问题。

内部威胁来自组织内部的人，如已授权访问公司数据的员工、外部承包商和业务合作伙伴，对数据和计算机系统内信息组织的恶意威胁。这些威胁可能涉及欺诈，盗窃机密或具有商业价值的信息，盗窃知识产权或破坏计算机系统。内部威胁主要分为三类：恶意内部人员，指利用自己的机会对组织造成伤害的人；疏忽大意的内部人员，即犯错误并无视政策，使组织面临风险的人；渗透者，是未经授权而获得合法访问凭据的外部参与者。

内部人员可能拥有一定的合法访问权限，来执行一些违反安全策略的操作，这些权限可能被滥用以损害组织。内部人员通常熟悉组织的数据和知识产权以及保护它们的方法，甚至能够破坏访问控制与安全策略，这使内部人员能够更容易规避安全措施。与数据的物理接近性意味着内部人员不需要穿越防火墙就可以通过外围侵入组织网络，内部人员可以直接访问组织的内部网络，比外部人员的攻击更难防御。

　　组织的内部人员，如前任或新解雇的员工及系统管理员，可能会滥用他们的特权进行伪装、数据收集或简单的破坏攻击。尽管一些入侵检测系统提供了检测内部威胁的能力，但是仍然很难描述所有威胁的特征，将它们转换成规则，并不能够有效地检测入侵者。同时，检测到假阳性的内部攻击可能会对组织产生严重后果。例如，由于内部威胁的虚假指控对个人和组织的恶劣影响，所以需要组成有预防的，包括严格监管方面的威慑、监视、法律影响或有助于保护系统安全的检测方法和程序。

　　恶意内部人员被定义为符合以下标准的现任或前任员工、承包商或业务合作伙伴：

　　(1) 有权访问组织的网络、系统或数据。

　　(2) 故意超出或故意使用未经允许的访问权限，从而对组织信息或信息系统的机密性、完整性或可用性产生负面影响。

　　为了防范内部威胁，可以使用安全分析手段警告异常行为。例如，通过对企业员工上网行为、内容、内网用户业务访问操作行为、终端行为等多方面的数据进行汇聚分析；通过基线分析和机器学习，感知异常行为，发现内部威胁情况，及时进行告警和阻断处理。典型的异常行为包括尝试访问不属于正常工作功能的敏感数据；尝试获取正常流程之外的敏感数据的访问权限；敏感文件夹中的文件活动增加；尝试更改系统日志或删除大量数据；从公司以外通过电子邮件发送的大量数据；无法正常工作。

　　组织要能够识别威胁并采取措施，要监视核心数据源上的文件、电子邮件和活动，识别并发现敏感文件所在的位置，确定谁可以访问该数据以及谁应该访问该数据，让数据所有者负责管理其数据的权限，并迅速使临时访问权过期。当检测到可疑活动或行为时，禁用或注销可疑用户，确定哪些用户和文件受到影响，验证威胁的准确性和严重性，并警告相应的团队(如法律，人力资源，IT，CISO)进行整治，必要时还原已删除的数据，删除内部人员使用的任何其他访问权限，扫描并删除攻击期间使用的所有恶意软件，重新启用任何规避的安全措施，调查安全事件并进行取证，并根据需要拉响合规性警报和申请监管机构的介入。

　　另一种检测不当行为的方法是从几个传感器收集的相关证据，以自下而上的方法推断内部人员的恶意意图；日志分析也是研究人员提出的处理内部威胁的一种方法，确切的方法取决于人们想要关注的内部威胁类别；可以使用异常检测或基于统计特征的方法检测入侵者，因为入侵者不太可能以一致的方式表现为模仿的用户。在不当行为的情况下，基于网络的方法来检测违法行为，或者从高层目标对内部人员的行为进行自上而下的结构化分析更合适。

　　除此之外，内部人员可分为三类：

　　(1) 伪装用户，即窃取合法用户身份并冒充为合法用户的个人。

　　(2) 非法用户，即被授权使用系统和访问信息但滥用其权限的合法用户。

　　(3) 秘密用户，即逃避访问控制和审计机制的个人，在成为伪装用户或非法用户之前是未知的。

　　其他分类侧重于内部人员的意图。例如，将内部人员的意图分为三类：

　　(1) 窃取信息，也称为间谍活动，从组织中窃取机密或专有信息。

　　(2) 当有人在任何意义上伤害组织或组织内人员时，进行信息技术破坏。

　　(3) 当有人从组织中获得不合理的服务或财产时进行欺诈。

　　这些分类之间存在一定的相关性。例如，伪装者更有能力实施欺诈，而不法行为者更有能力实施间谍活动和破坏。

　　信息安全中"个人"是最难控制的安全风险因素，它就像一颗埋藏在组织中的炸弹，只是不知道何时引爆。因此，在安全管理实践中组织应时刻保持警惕，认真审视和对待内部人员威胁。应根据自身情况尽可能提升内部安全风险管控能力，通过预防、阻吓、检测、阻断、更正等措施提高内部恶意人员的攻击成本，减少内部非恶意人员在工作中的犯错概率，以降低其给公司带来的损失和修复成本。

13.1.2　外部威胁防控

　　外部威胁也称为远程攻击，外部攻击可以使用的方法包括搭线、截取辐射、冒充为系统的授权用户、冒充为系统的组成部分、为鉴别或访问控制机制设置旁路、利用系统漏洞攻击等。网络技术拓展了软件的功能范围，提高了其使用方便程度，与此同时，也给软件带来了更大的风险。

　　当前，软件系统面临着非常严重的外部威胁。由于软件被应用于各种环境，面对不同层次的使用者，软件开发者需要考虑更多的安全问题。同时，黑客和恶意攻击者可以比以往获得更多的时间和机会来访问软件系统，并尝试发现软件中存在的安全漏洞。外部防御只要被攻破一点，就会带来重大的损失。攻击者会找那些有漏洞的主机试验攻击代码。一个暴露的主机，不管是路由器、防火墙，还是其他面向外部的设备，都会带来严重的后果。

　　同时，潜在网络威胁的影响已经从恶意使用人工智能技术扩展到更大规模和更强大有效的攻击。网络犯罪分子已经开始改进他们的技术，融合物联网黑客、恶意软件、勒索软件和人工智能，以此发起更强大的攻击。由于攻击具有相互关联性和智能性，因此每个人都处于风险之中。

　　恶意使用人工智能技术会改变威胁格局。人工智能领域可划分为基于规则的技术和基于机器学习的技术，后者允许计算机系统从大量数据中学习。网络犯罪分子学习使用人工智能技术增强的学习方法，并通过自动化攻击过程将其武器化，转向具有学习能力的人工智能技术，如深度学习、强化学习、支持向量机和遗传算法，可能会产生意想不到的后果，如以更有效的方式促进犯罪行为。人工智能还可以支持网络犯罪活动，而无须人工干预，如自动化欺诈和基于数据的学习。

　　IBM 研究人员正在研究技术和能力的演变，以识别新的威胁种类，如与人工智能驱动攻击相关的威胁。最近的一份报告指出了在三个安全领域——物理、数字和政治安全领域恶意使用人工智能的潜在威胁，并提出了防止和减轻这些威胁的高级建议。在"The Malicious Use of Artificial Intelligence：Forecasting，Prevention，and Mitigation"一文中，Brundage 等人提出了一些假设场景，以代表人们未来可能看到的攻击类型。人工智能能力的日益使用，将在当前的威胁格局中显示出三种变化：

　　（1）现有威胁的扩展，这种扩展处理劳动密集型网络攻击，以实现大量潜在目标和低攻击成本。

　　（2）引入新的威胁，处理对人类来说不切实际的任务。

　　（3）改变威胁的典型特征，这涉及威胁环境中目标明确、自动化、高效、难以定性和大规模攻击的新属性。

　　随着网络应用越来越广泛，来自网络外部的威胁类型也日益增多，因此，必须及时识别并妥善解决相关的外部威胁才能维护好网络空间安全。常见的外部威胁大致分为以下几类：

(1) 应用系统和软件安全漏洞。随着软件系统规模的日益增大，新的产品不断被开发出来，系统中也不可避免地存在安全漏洞或"后门"。在程序员界流传着一句至理名言，即这个世界绝对不存在没有漏洞的软件或系统。比如，我们曾经使用过的所有操作系统，或多或少都存在着不同的安全漏洞，各类网站、桌面软件、智能终端 App 等都被发现过存在安全隐患，所以，这些系统或软件才会及时更新补丁。

(2) 安全策略。安全策略配置不当也会造成安全漏洞。比如说，防火墙的配置不正确，不但不起作用，还会带来相当多的安全隐患。许多站点在防火墙的配置上无意识地扩大了访问权限，却忽视了这些权限可能会被其他人员滥用。

(3) 后门和木马程序。在计算机系统中，后门是指软件、硬件制作者为了进行非授权访问，而在程序中故意设置的访问密码。后门会对处于网络中的计算机系统结构构成潜在的严重威胁。木马程序(Trojan Horse Program)是指潜伏在计算机中，可受外部用户控制以窃取本机信息或者控制权的程序。木马程序会带来很多危害，如占用系统资源、降低计算机效能、危害本机信息安全(盗取 QQ 账号、游戏账号甚至银行账号)，以及将本机作为工具来攻击其他设备等。

(4) 病毒及恶意网站陷阱。目前，数据安全的主要威胁是计算机病毒，它是编制者在计算机程序中插入的破坏计算机功能或数据，影响硬件的正常运行并且能够自我复制的一组计算机指令或程序代码。恶意网站中往往挂有很多木马病毒或恶意软件等，通过引诱用户浏览、点击链接而使其陷入陷阱。

(5) 黑客。大家对于黑客可能并不陌生，他们是一群利用自己的技术专长，专门攻击网站和计算机而不暴露身份的计算机用户。黑客通常掌握着有关操作系统和编程语言的高级知识，并利用系统中的安全漏洞非法入侵他人的计算机系统，对于网络用户的危害性很大。

(6) 安全意识淡薄。目前，网络安全问题上还存在不少认知盲区和制约因素。虽然网络已经成为日常生活元素，但是大多数人主要将网络用于学习、工作和娱乐等，对于网络安全的重视程度、网络信息的安全性无暇顾及，安全意识相当淡薄，对网络空间不安全的事实认识严重不足。

13.2　安全防御类型

从上面介绍的安全威胁类型可知，想要保证云计算系统的安全，不仅需要防范来自外部的安全攻击，更应该时刻提防内部的安全攻击。接下来我们介绍五种安全防御类型，从内外部对安全威胁进行防御。

13.2.1　权限监管

权限服务是一种非常基础的服务，需要保证不同角色的用户能够访问不同的资源，即普通用户，只能访问普通的资源；管理员等更高级的用户，可以拥有更多的权限。

外人无权访问任何组织资产，任何试图这样做的行为都是非法的。在数字世界，这种企图是一种攻击(可能成功，也可能失败)，而在现实世界中，这是一种盗窃或企图盗窃。

外部人员首先需要获得对组织内部核心的访问权限才能利用其资产，而内部人员已经获得了访问权限。但是，尽管内部人员有权访问信息，但他们可能无须了解此信息即可执行其职责。此外，访问信息的需求不是一成不变的，因此，访问权限需要管理。例如，个人的访问权限必须在项目完成、工作职能变更和工作终止时进行相应更新。但是，访问权限的管理可能会不足，并且会随着时间的流逝而恶化，从而给内部人员提供了滥用权限的机会。

与授权访问有关的另一个方面是授予过程本身的责任。在完整记录谁、何时以及为什么授予每次访问的日志之间需要权衡，这需要花费时间和精力进行执行和分析，以及对工作环境效率的需求。在实践中，很难实现完全问责制，这再次为内部人员提供了滥用权限的机会。

外部内部人员需要获得对组织资产的访问权限，以履行业务方之间的合同。根据安全最佳实践，如国际标准化组织(ISO)27001 和 27002 标准，这种访问的范围和资产应由风险评估产生所需的特权。当需要授予外部和内部人员访问权限时，合同可能会变得模糊不清，通常不包含所需的详细信息。因此，这些准则认识到，在个体基础上进行风险评估可能是不可行的(实践中通常会发生这种情况)，需要商定标准的访问策略。

13.2.2　行为审计

应对内部威胁的防护措施，除了在管理层面上对用户行为的规范化管理以外，主要是靠技术层面上建立事中审计和事后追踪机制。

由于云计算本身携带的不可信性质，所以，需要一种高效的云安全审计机制来负责云计算系统的安全。对数据进行审计追踪，是用户对委托到云存储的数据安全保护的重要需求。在数据外包到不完全可信的云服务提供商(CSP)后，用户对数据脱离自己控制的担忧，自然引发了对云上数据进行审计追踪的需求。

通过行为审计机制，可以收集内外威胁在云系统中执行破坏时所留下的痕迹，并保存到特定的数据库中，用于满足管理需要或合同义务，此外，这些信息还可以用于入侵检测的特征分析，以加强云系统的防御能力。图 13.1 展示了行为审计的整体流程。

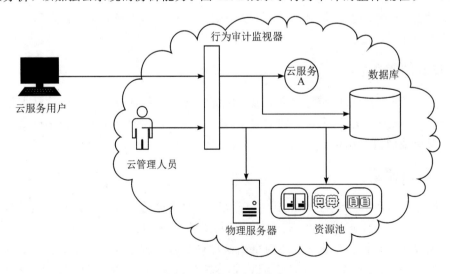

图 13.1　行为审计流程

图 13.1 中,不管是云系统外部的云服务用户还是云系统内部的云管理人员,他们对云系统内部的 IT 资源进行访问或者修改的请求都将经过行为审计监视器,之后这些请求还是正常定位到目的资源上,但是请求的踪迹会被记录到数据库中,用于以后的查询或其他用处。

13.2.3　日志分析

网络信息安全行为监测可以从安全设备和信息安全系统中,收集各种网络安全事件和网络安全日志数据,并进行数据挖掘,整合安全态势,为以后的信息安全和网络趋势研究提供服务。

日志分析对网络环境中各类设备产生的记录进行分析,通过分析网络环境中的各类改变,及时发现网络威胁的过程。日志由一系列可编程技术生成,包括网络设备、操作系统、应用程序等。日志由一系列按时间顺序排列的消息组成,这些消息描述了系统内正在进行的活动。日志文件可以通过活动的网络方式传输到日志收集器,或者可以存储在文件中以供以后查看。

日志分析是研究人员提出的处理内部威胁的主要方法,即从日志中提取的特征来进行异常检测。根据系统和威胁模型,几乎任何类型的日志(如与防火墙、登录会话、资源利用、系统调用、网络流量等相关的日志)都可以进行安全分析。入侵检测通常需要从相关的日志中重建会话,通常用于发现有安全问题的日志消息。但是,将自由文本日志消息转换成有意义的功能并不容易。

日志分析的安全性可能基于签名,在这种情况下,用户尝试检测已知为恶意的特定行为,或基于异常的行为。其中,用户寻找与典型或良好行为的偏差,并将其标记为可疑。签名方法能够可靠地检测与已知签名匹配的攻击,但对不匹配的攻击不敏感。另一方面,异常方法需要设置一个阈值来判断可疑异常:阈值太低,错误警报使该工具无用;阈值太高,攻击可能不会被发现。

日志数据也可用于预测未来事件的发生。预测模型有助于自动化资源调配、容量规划、工作负载管理、调度和配置优化,或为其提供见解。从商业角度来看,预测模型可以指导营销策略、广告投放或库存管理。预测模型通常会提供一系列值,而不是一个单一的数字,这个范围有时代表一个置信区间,这意味着真实值可能在该区间内。

安全应用程序面临着与众不同的挑战。为了避免引起日志分析工具的注意,攻击者将尝试以一种方式进行攻击,使攻击过程中生成的日志与正确操作过程中生成的日志完全或近似相同。对于不完整的日志,日志分析工具不能做太多事情。开发人员可以尝试提高日志记录的覆盖范围,从而使对手更难避免留下其活动的证据,但这并不一定使区分"健康"日志和"可疑"日志变得更加容易。

总之,随着日志数据量、日志类型、用户数量、分析需求等的不断增长,越来越多的困难会逐渐展现出来,日志分析这项工作会变得越来越有价值,也越来越有挑战。

13.2.4　社会工程

社会工程通过社交网络或其他类型的通信获取私人敏感信息。攻击者可以使用社交工程来获得对社交网络账户的访问,并在很长一段时间内不被发现。攻击的目的是窃取敏感数据和传播虚假信息，而不是造成直接损害。

攻击变得越来越复杂和持久，且会利用用户的漏洞。攻击者已经开始关注随机在线用户的小规模攻击和影响更明显的高知名度组织。在社交网络中，社会工程攻击者通常以拥有高价值信息的大型组织成员为目标，还可能是拥有敏感信息的大型组织或拥有大量追随者的个人账户。金融行业、生产公司和政府都是可能成为目标的组织。

社会工程攻击的意图是尽可能长时间地留在受损账户内，以窃取尽可能多的数据。这种攻击通常资金充足、组织严密、手段复杂。社交工程攻击通常使用有说服力的电子邮件或社交网络联系人，来引诱用户进入恶意网站，以获取用户的更多信息，然后使用这些信息进入用户的组织，以窃取信息或造成进一步的损害。

现在，攻击者通过两种方法使鱼叉式网络钓鱼电子邮件变得更加复杂。

（1）使邮件看起来像来自可信的来源。

（2）使用社交网络，如消息传递和发布，以吸引更多的人访问恶意文件或链接。攻击者通常会在创建有意义的电子邮件和信息之前进行社会工程研究，以获得关于目标组织的关键信息，这些电子邮件和信息似乎是合法的，可以有效地吸引受害者。

社会工程入侵可以被视为一组不同的方法，它们在侦察和物理渗透中使用不同的工具和应用。同时，社会工程会使用各种方法，通过这些方法，信息系统的用户可以被操纵，以操纵器所期望的方式行动。社交工程的平行术语包括用户操纵、社会影响和社交黑客。社会工程没有什么不寻常的，它是我们日常生活的一部分。例如，孩子们试图影响父母实现他们自己的意愿，或者员工试图影响他们的主管加薪。所有形式的社会工程都是通过试图操纵人类行为，实现行为者的意愿来控制人类行为。在信息安全中，社会工程试图影响目标人，以便获得对目标信息系统和信息本身的未授权访问。

13.2.5　安全培训

考虑到组织内部人员享有的访问权限和授权，他们的恶意行为可能会造成重大的损害。在云计算环境中，这种风险发生的概率更大，因为这种活动可能发生在云服务用户或云服务提供商中。所以，对于云系统内部人员来说，在任职期间进行安全培训是必要的。

培训第一步，即是确保云系统内部的技术人员对安全信息有一定的了解，并且能够出示相关的技能证书来证明他们所具备的能力；第二步，就是要保证他们能够正常、安全地使用云系统，这一步可以通过让他们阅读云系统的参考手册以及相关知识的书籍，并在监控下进行实际操作来达到提升技能的效果；最后一步，要让内部人员能够处理系统内部发生的故障，快速定位到问题所在，而这需要通过长期的训练来完成。

那么，对于非技术人员来说，又该如何进行培训呢？对于非技术人员，他们难以操作云系统中的 IT 资源，但是他们有可能通过阅读一定的内部资料了解到云系统的架构以及技术的关键点。这就需要云组织将相关的信息安全政策散布到员工之中，让他们知道相关的法律政策，并加以签名确认，还可以不定时举行安全会议，不断加强员工的安全意识。

第四部分

云计算平台构建

    经过多年的发展，云计算技术已经逐渐成熟，云计算产业规模也不断地扩大。由于云计算能够给企业运营、业务创新等带来明显效果，越来越多的传统行业开始将自身的业务部署到云上，实现企业的数字化转型。目前，云计算已深入到社会的各行各业，大量的云计算平台或云计算项目产品也不断涌现，为各行各业提供服务。

    云计算安全已经逐步从理论研究走向实践应用。一方面，国内外各大云服务提供商积极投入云计算安全建设，部署安全防护方案；另一方面，各个行业也都重视云计算安全问题，结合行业发展特点提出了相应的安全解决方案。这两个方面都有力地促进了云计算安全的改变与发展。

    本部分将依据云计算的三种服务类型：基础设施即服务 IaaS、平台即服务 PaaS、软件即服务 SaaS，分别介绍与服务类型相对应的典型产品或项目，描述对应云计算平台的构建方法，并详细叙述如何搭建使用 OpenStack、OpenShift、NextCloud 等主流平台；之后，将介绍保护云平台安全的相关国内外安全产品或项目；最后，介绍由作者所在的西安电子科技大学网络与信息安全(NSS)团队研发的一个自主可控的云计算平台——DragonStack 轻量级安全多域云平台的特色与使用方法。

第 14 章　IaaS 平台构建

IaaS(Infrastructure as a Service，基础设施即服务)是最简单的云计算交付模式，利用工作负载管理软件、硬件、网络和存储服务等作为计算资源的交付形式，同时，包括操作系统和虚拟化技术到管理资源的交付。IaaS 能够按需提供计算能力和存储服务，这些资源并非是在传统的数据中心购买和安装的，而是根据公司需要，租用这些所需的资源。这种租赁模式可以部署在公司的防火墙之后，或通过第三方服务提供商实现。

14.1　典型 IaaS 产品或项目

14.1.1　Amazon EC2

亚马逊弹性计算云(Amazon Elastic Compute Cloud，Amazon EC2)以提供 Web 服务的方式让使用者弹性地运行自己的亚马逊机器映像(Amazon Machine Image，AMI)，其通过提供可调整大小的计算能力，即 Amazon 数据中心服务器，使用户在这个虚拟机器上部署运行自己的软件或应用程序。Amazon EC2 提供动态可调整的云计算能力，旨在让开发人员更轻松地进行网络规模的云计算。

Amazon EC2 通过使用 Xen 虚拟化技术使每个虚拟机(又称作实例)能够运行 nano、micro、small、medium、large、xlarge、2xlarge 等不同计算能力的虚拟私有服务器。Amazon 利用 EC2 Compute Units 进行硬件资源的分配(一个 ECU 相当于一个 Sandy Bridge 级 Xen 的处理能力)。Amazon EC2 按照用途可以将实例分为以下五大类：

(1) 通用型：提供平衡的计算、内存和网络能力。

(2) 计算优化型：适用于计算密集型的应用，如科学计算、人工智能、分布式分析等。

(3) 内存优化型：适用于高性能数据库、内存数据库、内存密集型应用。

(4) 加速计算型：适用于语音识别、无人驾驶、高性能计算等应用。

(5) 存储优化型：适用于 MapReduce、HDFS 分布式文件系统、网络文件系统、日志和数据处理系统等。

Amazon EC2 基本架构如图 14.1 所示。

AMI 提供启动实例所需的信息，启动实例时必须指定 AMI，可以理解成类似 Ghost 制作的操作系统镜像文件。

Instance 实例是指基于 AMI 运行的虚拟服务器，其根据启动时指定的 AMI 进行配置。实例类型本质上决定了用于实例的主机计算机的硬件，每种实例类型可提供不同的计算和内存能力。

弹性块存储(Elastic Block Store，EBS)为 Amazon EC2 实例提供块级存储卷，类似于原始的、未格式化的块设备，这些存储卷的存在独立于实例的生命周期。用户可以将这些

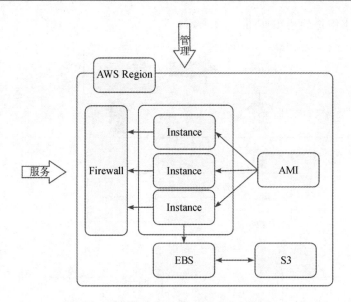

图 14.1　Amazon EC2 结构

卷挂载到实例上，在卷上创建文件系统或者以使用块设备的任何方式使用它们。

　　Amazon 简单存储服务（Amazon Simple Storage Service，Amazon S3）是一种对象存储服务，提供了对可靠、快速和廉价的数据存储基础设施的访问。Amazon EC2 使用 S3 存储 AMI，同时可以存储数据卷的快照，在应用或者系统出现故障时，可以通过快照快速、可靠地恢复数据。

　　用户可以基于一个 AMI 创建出多个 Instance，相当于一个模板可以有多个具体实现。每个 Instance 是一个操作系统，用户可以创建多个 Instance 满足其不同的需求。Instance 中的数据会首先保存到 EBS 上，如果需要永久存储，则可以选择将数据备份到 S3 上。用户可以通过 SSH 等远程连接方式登录到实例中进行操作。由此可见，Amazon EC2 只是提供了一个基本的基础设施，如果涉及用户应用，则需要用户自己进行额外的操作。当然它也提供一些安装了某些软件的镜像，比如安装了 Apache 或者 Tomcat 的虚拟机。

14.1.2　OpenStack

　　OpenStack 是由美国国家宇航局和 Rackspace 公司共同发起的开源项目，旨在为公有云和私有云提供弹性可扩展的云服务。OpenStack 作为一个 IaaS 范畴的云平台，其目标在于提供可靠的云部署方案以及良好的可扩展性，从而实现类似于 Amazon 的云基础架构服务。

　　从创建起初，OpenStack 对标的一直是亚马逊 Web 服务（Amazon Web Services，AWS），因此，OpenStack 的最终目标是实现一个可以灵活定制的公有云 IaaS 软件。但是，由于 OpenStack 的灵活性与开源性质，也可以将其定制为一个私有云软件。正是由于这个原因，OpenStack 作为开源云计算的佼佼者，除了有 Rackspace 和美国国家宇航局的大力支持外，也得到了 Dell、Citrix、Cisco、Canonical、惠普、Intel 和 AMD 等公司的大力扶持。其底层的虚拟机可以支持 KVM、XEN、VirtualBox、QEMU、LXC 和 VMware 等。

OpenStack 基本组件架构图如图 14.2 所示。

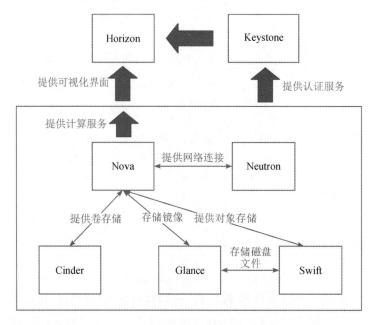

图 14.2　OpenStack 基本组件架构图

图 14.2 中，各个组件的功能如下所述。

Nova：OpenStack 中的计算组件，主要负责提供统一的计算资源抽象，包括物理机、虚拟机和容器等资源的全生命周期管理。

Swift：OpenStack 中的对象存储组件，主要负责提供云存储软件，具有可伸缩性，并针对整个数据集的持久性、可用性和并发性进行优化，是存储非结构化数据的理想选择。

Glance：OpenStack 中的镜像组件，主要负责存储、浏览、共享、分发和管理可启动磁盘镜像，但 Glance 本身并不提供大量数据的存储，因此，镜像文件的持久性存储需要依赖 Swift 等组件。

Cinder：OpenStack 中的块存储组件，主要负责为 Nova 等其他计算组件提供卷服务，目的是将存储资源呈现给最终用户，包括提供高可用性、容错性、可恢复性和开放性标准。

Neutron：OpenStack 中的网络组件，主要负责在其他组件管理的接口设备之间提供"网络即服务"。Neutron 将 OpenStack 的整体物理网络抽象成网络资源池，并通过对物理网络资源进行划分和管理，为其他项目提供独立的网络环境。

Keystone：OpenStack 中的认证组件，主要通过认证 API 提供 API 客户端认证、服务发现和分布式多租户授权功能。其他项目可以通过与 Keystone 单独结合，向用户提供额外的身份认证服务。

Horizon：OpenStack 中的面板组件，为 Nova、Swift、Keystone 等组件提供了一个基于 Web 的用户界面，方便操作人员对整个 OpenStack 服务进行界面化操作。

如图 14.3 所示，Controller Node、Network Node 和 Compute Node 这种三节点架构是 OpenStack 的最小结构。

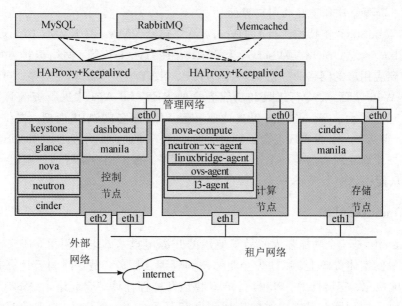

图 14.3　OpenStack 三节点架构

　　Controller Node 提供的服务有：Identity 服务（即 Keystore）、Image Service、compute 的 Nova Management、Networking、Neutron server、ML2 Plug-in 和 Dashboard 图形管理界面。

　　Network Node 需要提供基础的 Networking 服务，包含 ML2 Plug-in（第二层插件）；Layer2 Agent（第二层代理 OVS0），OVS 是用来构建桥、VLAN、VXLAN、GRE 与 Network Node 的节点通信；Layer3 Agent（第三层代理）创建 NAT NS 并构建 NAT 规则、iptables 过滤规则、路由转发规则等；DHCP Agent 用来提供 DHCP 服务，为 VM 提供动态地址分配管理。

　　Compute Node 是运行 VM 的基本节点，它提供的服务有 Compute（计算服务）：Nova Hypervisor、KVM 和 QEMU；Networking：ML2 Plug-in，Layer2 Agent（OVS）。

　　在应用方面，很多企业如 Intel、IBM、新浪等都对 OpenStack 在私有云方面的应用做了测试和部署。新浪联合众多合作者推出了 StackLab 开放实验室，所有对 OpenStack 感兴趣的使用者可以随时使用 OpenStack。在开发方面，除了 Rackspace 公司和美国国家宇航局在大力研发之外，Intel、IBM、新浪以及大量的开源爱好者，都在 OpenStack 开源社区提交了大量的 patch，从而推动了 OpenStack 的快速发展。

14.1.3　CloudStack

　　CloudStack 是一个开源的具有高可用性和高可伸缩性的基础设施，即服务云计算平台，同时，也是一个开源云计算解决方案，旨在部署和管理大型虚拟机网络。其被许多云服务提供商用于提供公共云服务，也被许多公司用于提供内部私有云服务或作为混合云解决方案的一部分。使用 CloudStack 作为基础，数据中心操作者可以快速方便地通过现存基础架构创建云服务。

　　作为顶级的 Apache 项目，CloudStack 是一个全栈式的云服务解决方案，包含了大多数云服务提供商想要的 IaaS 云特性：计算编排、网络即服务、用户和账户管理、完全开放的本地 API、资源监控和友好的用户界面。

目前，CloudStack 支持最流行的 Hypervisor，包括 VMware、KVM、CitrixXenServer、Xen CloudPlatform、Oracle VM server 和 Microsoft Hyper-V 等。网络编排方面实现了从数据链路层到应用层的网络业务协调，如 DHCP、NAT、防火墙、VPN 等。同时，提供了易于使用的 Web 界面、命令行工具和功能齐全的 RESTful API 来进行资源管理。除了拥有自己的云管理平台，CloudStack 也支持亚马逊 Web 服务的 API 模型，提供了 Amazon S3 和 EC2 的兼容 API，为实现混合云解决方案提供了基础。简而言之，CloudStack 可以让用户快速和方便地在现有的架构上建立自己的云服务，帮助用户更好地协调服务器、存储、网络资源，从而构建一个 IaaS 平台。

14.1.4　OpenNebula

OpenNebula 是一个功能强大又易于使用的开源虚拟基础设备引擎，用来动态部署虚拟机器到大量的实体资源上，以便为企业构建和管理云服务，是专门为云计算打造的开源系统。其将虚拟化、容器技术、多租户、自动供应和弹性计算结合起来，在私有云、混合云和边缘云三种不同环境上提供按需的应用程序和服务。OpenNebula 管理的对象分为以下四大类：

（1）应用。OpenNebula 在同一个共享环境中结合来自不同生态系统的容器化应用程序与虚拟机工作负载，提供成熟的虚拟化技术与应用容器编排。

（2）基础设施。OpenNebula 通过结合第三方公共云和 AWS、Packet 等裸金属资源提供商的基础设施以及企业自身内部的私有云，汇聚多云平台的力量，共同形成一个真正的混合云。

（3）虚拟化。OpenNebula 集成多种类型的虚拟化技术来满足企业不同的工作负载需求，包括 VMware、KVM、XEN 等 Hypervisor 管理虚拟机，LXC 系统容器技术用于管理容器云。

（4）时间。OpenNebula 支持自动添加和删除新资源，以满足高峰需求、实现容错策略或延迟需求。

OpenNebula 丰富的接口和许多资源管理、预配置目录，可以快速、安全地构建富有弹性的云平台，可以轻松构建私有云、混合云、公有云。其工作机制相对比较简单，传输方式为 SSH 将虚拟化管理命令传输至各节点，这样做的好处是无须安装额外的服务或软件，降低了软件的复杂性。

14.1.5　Eucalyptus

Elastic Utility Computing Architecture for Linking Your Programs To Useful Systems (Eucalyptus)是一种开源的软件基础结构，主要用于构建兼容 AWS 和私有云的混合云计算环境，其通过计算集群或工作站群实现弹性的、实用的云计算。它的前身是美国加利福尼亚大学 Santa Barbara 计算机科学学院的一个研究项目。如图 14.4 所示，Eucalyptus 主要包含以下六个组件：

Cloud Controller：云控制器，提供了兼容 AWS EC2 的接口以及连通外部的 Web 接口。该组件除了处理由界面传入的用户 API 请求外，还充当云服务的管理接口，管理底层的计算、存储和网络资源，并执行高级资源调度和系统身份认证、配额管理等。

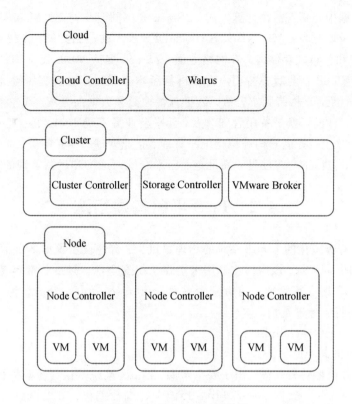

图 14.4　Eucalyptus 组件图

Walrus：主要为云中的所有虚拟机提供持久化存储，并可以作为简单的 HTTP 存储方案使用。该组件存储了虚拟机镜像文件、卷快照和应用程序数据等。

Cluster Controller：是集群控制器，作为 Eucalyptus 中集群的前端，与存储控制器和节点控制进行通信。其主要负责管理虚拟机实例以及集群内部的服务水平协议。

Storage Controller：是存储控制器，相当于 AWS EBS，主要与集群控制器和节点控制器进行通信，并管理 Eucalyptus 中的块设备、卷和特定集群中的虚拟机快照，但是其本身不负责持久化数据的存储，如果虚拟机实例需要将数据写入集群内部，则需要与 Walrus 进行配合。

VMware Broker：该组件是一个可选组件，主要负责在 VMware 环境下提供 AWS 兼容接口，其运行在 Cluster Controller 上，作为 Cluster Controller 与 VMware 之间的中介，可以连接 ESXi 主机与 vCenter Server。

Node Controller：是节点控制器，主要用于托管虚拟机实例并管理虚拟网络端点，该组件从 Walrus 下载并缓存镜像文件，用于创建虚拟机实例，虽然理论上每个集群的节点控制器并没有数量限制，但是其性能还是受限于数量。

目前，Eucalyptus 已为 CentOS 5、Debian Squeeze、OpenSUSE 11、Fedora 12 等操作系统提供软件包。

14.1.6　ZStack

ZStack Cloud 是一款产品化的 IaaS 软件，通过提供完善的 API 来管理包括计算、网络和存储在内的数据中心资源。在计算方面,ZStack 底层同时支持 KVM 和 VMware 虚拟化技术;此外,ZStack 支持 DAS、NAS、SAN 和 DFS 等多种存储类型,支持本地存储、NFS 存储、SAN 存储和分布式存储等;在网络方面,ZStack 支持 VLAN、XVLAN 等多公共网络模型。ZStack Cloud 企业版支持用户自助进行版本升级,升级过程一键完成,无须停止云主机,业务不中断,支持跨版本升级。云平台管控面和数据面分离,无单点故障,任何一个管理节点失联,秒级切换至备用管理节点,云平台业务不受影响。在核心的计算、网络、存储等 IaaS 功能之上,提供异构虚拟化统一管理、企业管理、容灾备份、弹性裸金属管理、可视化资源编排、应用中心等功能,满足企业云平台统一运维和运营管理的需求。

14.2　IaaS 平台构建方法

硬件资源支持虚拟化的 Linux 系统的物理主机。平台建设步骤如下所示。

步骤一,关闭 selinux。该组件主要用来增强系统安全性,但是非常容易出错且难以定位,因此在此处需要将其关闭。编辑配置文件/etc/sysconfig/selinux,将 selinux 设置为 disabled,修改后将服务器重启。

$ vi /etc/sysconfig/selinux

SELINUX=disabled

步骤二,打开内核转发功能。出于安全考虑,Linux 系统默认禁止数据包转发。所谓转发,即当主机拥有多于一块网卡时,其中一块网卡收到数据包,可以根据数据包的目的 IP 地址将数据包转发到本机的另一块网卡,该网卡根据路由表继续发送数据包。编辑配置文件/etc/sysctl. conf,修改以下内容:

$ vi /etc/sysctl. conf

net. ipv4. ip_forward = 1

net. ipv4. conf. default. rp_filter = 0

net. ipv4. conf. all. rp_filter = 0

步骤三,准备镜像文件。将 centos 和 iaas 镜像上传到 Linux 服务器上,创建文件夹/opt/centos 和/opt/iaas,分别将两个挂载镜像到两个文件夹上。

$ mkdir /opt/centos

$ mkdir /opt/iaas

$ mount -o loop centos /opt/centos

$ mount -o loop iaas /opt/iaas

步骤四,配置本地 yum 源。将本地软件源指定为上述镜像内容,在/etc/yum. repos. d 目录下创建 centos. repo 源文件,将以下内容写入到该源文件中,并清空缓存,检查是否配置成功。

$ vim /etc/yum. repos. d

[centos]

name=centos

baseurl=file:///opt/centos

gpgcheck = 0

```
enabled = 1
[iaas]
name = iaas
baseurl = file:///opt/iaas/iaas-repo
gpgcheck = 0
enabled = 1
$ yum clean all
$ yum repolist
```

步骤五，安装 vsftpd。通过配置好的本地 yum 源安装 vsftpd；之后，修改 vsftpd 配置文件，指定匿名用户登录到 ftp 时的默认访问位置；最后，重启 vsftpd 服务，并允许其开机自启。

```
$ yum install-y vsftpd
$ vi /etc/vsftpd/vsftpd.conf
anon_root=/opt/
$ systemctl restart vsftpd
$ systemctl enable vsftpd
```

步骤六，安装 iaas-xiandian。本机上开始安装 iaas-xiandian 软件，并按照要求配置 openrc.sh，将 HOST_IP 修改成本机 IP 地址。

```
$ yum install iaas-xiandian-y
$ vim openrc.sh
HOST_IP=本机 IP 地址
```

步骤七，执行预处理脚本。使用预处理脚本配置 ntp。

```
$ iaas-pre-host.sh
```

步骤八，使用脚本安装 mysql 数据库，并查看数据库默认搜索引擎。

```
$ yum update
$ yum upgrade
$ iaas-install-mysql.sh
$ mysql> show variables like '%storage_engine%';
```

步骤九，使用脚本安装 keystone 组件，并注入变量。

```
$ iaas-install-keystone.sh
$ source /etc/keystone/admin-openrc.sh
```

步骤十，以已有的 domain 新建用户。

```
$ openstack user create --domain demo --password xiandiantestuser
```

步骤十一，使用脚本安装 glance 组件，并创建镜像文件。

```
$ iaas-install-glance.sh
$ glance image-create --name "examimage" --disk-format qcow2 --container-format
bare --progress < /opt/iaas/images/CentOS_6.5_x86_64_XD.qcow2
```

步骤十二，使用脚本安装 nova 组件和 neutron 组件，并配置 gre 网络模式。

```
$ iaas-install-nova-controller.sh
```

```
$ iaas-install-neutron-compute. sh
$ iaas-install-neutron-compute-gre. sh
```

步骤十三，配置网络。创建网络应注意云主机外网的网段和虚拟机的 IP 地址在同一网段，云主机内网随意。

＃创建外网

```
$ neutron net-create ext-net --provider:network_type＝gre --provider:segmentation_id＝1 --router:external
```

＃创建子网

```
$ neutron subnet-create ext-net（自己的内网所在网段）/24 --name ext-subnet --gateway（自己的内网网关）
```

＃创建内网

```
$ neutron net-create int-net1 --provider:network_type＝gre --provider:segmentation_id＝2
```

＃创建子网

```
$ neutron subnet-create int-net1 10. 0. 0. 0/24 --name int-subnet1 --gateway 10. 0. 0. 1
```

＃创建内网

```
$ neutron net-create int-net2 --provider:network_type＝gre --provider:segmentation_id＝3
```

＃创建子网

```
$ neutron subnet-create int-net2 10. 0. 1. 0/24 --name int-subnet2 --gateway 10. 0. 1. 1
```

＃创建路由器

```
$ neutron router-create ext-router
```

＃绑定内外网

```
$ neutron router-interface-add ext-router int-subnet1
$ neutron router-gateway-set ext-router ext-net
```

＃查看子网列表

```
$ neutron subnet-list
```

＃查看子网详细信息

```
$ neutron subnet-show int-subnet1
```

步骤十四，安装 dashboard 面板，Linux 主机搭建 iaas 平台，步骤到此结束。

```
$ iaas-install-dashboard. sh
```

14.3 以 OpenStack 为例的 IaaS 平台应用开发

14.3.1 硬件准备

在支持 CPU 虚拟化的 Linux 系统的物理主机上系统要求为：

（1）至少一张网卡。

（2）内存大小至少 4 GB。

（3）最好配置静态 IP。

本实验介绍在 CentOS7.9 的环境下，采用 RDO 的方式安装 OpenStack 的步骤。

14.3.2　环境配置

步骤一，修改软件源。由于国内根据默认源安装软件速度较慢，因此，可以将本地的 yum 源修改成国内镜像源，此处采用阿里云镜像源。首先进入源文件夹，备份源文件，并获取阿里云镜像源；然后执行更新命令。该步骤涉及的具体指令如下，指令执行过程如图 14.5 所示。

```
# cd /etc/yum. repos. d
# mv CentOS-Base. repo CentOS-Base. repo. bak
# wget -O CentOS-Base. repo http://mirrors. aliyun. com/repo/Centos-7. repo
# yum update
```

```
文件(F)  编辑(E)  查看(V)  搜索(S)  终端(T)  帮助(H)
[centos@localhost ~]$ su
密码：
[root@localhost centos]# cd /etc/yum.repos.d
[root@localhost yum.repos.d]# mv CentOS-Base.repo CentOS-Base.repo.bak
[root@localhost yum.repos.d]# wget -O CentOS-Base.repo http://mirrors.aliyun.com/repo/Centos-7.repo
--2021-08-20 21:56:08--  http://mirrors.aliyun.com/repo/Centos-7.repo
正在解析主机 mirrors.aliyun.com (mirrors.aliyun.com)... 222.75.62.244, 222.75.62.239, 222.75.62.243, ...
正在连接 mirrors.aliyun.com (mirrors.aliyun.com)|222.75.62.244|:80... 已连接。
已发出 HTTP 请求，正在等待回应... 200 OK
长度：2523 (2.5K) [application/octet-stream]
正在保存至: "CentOS-Base.repo"

100%[======================================================================>]

2021-08-20 21:56:08 (739 MB/s) - 已保存 "CentOS-Base.repo" [2523/2523])
```

图 14.5　更新命令过程

步骤二，配置网络。进入/etc/sysconfig/network-scripts/目录下，修改 ifcfg-ens33 文件。该步骤涉及的具体指令和修改的属性值如下，修改后的文件内容如图 14.6 所示。修改后将 ifcfg-ens33 文件名改为 ifcfg-eth0。

```
# cd/etc/sysconfig/network-scripts/
# vim ifcfg-ens33
NAME="eth0"
DEVICE="eth0"
ONBOOT="yes"
```

```
TYPE="Ethernet"
PROXY_METHOD="none"
BROWSER_ONLY="no"
BOOTPROTO="dhcp"
DEFROUTE="yes"
IPV4_FAILURE_FATAL="no"
IPV6INIT="yes"
IPV6_AUTOCONF="yes"
IPV6_DEFROUTE="yes"
IPV6_FAILURE_FATAL="no"
IPV6_ADDR_GEN_MODE="stable-privacy"
NAME="eth0"
UUID="fcb0e9d3-609a-4e0f-a965-799c46c3fd05"
DEVICE="eth0"
ONBOOT="yes"
HWADDR="00:0C:29:7F:1C:EA"
```

图 14.6　网卡配置文件内容

HWADDR＝本网卡 MAC 地址

　　♯ mv ifcfg-ens33 ifcfg-eth0

　　步骤三，修改 grub 文件。首先，进入/etc/default 目录下，修改 grub 文件；然后，在 GRUB_CMDLINE_LINUX 项中，增加 net.ifnames＝0 biosdevname＝0，与原有值之间用空格隔开。该步骤涉及的具体指令如下，内容如图 14.7 所示；最后，更新配置文件。

　　♯ cd/etc/default

　　♯ vim grub

　　♯ grub2-mkconfig -o/boot/grub2/grub.cfg

```
GRUB_TIMEOUT=5
GRUB_DISTRIBUTOR="$(sed 's, release .*$,,g' /etc/system-release)"
GRUB_DEFAULT=saved
GRUB_DISABLE_SUBMENU=true
GRUB_TERMINAL_OUTPUT="console"
GRUB_CMDLINE_LINUX="crashkernel=auto rd.lvm.lv=centos/root rd.lvm.lv=centos/swap
 rhgb quiet net.ifnames=0 biosdevname=0"
GRUB_DISABLE_RECOVERY="true"
```

图 14.7　grub 文件内容

14.3.3　安装部署

　　步骤一，为了防止防火墙、NetworkManager 等网络组件可能造成的问题，我们需要在安装 OpenStack 之前对这些组件做如下配置：

　　♯ systemctl disable firewalld

　　♯ systemctl stop firewalld

　　♯ systemctl disable NetworkManager

　　♯ systemctl stop NetworkManage

　　♯ systemctl enable network

　　♯ systemctl start network

　　步骤二，更新并安装软件。更新 device-mapper，安装 RDO、packstack、OpenStack 等软件，具体指令如下所示。出现如图 14.8 所示的内容，则说明安装完成。

　　♯ yum update device-mapper

　　♯ yum install -y http://rdo.fedorapeople.org/rdo-release.rpm

　　♯ yum install --y openstack-packstack

　　♯ packstack-allinone

```
Copying Puppet modules and manifests                    [ DONE ]
Applying 192.168.68.132_controller.pp
192.168.68.132_controller.pp:                           [ DONE ]
Applying 192.168.68.132_network.pp
192.168.68.132_network.pp:                              [ DONE ]
Applying 192.168.68.132_compute.pp
192.168.68.132_compute.pp:                              [ DONE ]
Applying Puppet manifests                               [ DONE ]
Finalizing                                              [ DONE ]

**** Installation completed successfully ******

Additional information:
 * Parameter CONFIG_NEUTRON_L2_AGENT: You have chosen OVN Neutron backend. Note that this backend does not support the VPNaaS or FWaaS services. Geneve will be use
hod for tenant networks
 * A new answerfile was created in: /root/packstack-answers-20210822-115349.txt
 * Time synchronization installation was skipped. Please note that unsynchronized time on server instances might be problem for some OpenStack components.
 * Warning: NetworkManager is active on 192.168.68.132. OpenStack networking currently does not work on systems that have the NetworkManager service enabled.
 * File /root/keystonerc_admin has been created on OpenStack client host 192.168.68.132. To use the command line tools you need to source the file.
 * To access the OpenStack Dashboard browse to http://192.168.68.132/dashboard .
Please, find your login credentials stored in the keystonerc_admin in your home directory.
 * Because of the kernel update the host 192.168.68.132 requires reboot.
 * The installation log file is available at: /var/tmp/packstack/20210822-115348-__q_Uo/openstack-setup.log
 * The generated manifests are available at: /var/tmp/packstack/20210822-115348-__q_Uo/manifests
```

图 14.8　OpenStack 安装成功

步骤三，登录 OpenStack。根据提示地址访问 OpenStack Dashboard，登录界面如图 14.9 所示。

图 14.9　OpenStack Dashboard 界面

OpenStack Dashboard 登录所需的用户名和密码在 root 目录下的 keystonerc_admin 文件中，具体内容如图 14.10 所示。

```
[root@localhost openstack]# cat /root/keystonerc_admin
unset OS_SERVICE_TOKEN
    export OS_USERNAME=admin
    export OS_PASSWORD='87909c835db04af1'
    export OS_REGION_NAME=RegionOne
    export OS_AUTH_URL=http://192.168.68.132:5000/v3
    export PS1='[\u@\h \W(keystone_admin)]\$ '

export OS_PROJECT_NAME=admin
export OS_USER_DOMAIN_NAME=Default
export OS_PROJECT_DOMAIN_NAME=Default
export OS_IDENTITY_API_VERSION=3
```

图 14.10　OpenStack 登录账号密码信息

使用上面的用户名和密码登录 OpenStack，如图 14.11 所示。

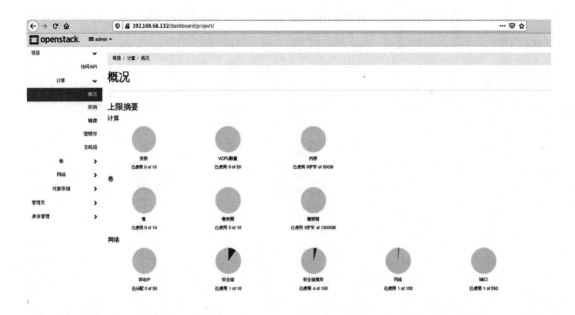

图 14.11 OpenStack 登录成功

第 15 章　PaaS 平台构建

PaaS(Platform as a Service，平台即服务)是一种介于基础设施即服务、软件之间的云计算服务模式，由第三方云服务器提供商提供硬件和应用软件平台。这种服务模式允许客户提供、创建、运行和管理由计算平台和一个或多个应用程序组成的模块化包，而无须构建和维护与开发和启动应用程序相关的云基础设施，包括服务器、操作系统、存储和网络等。

15.1　典型 PaaS 产品或项目

随着容器、编排引擎、微服务、DevOps、无服务器计算等新兴技术的不断出现，云原生时代接踵而至，PaaS 的价值和重要性日益显现。在当前这个市场变化和数字业务转型的时刻，企业面对不断多样化的用户需求、不断复杂化的产品生产周期，其内外部环境也变得越来越复杂。而 PaaS 在技术上通过将云基础设施进行抽象，使得企业在开发产品过程中不再需要考虑底层细节，省去了复杂的 IT 架构构建与运维，开发人员在 PaaS 平台上持续开发、快速交付、不断试错、敏捷迭代，为企业在当前复杂环境中快速发展带来了竞争力。因此，随着 PaaS 价值的凸显，基于 PaaS 设计的产品也不断涌现，成为企业数字化转型的必经之路。

15.1.1　Google App Engine

Google App Engine(GAE，谷歌应用引擎)是一种在 Google 数据中心开发和托管 Web 应用程序的服务，属于云计算中的 PaaS 类别。开发者和企业可以在 Google 的基本框架上构建并运行自己的网络应用程序，不需要维护服务器，因此构建和维护比较简单，并且可随着需求随意扩展，可托管、开发网络应用程序。

GAE 是完全托管式无服务平台，可用于大规模开发和托管 Web 应用。可以从几种流行语言、库和框架中进行选择来开发应用，让平台自身负责配置服务器并根据需求扩展应用实例数目。GAE 应用由包含一项或多项服务的单个应用资源组成，每项服务都可以配置为使用不同的运行时间和性能设置。在每项服务中，用户可以部署该服务的"版本"，而每个版本可以在一个或多个"实例"中运行，具体取决于用户为它配置处理多少流量。GAE 减轻了开发人员的负担，使得他们可以专注于应用程序的前端和功能，从而驱动更好的用户体验。

GAE 具有多种语言选择，可以使用 Node.js、Java、Ruby、C♯、Go、Python 或者 PHP 构建应用。其具有开放灵活的特性，通过自定义运行时，只需要提供 Docker 容器即可将任意框架和库引入 GAE。使用 GAE 防火墙定义访问权限规则可保护应用，并在自定义网域默认使用代管式 SSL/TLS 证书，无须额外费用。可利用 Cloud Monitoring 和 Cloud

Logging 监控应用的运行状况与性能，并借助 Cloud Debugger 和 Error Reporting 快速诊断和修复 Bug。使用 GAE 中的"服务"将大型应用分解为可以安全共享 GAE 功能并相互通信的逻辑组件。通常情况下，GAE 服务的行为类似于微服务。因此，用户可以在单项服务中运行整个应用，也可以设计并部署多项服务以作为一组微服务运行。

GAE 有很大的成本优势。例如，开发者在初期使用 GAE 的时候是不需要支付任何费用的，GAE 为所有应用程序提供最多 500MB 的存储空间以及所需的 CPU 和带宽，以保证应用程序的正常运行。开发者可以免费开发、发布自己的应用程序，不需要承担任何的费用和责任，只有使用超过了免费级别的资源才需要付费，开发成本大大降低。用户可以通过 GAE 为自己的应用程序提供服务，也可以让自己的域为 GAE 提供服务，可以与全世界各地的人共享自己的程序，也可以设置权限，仅允许部分人访问自己的程序。

GAE 提供了一个专门的 Python 语言运行时环境和一个强大的分布式数据存储功能，其中包含查询引擎和事务功能。Python 语言运行时环境包含了 Python 标准库，只能调用符合 Sandbox 限制的库方法。其中，Sandbox 的限制有：应用程序只可以通过电子邮件、提供的网址、API 来访问其他计算机；代码只能在响应访问请求时运行，并且返回响应数据应该在几秒之内完成；应用程序不能对文件进行写入操作。分布式数据存储会随着数据的增加而增长。

GAE 提供了多种服务以及访问这些服务的 API。其中，API 有以下几种：

（1）邮件。应用程序可以使用 Google 的基本架构发送电子邮件。

（2）图片操作。应用程序可以对 png 和 jpg 形式的图片进行裁剪、旋转、扩大、缩小等操作。

（3）网址获取。应用程序可以通过 GAE 的网址获取网络资源。

（4）Memcache。Memcache 为应用程序提供了高性能的缓存，对于临时数据来说，可将它们从数据库中调到缓存中访问，速度大大提高。

15.1.2　Microsoft Azure

Microsoft Azure 是微软旗下的一个不断扩展的云计算操作系统平台，可以托管现有应用程序并简化新的应用程序开发；可以增强本地应用程序；集成了开发、测试、部署和管理应用程序所需的云服务；充分利用了云计算的效率。通过在 Microsoft Azure 中的托管应用程序，开发者可以根据需求的增长，小规模地扩展应用程序。Microsoft Azure 还保证了高可用性应用程序所需的可靠性，并且包括不同区域之间的故障转移功能。给开发者提供了一个可以帮助其开发 Web 应用程序的平台，具有灵活和互操作的特性。

Microsoft Azure 提供 PaaS 云服务主要包含两个组件：应用程序文件和配置文件。这两个组件组合在一起共同形成了 Worker 和 Web 两个角色。其中，Web 指代一个 Azure 虚拟机，其被预先配置为一台 Web 服务器，在启动时加载开发者创建的应用程序；而 Worker 与 Web 共同工作，执行计算功能，保障应用程序平稳运行。如图 15.1 所示，Web 接受应用程序用户的请求，并将其放入队列中，等待 Worker 执行后续处理。Azure 将代表开发者处理操作系统相关的所有繁重工作，而开发者的工作重点是构建一个高质量的应用程序。

目前，Microsoft Azure 提供的 PaaS 服务包含应用服务、Azure Service Fabric、Azure Function、移动应用服务等。

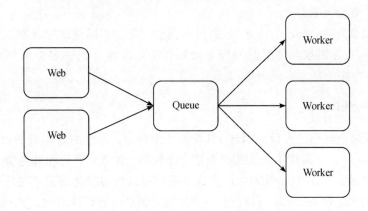

图 15.1　Microsoft Azure PaaS 服务工作流程

1. 应用服务

如果希望以最快路径发布基于 Web 的项目,则可以考虑使用 Azure 应用服务。通过应用服务,可以轻松扩展 Web 应用以支持移动客户端,并发布易于使用的 REST API。此平台通过使用社交提供程序、基于流量的自动缩放、在生产中测试和基于容器的持续部署来提供身份验证。可以创建 Web 应用、移动应用后端和 API 应用。

2. Azure Service Fabric

Azure Service Fabric 是一个分布式系统平台,适用于生成、打包、部署和管理可缩放的可靠微服务。它还提供了全面的应用程序管理功能,用于设置、部署、监视、升级/修补和删除部署的应用程序。这些应用程序在共享的计算机集群上从小规模开始运行,再根据用户需要扩展到成百上千台计算机上。

3. Azure Function

Azure 为了使开发者无须担心构建和管理整个应用程序或运行代码的基础设施,提供了 Azure Function 服务,让开发者直接编写代码,使其自动响应时间。Azure Function 是一个"无服务器"风格的产品,开发者只需编写所需代码,生成一个 Function,之后 HTTP 请求、Webhook 或者云服务时间将触发代码执行。

4. 移动应用服务

Azure 提供用于 iOS、Android、Windows 等所有主流移动操作系统的 SDK,移动应用的后端可以轻松托管在 Azure PaaS 平台上。该服务支持离线同步的独立能力,所以,即使应用程序用户在离线时也可以使用该应用程序,并在用户重新联机时进行数据同步。Azure 为后端开发提供了完整的解决方案,可以快速地生成移动端应用。此外,Microsoft Azure 在中国地区部分服务不可用,如 Docker 支持以及监视服务等。

Microsoft Azure 有以下几个优点。

(1) 灵活开放。Microsoft Azure 是一个开放的平台,包含了开源系统和软件,支持的语言多种多样,具有灵活开放的特点。

(2) 安全可靠。Microsoft Azure 采用了一系列的安全技术,使得用户使用的平台具有抵抗攻击的能力,保证了用户数据的安全性、完整性;用户对自己的权限和数据进行全权管理,未经用户本人批准的其他用户无权查看;用户了解自己的数据是如何存储以及访问的，透明度高，安全可靠。

（3）经济高效。Microsoft Azure 是根据不同的服务、不同的级别来单独定价的。用户可以根据自己的实际需求，对不同的服务分别付费，改善了统一定价给用户带来的经济浪费。

15.1.3　OpenShift

OpenShift 是由红帽公司(Red Hat)开发的一个自由、开源的容器云平台，其底层基于 Docker 与 Kubernetes，采用了与大规模电信、流视频、游戏、银行和其他应用程序引擎相同的技术，在开放式 Red Hat 技术中的实现使用户可以将容器化的应用程序从单个云扩展到本地和多云环境。OpenShift 可以使开发者构建、测试、运行他们的应用程序，并将其部署到云端，同时支持多种语言的开发，如 PHP、Java 等。除此之外，OpenShift 还提供了多种多样的集成开发工具，为数据库、移动应用提供了很大的支持，是典型的 PaaS 应用。

OpenShift 容器平台为 Kubernetes 带来企业级增强，具体包括以下三点：

（1）混合云部署：可以将 OpenShift 容器平台部署到各种公有云平台或数据中心中。

（2）集成了红帽技术：OpenShift 容器平台中的主要组件源自 Red Hat Enterprise Linux(RHEL)和相关的红帽技术。

（3）开源开发模型：开发以开放方式完成，源可从公共软件存储库中获得。这种开放协作促进了快速创新和开发。

尽管 Kubernetes 擅长管理应用程序，但它又重新指定了管理平台级要求或部署过程。OpenShift 容器平台使用 Red Hat Enterprise Linux CoreOS(RHCOS)，这是一个面向容器的操作系统，结合了 CoreOS 和 Red Hat Atomic Host 操作系统的一些最佳特性和功能。RHCOS 是专门为来自 OpenShift Container Platform 运行的容器化应用程序而设计的，能够与新工具配合，提供快速安装，基于 Operator 的管理和简化的升级。RHCOS 将 CoreOS 和 Red Hat Atomic Host 操作系统的优点结合起来，能够形成新的功能强大的操作系统。

RHCOS 包括以下几部分：

（1）Ignition：是 OpenShift 首次启动和配置系统的配置。

（2）CRI-O：在 Kubernetes 运行时实现，与操作系统结合形成高效的 Kubernetes 体验，完全代替了 OpenShift 中使用的 Docker 容器。

（3）Kubelet：是 Kubernetes 的主要节点，用于监视和启动容器。

OpenShift 自底向上一共包含了 5 个层次：基础架构层、容器引擎层、容器编排和集群管理层、PaaS 服务层、界面以及工具层，下面将对它们依次进行介绍。

（1）基础架构层：提供计算、网络、安全、存储等基础设施，支持在物理机、虚拟化、私有云和公有云等环境上部署 OpenShift。

（2）容器引擎层：OpenShift 的容器引擎为主流的 Docker 容器。采用 Docker 镜像为应用打包方式，采用 Docker 作为容器运行时，负责容器的创建和管理。Docker 利用各种 Linux 内核资源，为每个 Docker 容器中的应用提供一个隔离的运行环境。

（3）容器编排和集群管理层：为部署高可用、可扩展的应用，容器云平台需要具有跨多台服务器部署应用容器的能力。OpenShift 采用 Kubernetes 作为其容器编排引擎，同时负责管理集群。事实上，Kubernetes 正是 OpenShift 的内核。

（4）PaaS 服务层：OpenShift 在 PaaS 服务层提供了丰富的开发语言、开发框架、数据库、中间件及应用支持，支持构建自动化（Build Automation）、部署自动化（Deployment Automation）、应用生命周期管理（Application Lifecycle Management，CI/CD）、服务目录（Service Catalog，包括各种语言运行时、中间件、数据库等）、内置镜像仓库等，以构建一个以应用为中心、更加高效的容器平台。

（5）界面以及工具层：提供 Web Console、API 及命令行工具等，以便用户使用云平台。

OpenShift 的功能强大，具体功能如下：

（1）Red Hat Kubernetes 运营商嵌入了独特的应用程序逻辑，使服务能够正常运行，不是简单地进行配置，而是针对性能进行调整，用户可以通过一键部署快速实现应用及程序的部署。

（2）Red Hat OpenShift 是一个企业级的 Kubernetes 容器平台，具有完整的堆栈自动化操作以管理混合云和多云部署，并经过优化以提高开发人员生产力和促进创新。

（3）内置 S2I 自动化流程工具，使得用户可以实现编写代码和发布镜像的功能。带自动操作和优化的生命周期管理，使开发团队能够构建和部署新的应用程序，并帮助操作团队提供、管理和扩展 Kubernetes 平台。

（4）可以实现多个用户共享网络以及多个用户之间网络的隔离。开发团队可以访问数百个合作伙伴提供的经过验证的图像和解决方案，并在整个交付过程中进行安全扫描和签名。

（5）可以实时地显示应用，具有监视的功能。通过内置的日志记录和监视，操作团队可以看到部署，无论部署在何处，也可以跨团队。

（6）Ansible 实现了自动化部署，为自动化集成提供了接口。

15.2　PaaS 平台构建方法

15.2.1　直接建设方案

步骤一，基础环境配置。

（1）关闭 selinux。该组件主要用来增强系统安全性，但是非常容易出错，且难以定位，因此在此处需要将其关闭。编辑配置文件/etc/sysconfig/selinux，将 selinux 设置为 disabled，修改后将服务器重启。

$ vi /etc/sysconfig/selinux

SELINUX＝disabled

（2）打开内核转发功能。出于安全考虑，Linux 系统默认禁止数据包转发。编辑配置文件/etc/sysctl.conf，添加以下内容：

net.ipv4.ip_forward ＝ 1

net.ipv4.conf.default.rp_filter ＝ 0

net.ipv4.conf.all.rp_filter ＝ 0

（3）设置 * server 节点，在系统目录/etc/hosts 中添加以下内容：

xxx. xxx. xxx. xxx server

xxx. xxx. xxx. xxx client

（4）设置 * client 节点，在系统目录/etc/hosts 添加以下内容：

xxx. xxx. xxx. xxx server

xxx. xxx. xxx. xxx client

（5）借助 Apache CFX 工具上传镜像 XianDian-PaaS-v2. 2. iso，在系统目录/etc/yum. repos. d/docker. repo 中添加以下内容：

［docker］

name＝docker

baseurl＝file：///opt/docker

gpgcheck＝0

enabled＝1

（6）安装 vsFTPd 服务：

yum install vsftpd

vsFTPd 是基于 GPL 发布的类 Unix 系统上使用的 FTP 服务端软件，即 very security FTP。vsFTPd 也是基于 FTP 服务架构的软件，采用 C/S 模式，是一个安全、高效、稳定的服务器。安装完成后，vsFTPd 会创建一个用户组和一个用户。

（7）配置成功的话，可以看到列表。

步骤二，服务安装。

（1）Docker 服务安装。在所有节点执行以下命令安装 docker 环境：

$ yum install -y docker

（2）Docker 仓库部署。

① 导入镜像到镜像仓库中：

$ docker load -i registry_latest. tar

② 使用命令启动容器，并对外映射端口，设置容器运行出错时自动重启：

$ docker run-d-p 5000：5000 - -restart ＝ always - -name registrydocker. io/registry：latest

③ 设置地址。

在/etc/sysconfig/docker 文件中添加下面两行语句，设置仓库地址：

ADD_REGISTRY＝'--add-registry 10. 0. 3. 137：5000'

INSECURE_REGISTRY＝'--insecure-registry 10. 0. 3. 137：5000'

④ 部署 Rancher-Server。

将 rancher-server 导入到镜像仓库中，采用以下命令：

$ docker load -i rancher-server_v1. 6. 5. tar

使用 docker tag 命令给导入的镜像打上标签，以方便后期的快速定位访问：

$ docker tag f89070da7581 10. 0. 3. 137：5000/rancher/server：v1. 6. 5

将镜像推送到远程仓库，给镜像提供备份，采用以下命令：

$ docker push 10. 0. 3. 137：5000/rancher/server：v1. 6. 5

⑤ 使用 docker run 命令启动容器并对外映射端口：

$ docker run -d --restart＝unless-stopped-p 8080:8080 rancher/server:v1.6.5

步骤三，应用模板部署。

(1) 部署 Gogs。Gogs 是一个由 Go 语言开发的、可以简单、快速搭建自助 Git 服务。

(2) 部署 Elasticsearch。Elasticsearch 是一个强大的搜索引擎，可以帮我们对数据进行快速地搜索及分析。

(3) 部署 Prometheus。Prometheus 是一个开源监控解决方案，用于收集和聚合指标作为时间序列数据。

步骤四，部署 Rancher-Server，Rancher 是一个开源的企业级容器管理平台。通过 Rancher，企业不必自己使用一系列的开源软件去从头搭建容器服务平台。Rancher 提供了在生产环境中使用的管理 Docker 和 Kubernetes 的全栈化容器部署与管理平台。

(1) Server1 节点部署。

在节点 1/etc/sysconfig/docker 文件中添加下面两行语句，设置仓库地址：

ADD_REGISTRY＝'--add-registry10.0.3.137:5000'

NSECURE_REGISTRY＝'--insecure-registry 10.0.3.137:5000'

(2) Server2 节点部署。

在节点 2/etc/sysconfig/docker 文件中添加下面两行语句，设置仓库地址：

ADD_REGISTRY＝'--add-registry10.0.3.137:5000'

INSECURE_REGISTRY＝'--insecure-registry 10.0.3.137:5000'

(3) HA 管理的配置。

(4) 添加 client 节点。

步骤五，容器数据卷共享，方便数据之间的互通。

(1) 容器与主机之间映射。

创建/root/html 文件夹：

$ mkdir /root/html

新建 index.html，并在其中添加"I am your host volume HTML."：

$ echo "I am your host volume HTML." ＞ /root/html/index.html

使用 docker run 命令启动 docker 并对外映射端口：

$ docker run -itd --name web -p 81:80 -v /root/html:/usr/share/nginx/html10.0.3.137:5000/nginx:latest

(2) 三个容器之间使用。

使用 docker run 启动 web1 容器，并对外映射端口：

$ docker run -itd --name web1 -p 81:80 -v /usr/share/nginx/html 10.0.3.137:5000/nginx:latest

使用 docker run 启动 web2 容器，并对外映射端口：

$ docker run -itd --volumes-from web1 --name web2 -p 82:80 10.0.3.137:5000/nginx:latest

使用 docker run 启动 web3 容器，并对外映射端口：

$ docker run -itd --volumes-from web1 --name web3 -p 83:80 10.0.3.137:5000/nginx:latest

使用 docker exec 命令进入 web1 容器：

$ docker exec -it web1 /bin/bash

在 web1 容器的/usr/share/nginx/html/index. html 文件中添加" Welcome, I am web1. "：

$ echo "Welcome, I am web1. " > /usr/share/nginx/html/index. html

步骤六，自定义 Docker 网络。

（1）移除原有的服务。

安装 bridge-utils 网桥服务：

$ yum install -y bridge-utils

关闭 docker 服务：

$ systemctl stop docker

关闭 docker0 网桥：

$ sudo ip link set dev docker0 down

（2）自定义新网络。

新添加 bridge0 网桥：

$ sudo brctl addbr bridge0

添加 ip192. 168. 5. 1/24 到 bridge0 上：

$ sudo ip addr add 192. 168. 5. 1/24 dev bridge0

启动 bridge0：

$ sudo ip link set dev bridge0 up

进入/etc/sysconfig/docker 文件中添加下面两行语句：

$ vi /etc/sysconfig/docker

OPTIONS='-b=bridge0'

重新启动 docker 服务：

$ systemctl restart docker

（3）部署启动。

使用 docker run 启动 nginx 容器：

$ docker run -itd 10. 0. 3. 137:5000/nginx:latest

查看新启动的容器信息：

$ docker inspect -f {{. NetworkSettings. Networks. bridge}} 89ac3183748a

步骤七，DockerFile 构建镜像，方便以后通过 DockerFile 文件快速构建 Docker 资源。

（1）上传资源。

（2）编写 DockerFile 文件。通过命令 $ vi DockerFile，打开并创建 DockerFile，在其中添加以下内容：

♯以 centos 容器为 base 容器进行创建

FROM 10. 0. 3. 138:5000/centos:latest

♯在容器中运行命令，删除 yum. repos. d 文件目录

RUN rm -fv/etc/yum. repos. d/ *

♯将 local. repo 复制进 yum. repos. d 文件目录

ADD local. repo /etc/yum. repos. d/

＃将 yum. tar 文件添加进/opt 目录

ADD yum. tar /opt/

＃容器中运行代码安装 java、unzip

RUN yum install -y java unzip

＃设置字符编码为 UTF-8

ENV LC_ALL en_US. UTF-8

＃将 apache-tomcat-7. 0. 56. zip 文件添加进/root 目录

ADD apache-tomcat-7. 0. 56. zip　/root/apache-tomcat-7. 0. 56. zip

＃运行命令解压文件

RUN unzip /root/apache-tomcat-7. 0. 56. zip-d /root/

/＃对外暴露 8081 端口

EXPOSE 8081

＃对文件/root/apache-tomcat-7. 0. 56/bin/ * 添加执行权限

RUN chmodu＋x /root/apache-tomcat-7. 0. 56/bin/ *

＃将文件 jenkins. war 复制进容器/root/apache-tomcat-7. 0. 56/webapps/目录下

ADD jenkins. war /root/apache-tomcat-7. 0. 56/webapps/ROOT. war

＃设置代码运行主目录 CATALINA_HOME

ENV CATALINA_HOME /root/apache-tomcat-7. 0. 56

＃设置容器启动命令

CMD ＄{CATALINA_HOME}/bin/catalina. sh run

（3）使用 docker build -t 命令构建镜像：

＄ docker build -t web：v1. 0.

（4）查询镜像库中是否存在该镜像：

＄ docker images

（5）使用 docker run 启动镜像：

＄ docker run -itdPweb：v1. 0

（6）查看效果。

步骤八，Docker 实现负载均衡。

（1）上传镜像，查看镜像库中是否存在镜像：

＄ docker images

（2）创建 Tomcat1 和 Tomcat2 容器。

使用 docker run 启动 tomcat1 容器，绑定容器卷：

＄ docker run -ti -d -P -h tomcat1 -v /root/www1：/usr/local/tomcat/webapps/ROOT

10. 0. 3. 137：5000/tomcat：latest /bin/bash

使用 docker exec 进入该容器中：

＄ docker exec -it 610c47554b61 /bin/bash

进入/usr/local/tomcat/bin 目录中：

＄ cd /usr/local/tomcat/bin

执行 startup. sh 脚本：

＄startup. sh

（3）创建 nginx 容器。

使用 docker run 命令创建 nginx 容器，并对外映射端口：

＄docker run -itd -p 80：80 --name nginxnginx：latest /bin/bash

使用 docker exec 命令进入容器：

＄docker exec -it b595781ab635 /bin/bash

15. 2. 2　基于 IaaS 平台的构建

随着云计算的发展，在 IaaS 的基础上部署 PaaS 已经越来越容易，主要有三种方式：

1. 采用 Microsoft Azure

该方法原理是在云计算中复制一个已经存在的数据中心平台。该方法需要用户云计算的应用程序存在于数据中心内，并且可以在微软套件上运行，因此使得服务器可以快速地进行部署。该模式下的客户要求使用的是微软公司的产品，且微软拒绝向其他 PaaS 开放 Windows 服务框架。

2. 第三方工具开发

利用第三方工具，如 Cloud Foundry 和 OpenShift，可以让用户从 IaaS 入手，在其基础上添加操作系统和中间件工具来完成云计算平台的部署，从而构建 PaaS 平台。在应用这种方法的时候，有一个很重要的问题就是需要明确镜像的开发和维护工作由谁来做。公共云计算提供者和个人都可以使用这种组合工具的开发方法来进行开发，但是，公共云计算提供者需要保证该平台上会有较多应用程序，且维护和实时更新会耗费大量的资源。

3. 采用平台服务模式

以 IaaS 为基础进行网络服务扩展进而创建一个"平台服务模式"，平台服务将 PaaS 的目标设为增加高度云计算优化或云计算特有的服务，支持任何通过 URL 运行网络服务的应用程序。相比较于前两种方式，该方式主要对云计算进行特别修改或以开发的应用程序为目标，而不是那些从内部部署中迁移过来的应用程序。平台服务提供了更好的灵活性，让新的平台组件支持有价值的云计算应用程序功能，但该方法不能托管操作系统或者中间件。

15. 3　以 OpenShift 为例的 PaaS 平台应用开发

OpenShift 平台提供了一套完善的 Docker 应用平台解决方案，支持部署并能够便捷地管理 docker 容器集群，广泛支持多种编程语言和框架，如 Java、Ruby 和 PHP 等。另外，它还提供了多种集成开发工具如 Eclipse integration、JBoss Developer Studio 和 Jenkins 等，有丰富的社区技术支持，能够满足企业级应用的各种需求。

15. 3. 1　软硬件准备

支持虚拟化的物理主机或虚拟机 Linux，OpenShift 的开发和部署主要是依赖 Linux 系统来实现的，因此，首先安装了该系统。

OpenShift 容器平台安装程序使用了一组目标和依赖项来管理安装。安装程序具有一组必须实现的目标，并且每个目标都有一组依赖项。因为每个目标仅关注其自身的依赖项，所以，通过满足依赖项而不是运行命令，安装程序能够识别并使用现有的组件，而不必运行命令来再次创建它们。

当安装 OpenShift Container Platform 时，从 Red Hat OpenShift Cluster Manager 站点上相应的基础设施提供者页面下载安装程序。

15.3.2 开发部署

步骤一，关闭 SELINUX。

临时关闭防火墙，执行命令如下：

setenforce 0

结果如图 15.2 所示。

```
Password:
[root@localhost 799]# setenforce 0
[root@localhost 799]# sed -i  "s/SELINUX=enforcing/SELINUX=permissive/g" /etc/selinux
/config
```

图 15.2　关闭 SELINUX

使用命令行永久关闭防火墙，执行命令如下：

sed -i "s/SELINUX=enforcing/SELINUX=permissive/g" /etc/selinux/config

结果如图 15.2 所示。步骤二，配置源，方便更快速获取资源。

如图 15.3 所示，在/etc/yum.repos.d/repo.repo 文件中添加如下语句：

cat <<END>/etc/yum.repos.d/repo.repo

[repo]

name=repo

baseurl 设置为源的 url

baseurl =https://mirrors.tuna.tsinghua.edu.cn/docker-ce/linux/centos/7/x86_64/stable/

enabled 设置为 1

enabled=1

gpgcheck=0

END

```
[root@localhost 799]# cat <<END >/etc/yum.repos.d/repo.repo
> ^C
[root@localhost 799]# cat <<END >/etc/yum.repos.d/repo.repo
> [repo]
> name=repo
> baseurl = https://mirrors.tuna.tsinghua.edu.cn/docker-ce/linux/centos/7/x86_64/stab
le/
> enabled=1
> gpgcheck=0
> END
```

图 15.3　配置源

步骤三，安装 docker-ce。执行以下命令，出现如图 15.4 所示的内容，则表示安装成功。

＃ yum install docker-ce

```
Dependency Updated:
  libselinux.x86_64 0:2.5-15.el7
  libselinux-python.x86_64 0:2.5-15.el7
  libselinux-utils.x86_64 0:2.5-15.el7
  libsemanage.x86_64 0:2.5-14.el7
  libsemanage-python.x86_64 0:2.5-14.el7
  libsepol.x86_64 0:2.5-10.el7
  policycoreutils.x86_64 0:2.5-34.el7
  policycoreutils-python.x86_64 0:2.5-34.el7
  selinux-policy.noarch 0:3.13.1-268.el7_9.2
  selinux-policy-targeted.noarch 0:3.13.1-268.el7_9.2
  setools-libs.x86_64 0:3.3.8-4.el7

Complete!
[root@localhost 799]#
```

图 15.4　安装 docker-ce

步骤四，启动 docker，执行命令如图 15.5 所示。

使 docker 服务每次开机自启动，命令如下：

＃ systemctl enable docker

启动 docker 服务，命令如下：

＃ systemctl start docker

```
[root@localhost 799]# systemctl enable docker
[root@localhost 799]# systemctl start docker
[root@localhost 799]#
```

图 15.5　启动 docker

步骤五，安装 OpenShift。

(1) 相关软件下载地址如下：

https://github.com/openshift/origin/releases

(2) 上传到/opt 目录：

＃ mv openshift-origin-server-v3.11.0-0cbc58b-linux-64bit.tar.gz /opt

该目录内容如图 15.6 所示。

```
[root@localhost home]# cd /opt
[root@localhost opt]# ls
containerd  openshift-origin-server-v3.11.0-0cbc58b-linux-64bit.tar.gz  rh
```

图 15.6　下载 OpenShift

(3) 解压文件：

＃ tar -zxvf/opt/openshift-origin-server-v3.11.0-0cbc58b-linux-64bit.tar.gz

(4) 创建软链接：

＃ ln -s openshift-origin-server-v3.11.0-0cbc58b-linux-64bit /opt/openshift

(5) 修改/etc/profile，加入环境变量：

PATH=$PATH:/opt/openshift/

文件内容如图 15.7 所示。

```
unset i
unset -f pathmunge
PATH=$PATH:/opt/openshift/

-- INSERT --                                                      78,1          Bot
```

图 15.7　修改环境变量

（6）执行生效。

source /etc/profile

步骤六，启动集群。

oc cluster up --skip-registry-check＝true --public-hostname＝"10.10.10.114"

步骤七，配置防火墙。

执行命令如图 15.8 所示，设置防火墙通过规则如下：

firewall-cmd --zone＝public --add-port＝8443/tcp-permanent

重新加载防火墙配置，命令如下：

firewall-cmd-reload

```
[root@localhost opt]# firewall-cmd --zone=public --add-port=8443/tcp --permanent
success
[root@localhost opt]# firewall-cmd --reload
success
[root@localhost opt]#
```

图 15.8　配置防火墙

步骤八，浏览器访问 https:// 10.10.10.114:8443，OpenShift 界面如图 15.9 所示。

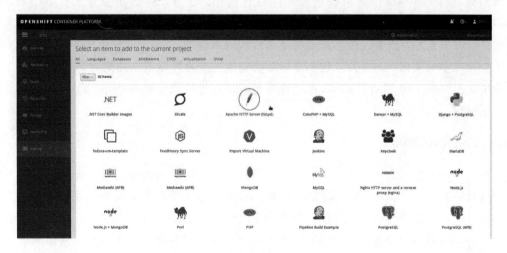

图 15.9　浏览器访问 OpenShift 平台

第 16 章　SaaS 平台构建

SaaS(Software as Service，软件即服务)在三种传统云计算服务模式中抽象程度最高，对于最终用户来说，不需要关心与任何技术相关的内容，所有内容都以服务的方式进行交付。SaaS 提供了一个完整的软件解决方案，用户可以从云服务提供商处通过订阅的方式获取该解决方案的使用许可权。用户获取到应用程序的使用权后，可以通过 Internet 的形式连接到该应用程序进行使用，所有的底层基础设施、中间件、应用程序软件和应用程序数据都位于云服务提供商的数据中心，并由服务提供商对其进行管理。SaaS 通过使用 Web 浏览器逐渐取代传统应用场景中的桌面客户端程序，所有云服务提供商所提供的服务都经由一个浏览器处理，避免了耗费精力管理大量软件，其将应用的最终形态直接交付给使用者，从而向用户暴露尽可能少的技术细节。因此，SaaS 将成为未来应用交付的最优方式。

16.1　典型 SaaS 产品和项目

SaaS 由于其便捷性、按量付费、易访问性、可扩展性、安全性等特点，正逐渐成为企业在激烈竞争的业务环境中寻求快速发展的可行选择。目前，SaaS 正主导云计算市场，据 Gartner 公司预计，到 2022 年，基于服务的云应用行业市值将达到 1437 亿美元。其作为一种软件分发模型，为企业提供了大量的灵活性和成本效益，SaaS 平台简化了业务模型，实现了全面效率最大化，如今大多数企业都在实施各种商业智能策略的同时，使用 SaaS 工具来协助他们完成工作。因此，SaaS 市场逐渐呈现出一片蓬勃生机的状态，面向 SaaS 的产品也不断涌现。

16.1.1　NextCloud

NextCloud 是一款开源的文件同步和共享软件，具有极强的适应性，提供了支持不同应用场景的服务形式。NextCloud 支持共享计算机上的一个或多个文件和文件夹，并将它们与 NextCloud 服务器进行同步。用户可以将文件放在本地共享目录中，然后使用 NextCloud Desktop Client、Android 应用程序或 iOS 应用程序，将这些文件立即同步到服务器和其他设备。

随着现代 IT 基础设施的复杂化，新旧技术、传统与智能存储、公有云与私有云等相互独立的技术不断交叉混合形成新兴服务展现在人们面前。与传统技术相比，新技术为达到高度适应性，应尽量适配现有的体系结构，而不是让使用该技术的 IT 部门为其做出改变，同时，应保护使用者机密信息并防止将它们暴露在危险情况下。因此，在新技术发展的如今，需要一个能够利用现有资源的解决方案，无须复制或移动现有数据的基础架构，能够在受控的情况下，带来一个现代化、可移动和易于使用的体验。

　　NextCloud 通过通用文件访问提供了一个公共文件访问层，将数据保留在原地，并保留其当前用于风险的管理和控制机制。通过利用现有的管理、安全、治理工具和流程，使部署变得更简单、更快速。NextCloud 通过一个简单的界面将云存储、Windows 网络驱动器和传统数据存储中的数据提供给用户，使他们能够访问、同步和共享任何设备上的文件，无论它们在哪里，都由它进行管理、保护和控制。它通过可选的集成通信和协作工具（如在线文档编辑、音频/视频聊天等）来提供附加功能。

　　NextCloud 服务是 NextCloud 架构的核心，可在文件访问和处理之间进行协调，同时使用 Splunk 等 SIEM 工具监视和记录数据访问以进行审核和分析。通过安全的 Web 界面配置 NextCloud 服务，使授权的用户可以控制存储、设置文件访问策略或设置自动文件处理，并能够管理所有用户、启用或禁用功能等。企业目录集成、WebDAV、自定义配置和其他 API 支持与第三方应用程序和平台、openNMS 或 Nagios 等监视工具以及安全密钥管理系统的集成。

　　下面将从服务架构、数据访问、文件处理和存储、身份验证和资源匹配、文件访问控制和处理等方面对 NextCloud 进行详细叙述。

1. 服务架构

　　NextCloud 服务是运行在 Linux Web 服务器（如 Apache 或 NGINX）上的 PHP Web 应用程序。其在数据库中存储文件共享信息、用户详细信息、应用程序数据和配置以及文件信息。NextCloud 支持将 MySQL、MariaDB 和 PostgreSQL 作为数据库，同时，使用 Redis 缓存服务器加快数据访问速度并降低数据库负载。另外，NextCloud 提供丰富的可选功能，如全文搜索、音频/视频聊天或协作的实时办公文档编辑。存储层可以利用可安装在服务器上的任何存储协议，例如，NFS、GFS2、Windows 网络驱动器、CIFS、Red Hat Storage、IBM Elastic Storage 以及与 SWIFT 和 S3 兼容的对象存储；也可以在用户存储中挂载 Windows 主目录、FTP、WebDAV 和外部云存储服务，例如 Google Drive 和 Dropbox。该系统可以基于用户目录条目配置动态分配存储，从而实现数据隔离和多租户部署。

2. 数据访问

　　尽管 NextCloud 为管理员提供了对数据访问和共享的大量控制权，但为了保证工作效率，同时也通过 Web 浏览器、Android 和 iOS 应用程序以及桌面同步应用程序等方式为用户提供了易于使用和熟悉的界面。直观的界面使用户可以轻松地在他们的任何设备上通过 NextCloud 应用访问和共享数据。借助 NextCloud 的行业标准 WebDAV 的支持，用户可以通过各种现有的生产力工具访问文件。

3. 文件处理和存储

　　NextCloud 为用户屏蔽文件系统和存储系统之间的差异。其以标准文件系统格式存储用户文件，支持大多数企业文件存储系统，这使 NextCloud 可以与用于保护、监视、备份和审核 IT 部门中存储的现有工具和工作流无缝协作。可以将存储系统安装在 NextCloud 上运行的服务器上或通过它运行，NextCloud 接口还支持 Swift 和 S3 对象存储或兼容系统、FTP、NFS 等。为了增加额外的保护层，NextCloud 可以通过 Encryption 应用程序对存储中的文件进行加密。同时，NextCloud 也支持第三方密钥管理系统。

4. 身份验证和资源匹配

NextCloud 将现有的账户集成在基础架构中进行处理。Active Directory 和 LDAP 支持提供账户设置、集成和配额管理。SAML 2.0 支持基于令牌的身份验证，而 NextCloud 插件基础结构可通过 REST API 或内部 API，将其轻松集成到其他身份验证系统中。NextCloud 可以集中管理用户组成员身份、存储路径、配额和其他设置，甚至可以同时使用 SAML 和 LDAP/AD，即使用 SAML 进行身份验证的同时，使用 LDAP/AD 进行组管理。NextCloud 还支持 Kerberos 身份验证和 Apache 模块引导的其他身份验证机制。通过与 TOTP 和 YubiKey 配合使用的两因素身份验证支持，提供了额外的安全性，并且可以轻松地扩展到其他 2FA 方案。NextCloud 能够提供 REST API 进行外部用户配置，这通常是中型到大型安装(一万至数百万个用户之间)的首选方法。

5. 文件访问控制和处理

通过文件访问控制和自动文件标记，NextCloud 使管理员能够定义需要严格遵守的规则，从而使管理员可以控制数据访问。如果不应授予特定组或地理区域中的用户访问某些文件类型的权限，或者不应在公司外部共享具有特定标签的数据，那么管理员可以根据上述规定制定访问控制规则，以确保其他 NextCloud 用户强制执行这些规则。Workflow 引擎扩展了这些功能，使管理员可以基于这些触发器启动任何类型的操作。例如，当指定组的成员下载文档时，将文档文件类型转换为 PDF。管理员还可以基于手动或自动设置的标签来控制文件的保留和删除，以确保可以强制执行有关数据寿命长久的法律或实际要求。

16.1.2　Office 365

Office 365 是微软旗下的一种 SaaS 解决方案，其结合了传统 Microsoft Office 桌面应用程序、Microsoft 应用程序服务和一些新的生产力服务，并基于 Microsoft Azure 云平台以可消费服务的形式启用。不同于 Office，Office 365 并不是 Office 的简单升级版本，而是一个全新的服务模式。2020 年 4 月 22 日，Office 365 正式更名为 Microsoft 365，其通过优质的 Office 应用、智能的云服务和高级的安全保障，将 Office 桌面系统的优势与企业的需求结合起来，满足了不同企业的办公需求，为用户提供了一个低价格的云端服务。Office 365 彻底改进了企业内的协作与沟通方式，其本身与其他 SaaS 解决方案一样，具有易访问性，可以在任何连接到 Internet 的地方进行远程访问。其赋予企业更大的生产力，提高了 IT 控制及工作效率的同时减低了企业的 IT 负担。

Office 365 有 5 个版本：小型企业高级版、中型企业版、企业版、家庭高级版以及教育版，下面对这几个版本分别进行介绍。

(1) 小型企业高级版：适用于 1~10 人的小型企业，用户可以随时随地进行沟通，使用简单，并且可以轻松地获得大企业的 IT 能力。

(2) 中型企业版：适用于 10~250 人的企业，该版本的 Office 365 使得用户可以随时随地进行跨设备的沟通，增强了团队合作效率、实现了高效轻松管理。

(3) 企业版：适用于 250 人以上的企业，在企业版中，精心规划和执行的身份基础结构为增强安全性提供途径，包括将工作效率、工作负载及其数据的访问权限限制为仅经过身份验证的用户和设备。该版本不仅可以随时随地使用高效的 Office 功能，还简化了通信工具，使企业运营更加灵活。

（4）家庭高级版：适用于希望在多台设备以及智能机上使用的家庭，使用家庭版的用户可以使用其他共同用家庭版成员的任何可用安装，共享方便。

（5）教育版：主要用于各大学校以及辅导机构课件的编辑与演示，作为教育工具，其对教师和学生之间可以产生很好的互动效果。2017 年，教育版宣布免费。

Office 365 有以下几点商业价值：

（1）专业形象。Office 365 可以使用户的业务一直以较好的一面展现给客户，满足客户的需求；SharePoint 使用户可以按自己的需求对幻灯片进行操作，更好地融入讨论中，具有专业形象的特点。

（2）移动办公。Office 365 可以在 Android、IOS 等多种设备上运行，从而使用户可以在任何地点随意办公。

（3）轻松 IT。Office 365 可以让用户通过单一的网络，即单一的点来控制多个文件或者用户；远程擦除功能保证了丢失设备数据不被泄露的安全性，除此之外，Office 365 还具有防御病毒、恶意程序的功能，达到轻松 IT。

（4）高效协作。Office 365 可提供高清会议、文件共享等功能，使用户可以很好地进行沟通，发表自己的意见；Office 365 创建了单一的文件共享途径，保证了高效性。

Office 365 的特点：

（1）Office 365 是为企业的现代化办公而打造的 SaaS 云服务平台。Office 365 包括 4 个最主要的云服务，分别是 Office Online、Exchange Online、SharePoint Online 和 Skype for Business Online。用户只需要登录到 office 365，便可以随时随地继续工作，即可和同事协同办公、收发邮件、远程视频会议、创建企业门户、文档管理、在线编辑文档、在线数据分析、保存文档至云端，还可以在多达 15 台设备上使用并安装时刻保持最新状态的 Office 软件。

（2）每一个 Office 365 的订阅都对应一个图形界面的控制中心，该控制中心可以完成绝大部分日常的 IT 管理任务。管理员无须编写代码就可以批量新建、迁移或编辑用户；管理员可以在控制中心查看各服务的健康状况及各页面的使用情况；管理员可以很方便地管理垃圾邮件规则，调整具体页面被搜索的优先顺序等，无须从复杂的命令行开始，所"改"即所"得"。

（3）Office 365 易于混合部署。很多企业在云时代到来之前，已经有非常完整的域控、邮件、门户网站和办公软件体系。对于这些企业而言，步入 Office 365 并不意味着"从头开始"，企业也无须担心需要长时间并行两套系统。Office 365 提供了一系列工具和技术支持，可协助用户快速迁移至云服务或实现混合部署，最终降低其对硬件和 IT 运维的投入。例如，针对 AD 的同步，Office 365 提供了 Directory Sync Tool（目录同步工具）和详尽的操作导向。

（4）Office 365 具备可靠的数据安全性。从访问、账号登录、功能应用到企业数据与 Office 365 的同步，每个具体的流程除了最基本的 SSL 安全访问外，都结合极其严格的访问审查制度，实现每步都能记录操作人/时间/行为。该方式确保责任到人、落实到岗、合理合规，且保持 99.9% 的 SLA 服务等级。

（5）Office 365 有灵活的购买策略。Office 365 有不同的套件，小到仅包含"Exchange Online"等单一功能，大到包含目前所有组件的专业版本。用户可以按需选择，也可以在订阅中随时添加所需要的服务，随时添加订阅席位。"订阅"意味着按周期付费，因此，可避免前期的一次性大量投入。每一个个体用户，可以分别在 5 台电脑或 Mac、5 个 Pad 以及 5 个手机，总共 15 个设备上安装和使用 office，同时，用户可以从任何设备、任何地方同步访问到这些设备上的文档。

（6）Office 365 可以进行 APP 的开发。微软对 Office 365 公开了多个 Microsoft Graph API，使用 Azure AD 进行 Microsoft Graph 应用的身份验证，可以对 Office 365 进行二次开发。用户通过 API 对 Office 365 中各个模块的数据进行查询和访问，并通过这个 API 来创建自己的 App。该 App 可以在多个终端、多个平台中运行，可以快捷、轻量级地访问 Office 365 中各个模块数据，例如，在手机中获取最常用的文件，获取重要的邮件和获取组织信息等。

16.1.3　iCloud

iCloud 是由苹果公司于 2011 年 10 月 12 日推出的一款云存储和云计算服务，由 MobileMe 改写而成。iCloud 用户可以将文档、照片、音乐等数据存储到苹果公司的远程服务器上，并可以下载到 iOS、macOS 或 Windows 设备上，同时提供数据共享和发送功能。从 2011 年开始，iCloud 基于 AWS 和 Microsoft Azure 存储其加密文件。iCloud 为用户免费提供 5 GB 的云存储空间，让用户可以在不同的设备上获得自己的数据，同时，iCloud 将苹果上的多种应用紧密地联系在一起，操作性强、用户体验感优秀。

iCloud 主要有以下几种功能：

（1）设备查找。iCloud 具有一键锁定的功能，如果用户将设备丢失，可以锁定自己设备的地理位置。使用 iPhone、iPad、iPod touch 或 Mac 上的"查找"功能，可以定位丢失的设备，锁定并跟踪该设备，或者远程将该设备上的数据进行抹除。用户也可以与朋友和家人共享其位置，并在地图上查看他们所处的位置。在 iCloud.com 上使用"查找我的 iPhone"，可以定位设备，使用"查找我的朋友"，可以定位相关人员。

（2）笔记提醒。iCloud 将 iOS 和 Mac 上的笔记进行同步，用户可以直接在笔记上操作文件。用户通过 iCloud 可以及时在所有关联设备上更新邮件、通讯录、日历、备忘录和提醒事项的内容，在一台设备上做出更改后，所有位置的相关信息都会更新。用户可以通过 iPhone 上的网页浏览器，在 iCloud.com 上使用备忘录和提醒事项，使用电脑或 iPad 上的网页浏览器来查看邮件、通讯录和日历。

（3）备份与恢复功能。当用户在其设备上下载或者购买了任何一个软件，则其他设备上就会自动出现这个软件，用户无须担心多设备同步的问题，只需记住用户名和密码，不会因为设备的不同而出现多次收费的情况。此功能可以同时在 iOS 设备和 iPadOS 设备上开启、锁定，并在接入电源后通过 Wi-Fi 自动备份用户的设备。用户可以使用 iCloud 云备份来恢复 iOS 或 iPadOS 设备，或者无缝设置新设备。

（4）云中文档。iCloud 可以将编辑的文档自动同步到云端，便于不同设备对同一文档的编辑。通过 Pages 文稿、Numbers 表格和 Keynote 讲演进行协作创建文稿、演示文稿或电子表格，然后，通过 iCloud 在其他所有设备上使用。甚至可以在 iCloud.com 网页上对这类内容进行编辑，与朋友和同事共享文件，协作者可以查看所有编辑内容。

（5）照片流。iCloud 照片会自动并安全地储存所有照片和视频，并保证它们在用户的所有设备和 iCloud.com 网页上及时更新。照片的全分辨率原件会上传到 iCloud,而轻量级版本会保留在用户的设备上。此外,通过"共享相簿",可以轻松地与选取的对象共享照片和视频,邀请添加评论并与其共享照片和视频。

16.1.4　**Google Apps**

Google Apps 是由 Google 公司于 2006 开发和销售的一款包含云计算、生产力和协作工具、软件和产品的集合,用于不同地区用户之间的协同工作,以提高工作效率并降低 IT 成本。通过 Google Apps API,开发人员可以扩展 Google Apps 的功能,与其他系统集成,为其公司和其他业务构建新的应用程序。

2016 年,Google Apps 正式更名为 G Suite。G Suite 是一套统一的办公应用,为用户的日常工作提供了多合一的解决方案,包含了 Google 日历、文档、云端硬盘以及 Gmail 等强大工具,同时加入了机器学习,提高了搜寻速度并可根据历史使用进行智能预测。

2020 年 10 月,Google 宣布将 G Suite 正式更名为 Google Workspace。Google Workspace 相比于 G Suite,更加强调增强应用之间的集成,实现了多种应用之间的复合工作。例如,用户可以在聊天的过程中创建文档。

Google Workspace 给用户带来了如下所示的诸多好处:

(1) 文件所有权。企业在使用办公软件的时候,最关心的就是文件的机密性,而 Google Workspace 在用户购买以后,就会赋予用户文件的所有权以及管理权,避免了文件泄露的担忧;Google Workspace 还可以使管理员在公司员工电脑关机的情况下获取文件。

(2) 电子邮件分组。一个企业是由各种各样的部门组成的,因此,在发送邮件通知的时候,因为各个部门各自负责工作的不同,此项工作就会变得很烦琐,Google Workspace 的分组功能较好地解决了这个问题。

(3) 强大的存储能力。Google Workspace 制定的 5 美元/月的套餐可提供 30GB 的存储空间,当然,如果想要更大的空间,可以选择 10 美元/月的套餐。

(4) 分享文件。使用 Google Workspace 同一办公软件的用户之间可以进行一键分享。

(5) 无限制的邮件别名。每个 Google Workspace 用户可以使用多个邮件别名。

(6) 全天候的支持。Google Workspace 可享受全天候的电话、邮件支持,并且可在任意时间享有客户咨询服务。

16.2　SaaS 平台建设方法

16.2.1　直接建设方案

步骤一,更新软件源并安装 MySQL 及其相关依赖,以支持平台的数据存储服务。

$ apt-get update

$ apt-get install mysql-server mysql-client mysql-lib mysqlclient-dev

步骤二,用 root 登录。远程访问用户,编辑启动文件,使用 mysql -u root -p 进入数据库,之后执行如下语句设置访问权限并更新 MySQL 权限供平台使用。

> GRANT ALL PRIVILEGES ON * . * TO'用户名'@'%'IDENTIFIED BY'密码'

WITH GRANT OPTION；

　　＞　　FLISH PRIVILEGES；

　　步骤三，安装 PostgreSQL。使用 wget 从公网拉取源文件，使用 apt update 更新源安装 PostgreSQL，用作关系型数据库管理。

　　$ wget -q -O -https://www. postgresql. org/media/keys/ACCC4CF8. asc | sudo apt-key add -sudosh -c ´echo "deb http://apt. postgresql. org/pub/repos/apt/ $(lsb_release -cs)-pgdg main"＞/etc/apt/sources. list. d/pgdg. list´

　　$ apt update && apt install postgresql-10 -y

　　步骤四，安装 Redis，供数据库访问热点数据，提高数据处理的速度。

　　$ apt-get install redis-server

　　步骤五，安装. Net Core 开源应用平台开发框架，提供代码运行环境。首先使用 wget 拉取 deb 文件，再使用 dpkg 构建和管理 deb 包文件，然后使用 apt-get 安装 apt-transport-https、dotnet-sdk-2. 2、vsftpd 包文件。

　　$ wget -q https://packages. microsoft. com/config/ubuntu/16. 04/packages-microsoft-prod. deb

　　$ dpkg -i packages-microsoft-prod. deb

　　$ sudo apt-get install apt-transport-https dotnet-sdk-2. 2 vsftpd

　　步骤六，新添加用户名、修改用户名密码、新建用户所属组，修改文件/var/www 权限为 777，提供给 FTP 服务使用。

　　$ useradd FTP 用户名 -g ftp -d /var/www

　　$ passwd FTP 用户名密码

　　$ chmod 777 -R /var/www

　　$ usermod -s /sbin/nologin FTP 用户名

　　步骤七，运行. Net Core，以提供代码运行环境。

　　$ dotnet xxx. dll

　　（1）修改服务文件/etc/systemd/system/ ＊ ＊ ＊. service 为以下内容，包括服务文件夹路径、服务文件路径等，将 ASP. net 配置为启动服务。

　　［Unit］

　　Description＝Example . NET Web API App running on Ubuntu

　　［Service］

　　WorkingDirectory＝/var/www

　　ExecStart＝/usr/bin/dotnet /var/www/WebApplication3. dll

　　RestartSec＝10

　　KillSignal＝SIGINT

　　SyslogIdentifier＝dotnet-example

　　User＝www-data

　　Environment＝ASPNETCORE_ENVIRONMENT＝Production

　　Environment＝DOTNET_PRINT_TELEMETRY_MESSAGE＝false

　　［Install］

WantedBy＝multi-user. target

（2）对 kestrel 服务状态进行检测，设置为开机自动启动并开启服务，可以用 systemctl status 查看当前服务状态。

　　$ systemctl enable kestrel-xxx. service

　　$ systemctl start kestrel-xxx. service

　　$ systemctl status kestrelel-xxx. service

步骤八，安装 MongoDB，启动 MongoDB 数据库，使用管理员登录创建普通用户以供使用。

　　$ sudo apt-get install MongoDB

　　$ mongo

　　$ Use admin

　　$ Db. createUser （{ user:" admin ", pwd:" 123456 ", roles：[{ role:" userAdminAnyDatabase", db:"admin"}]}）

16.2.2　基于 IaaS 平台的构建

SaaS 平台提供的服务除了需要使用到自身本层的技术以外，还可以直接部署在 IaaS 层提供的计算资源上。

图 16.1 所示为 IaaS(左)和 SaaS(右)服务架构示意图。IaaS 模式下，用户除了基础设施外不可管理访问之外，可以在该基础设施上进行应用软件或操作系统的部署与运行。对于用户来说，没有权限管理和访问底层的基础设施，包括服务器、交换机、硬盘等，但是用户有权管理操作系统、存储内容，可以安装管理应用程序，甚至是有权管理网络组件。SaaS 给用户提供的权限是使用在云基础架构上运行的云服务供商所提供的应用程序，可以通过轻量的客户端接口或程序接口从各种客户端设备访问应用程序。云端负责管理底层云基础架构，包括网络、服务器、操作系统、存储以及单独的应用程序功能，可能的例外是有限的用户特定应用程序配置设置。

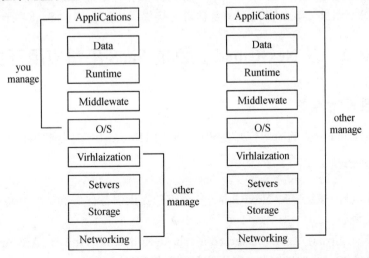

图 16.1　IaaS 和 SaaS 服务架构示意图

在 IaaS 平台的基础上建设 SaaS 平台,首先需要下载安装所需要的操作系统;然后安装数据库和中间件;最后根据用户的实际所需,在系统上部署安装自己所需要使用的应用软件,实现通过网页浏览器直接进入应用软件的 SaaS 服务。

16.2.3　基于 PaaS 平台的构建

SaaS 平台提供的服务除了需要使用到自身本层的技术以外,还需要依赖 PaaS 层的部署和应用。

如图 16.2 所示,PaaS(左)和 SaaS(右)的服务架构中,PaaS 模式下用户需要管理的为应用与数据。而 SaaS 模式下,应用、数据、运行环境、中间件、操作系统、虚拟化、服务、存储以及网络均由云平台来进行管理。对于 PaaS,云服务已经搭建好了基础设施、操作系统、数据库等,用户在使用时只需要在这个搭建好的平台上下载、安装并使用相应的软件。

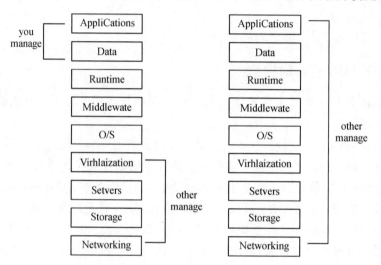

图 16.2　PaaS 和 SaaS 服务架构示意图

在 PaaS 平台的基础上搭建 SaaS 平台,首先应安装并下载所需的应用程序,然后提供相应的数据需求,最终实现通过网页浏览器可直接提供应用程序的 SaaS 平台。

16.3　以 NextCloud 为例的 SaaS 平台应用开发

16.3.1　软件环境准备

搭建 NextCloud 所依赖的运行开发环境,使用 Ubuntu16.04 操作系统。

16.3.2　软件安装

步骤一,Docker 安装。给 NextCloud 各个组件提供服务部署和运行环境,使用 curl 拉取 Docker 安装源:

```
$ curl -fsSL https://get.docker.com | bash -s docker --mirror Aliyun
```

步骤二,MySQL 数据库安装,提供给服务数据存储功能。

```
$ sudo apt-get install mysql-server mysql-client libmysqlclient-dev
```

步骤三，MySQL 数据库设置远程访问，编辑文件。

/etc/mysql/mysql. conf. d/mysqld. cnf 注释掉“bind-address”，使得其他用户可以访问数据库，如图 16.3 所示，并保存退出。

```
# Here is entries for some specific programs
# The following values assume you have at least 32M ram

[mysqld_safe]
socket          = /var/run/mysqld/mysqld.sock
nice            = 0

[mysqld]
#
# * Basic Settings
#
user            = mysql
pid-file        = /var/run/mysqld/mysqld.pid
socket          = /var/run/mysqld/mysqld.sock
port            = 3306
basedir         = /usr
datadir         = /var/lib/mysql
tmpdir          = /tmp
lc-messages-dir = /usr/share/mysql
skip-external-locking
#
# Instead of skip-networking the default is now to listen only on
# localhost which is more compatible and is not less secure.
#bind-address           = 127.0.0.1
#
# * Fine Tuning
```

图 16.3　mysqld. cnf 文件

步骤四，使用 $ mysql -u root -p 进入数据库，执行授权命令，以提供其他用户使用数据库的权限，并重启 mysql 服务，刷新权限并执行如下语句：

> grant all on ＊. ＊ to root@′%′ identified by ′自己的密码′ with grant option

>flush privileges

$ service mysql restart

步骤五，拉取 NextCloud 镜像。使用如下命令查找镜像并拉取：

$ sudo docker search nextcloud

$ sudo docker pull nextcloud

查找结果如图 16.4 所示。

```
syz@syz-virtual-machine:~$ sudo docker search nextcloud
NAME                             DESCRIPTION                                      STARS   OFFICIAL   AUTOMATED
nextcloud                        A safe home for all your data                    2313    [OK]
linuxserver/nextcloud            A Nextcloud container, brought to you by Lin…    377
wonderfall/nextcloud             All-in-one alpine-based Nextcloud image.         96                 [OK]
greyltc/nextcloud                Nextcloud: a safe home for all your data. De…    39                 [OK]
ownyourbits/nextcloudpi-armhf    NextCloudPi ARM docker container                 29
ownyourbits/nextcloudpi          NextCloudPi Docker container (all architectu…    29
arm32v7/nextcloud                A safe home for all your data                    27
lsioarmhf/nextcloud              ARMHF based Linuxserver.io image of nextcloud    17
ownyourbits/nextcloudpi-x86      NextCloudPi x86 docker container                 12
hoellen/nextcloud                Based on wonderfall/nextcloud                    12                 [OK]
benyanke/nextcloud               Fork of wonderfall/nextcloud, since it is ab…    10                 [OK]
crazymax/nextcloud               Nextcloud image based on Alpine Linux            8
rcdailey/nextcloud-cronjob       Runs cron tasks for your Nextcloud instance      5
rootlogin/nextcloud              Docker Nextcloud container                       4
xperimental/nextcloud-exporter   A prometheus exporter for getting some metri…    3                  [OK]
xataz/nextcloud                  Fork of wonderfall/nextcloud                     2
mrrobot245/nextcloud-smb         Nextcloud apache with full install + sudo        1                  [OK]
jeboehm/nextcloud                Multi stage build which uses the official ne…    1                  [OK]
zerpex/nextcloud-ocdl            Nextcloud with ocDownloader pre-requiresites     1                  [OK]
tob123/nextcloud-staging         test repo for nextcloud                          0
torkalis/nextcloudsmb            Nextcloud:Apache Image with smbclient support    0
tob123/nextcloud                 nextcloud container based on alpine and anch…    0                  [OK]
grandmaster/nextcloud-preview    Nextcloud with additional preview providers …    0
indiehosters/nextcloud           Nextcloud docker image for libre.sh              0                  [OK]
sescew/nextcloud                 nextcloud with possibility to inject a scrip…    0                  [OK]
syz@syz-virtual-machine:~$
```

图 16.4　Docker 查找 NextCloud

拉取过程如图 16.5 所示。

步骤六，配置数据库。打开数据库配置文件，在[mysqld]下添加“skip-name-resolve”，保存并退出：

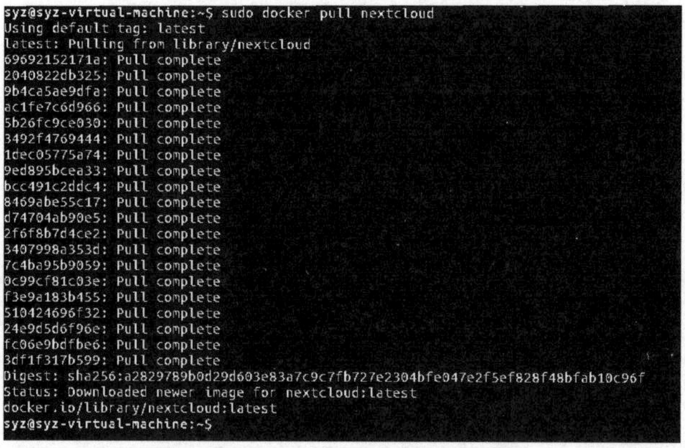

图 16.5　拉取 NextCloud 镜像

$ sudo gedit /etc/mysql/mysql. conf. d/mysqld. cnf

步骤七，新建 NextCloud 数据库，启用 NextCloud 容器：

$ create database nextcloud

（1）为了方便管理及应用用户数据，在自己选定目录下建立 NextCloud/Apps，NextCloud/Data 作为容器的映射路径，分别存放 NextCloud 应用、用户信息文件：

$ mkdir nextcloud/

$ cd nextcloud

$ mkdir apps/ data/ config/

（2）使用 docker run 启动容器，并设置挂载卷和对外映射端口：

$ sudo docker run -d --restart＝always --name nextcloud -p 8000:80 -v/home/syz/nextcloud/data/:/var/www/html/data -v /home/syz/nextcloud/apps/:/var/www/html/apps -v /home/syz/nextcloud/config/:/var/www/html/config nextcloud

其中，8000:80 中 8000 是自定义的端口；80 是 docker 容器端口；/home/syz/nextcloud/apps/根据系统路径进行设置，可以用 pwd 命令获得具体路径。

步骤八，注册使用 NextCloud 服务。

在网页打开对应端口，即可注册使用 NextCloud 服务，NextCloud 登录界面如图 16.6 所示。

图 16.6　使用 NextCloud 服务

第 17 章　云计算安全实践

云计算提供了一种新兴的共享基础架构方法，提供"资源池"化的网络、信息和存储等服务、应用、信息和基础设施等的使用。云计算的按需服务、弹性计算等特点吸引了大量租户。随着云计算服务受欢迎的程度越来越高，其面临的挑战也越来越多，首要的就是云计算安全。云计算安全，也称为云安全，主要由一组策略、控制、过程和技术组成，其目的是保护基于云的应用程序、数据和虚拟基础架构的完整性。

17.1　业界云计算安全实践

国内外云服务提供商积极部署云计算安全控制措施，不断地完善私有云计算平台的安全解决方案，努力构建安全、可信、合规的云计算平台，以求实现云服务长足的发展。本节从国外和国内两个方面，介绍云服务提供商在云计算安全领域的实践案例。

17.1.1　国外实践案例

1. 微软 Azure

Azure 是微软全力打造的全球可信云，采用全球分布式数据中心基础架构，在全球部署了 52 个区域、100 多个高度安全的基础设施，在 140 个国家、地区、区域中可用。其确立的可信云基本原则包括安全性、隐私性、合规性、透明性。

（1）安全性。Azure 采用先进的技术、流程和认证构建起强大的安全壁垒，从而保护用户数据的机密性、完整性和可用性，协助用户抵御黑客攻击和未经授权的访问。

（2）隐私性。Azure 能够使用户管理自己的数据及权限，决定数据的存储位置，在终止协议时将数据迁出，并根据要求删除用户数据。同时，Azure 可确保用户数据不会被挖掘，不会被用于广告或其他商业目的，未经授权不会被其他人员使用。

（3）合规性。Azure 确保用户数据的存储和管理符合适用的法律、法规和标准，确保用户能够查看认证信息。

（4）透明性。Azure 会清楚准确地阐述云服务提供商如何使用、管理和保护用户数据，确保用户能够清楚地了解自身数据是如何被处理和使用的。

为了遵从这四项基本原则，Azure 一直致力于完善其云计算安全最佳实践方案，并于 2019 年 4 月发布了《Azure 安全最佳实践》，以安全责任共担模型为基础，分别描述了微软为保护 Azure 基础平台、用户数据和应用程序的安全而实现的安全功能，以及 Azure 为用户提供的可用于保护数据和应用程序的安全功能。根据 Azure 安全责任共担模型，用户须负责其部署的如下安全功能，包括安全操作、应用程序防护、存储安全、网络安全、计算安全、身份标识和访问管理等。用户可通过配置的方式快速获取这些安全功能，以实现应用程序和数据的安全保护。

2. 亚马逊 AWS

亚马逊于 2009 年发布了第一版《AWS 云安全白皮书》，2011 年发布《AWS 安全最佳实践》，介绍了 AWS 在数据安全传输、数据存储加密、安全证书访问、身份与访问管理、Web 应用防护等方面执行的安全最佳实践。此后，AWS 不断增加云安全产品和功能，完善云安全机制。亚马逊于 2016 年发布了更加详细的《AWS 安全最佳实践》，以 AWS 责任共担模型为基础，阐述了 AWS 和用户之间的安全责任划分、用户如何定义和分类资产、用户如何使用特权账户和用户组管理数据访问、AWS 如何保护用户数据和网络安全、监控和预警如何实现安全目标等领域的安全最佳实践。

（1）AWS 责任共担模型。AWS 安全责任共担模型与业界广泛认可的云安全责任共担模型相同，AWS 负责提供安全的基础设施和服务，用户负责保护其操作系统、平台和数据。此外，AWS 提供了三种不同类型服务的责任共担模型，即基础设施服务、容器服务和抽象服务，每种责任共担模型由于基础设施和平台服务的不同而存在一些差异。

（2）资产分类。AWS 建议用户在设计信息安全管理体系（ISMS）之前，首先确定其需要保护的所有信息资产，并根据资产属性对资产进行分类。AWS 提出了资产矩阵示例，以供用户参考。

（3）设计 ISMS。在确定了资产、类别和成本之后，AWS 要求用户制订其在 AWS 上实施运行、监控、审核、维护及改进 ISMS 的计划，并提出了在 AWS 中设计和构建 ISMS 所建议采用的分阶段方法。

（4）账号管理。AWS 采用包含 AWS 账户、IAM(Identity and Access Management，身份与访问管理)用户和 IAM 组的多层账户体系进行权限管理。其中，AWS 账户是用户首次注册 AWS 服务时创建的账户，管理其所有的 AWS 资源和服务，安全性要求非常高；IAM 用户是 AWS 账户下需要通过管理控制台、CLI(Command-Line Interface，命令行界面)或 API 访问其 AWS 资源的人员、服务或应用程序；IAM 组是多个访问需求相同的 IAM 用户的集合。通过对 AWS 账户下的资源进行权限细分并分配到 IAM 组，可确保每个 IAM 用户仅具有完成任务所需的最小权限。

（5）数据保护。在数据安全方面，AWS 始终坚持用户拥有和控制自身数据的原则。AWS 通过执行资源授权访问、CloudHSM 硬件密钥管理、静态数据加密、数据安全传输等最佳实践，确保 AWS 上的用户数据安全。

（6）操作系统和应用程序安全。针对操作系统和应用程序安全，AMS 要求创建安全的虚拟机实例，并在发布之前进行全面的安全检查和配置，发布之后及时更新补丁、防范恶意软件、减少资源滥用等。

（7）基础设施安全。在基础设施保护方面，AWS 安全最佳实践包括创建虚拟私有云（VPC），进行安全分区、构建网络分段、安全配置网络设备、使用安全组、部署网络安全防护设备、外部漏洞评估、外部渗透测试、防护 DDoS 攻击等。

（8）运维安全。AWS 通过对多种来源的日志进行收集、传输、存储、分类、分析关联、安全保护，为审计跟踪提供依据，并通过执行安全监控、威胁预警和事故响应等措施增强运维安全。

3. 谷歌 GCP

安全和数据保护是谷歌云计算平台（Google Cloud Platform，GCP）设计和构建的基础。

GCP 核心安全特征包括基础设施安全、数据保护、监控审计、身份认证、安全合规等。

（1）基础设施安全。GCP 基础设施安全包括四个核心特色，一是全球数据中心的所有数据都通过谷歌前端服务器（Google Front End，GFE），并使用安全的网络链路；二是所有 GCP 的应用均使用默认存储加密策略；三是 GCP 所有物理机上均安装了 Titan 硬件芯片作为硬件可信信任根，提供可信计算服务；四是进入数据中心需要经过生物识别和基于激光的入侵检测系统。

（2）数据保护。GCP 承诺用户拥有和控制自己的数据，用户在 GCP 系统上存储和管理的数据仅用于为该用户提供 GCP 服务，不会用于其他的目的和用途。用户在 GCP 中的所有数据在存储和传输时均默认加密。用户可以通过 CMEK（Customer-Managed Encryption Keys）功能管理其在 GCP 上的密钥。此外，用户还可以使用 DLP（Cloud Data Loss Prevention）功能来保护敏感信息，进而防止敏感信息或者私有信息泄露。

（3）监控审计。GCP 拥有强大的内部控制和审计机制，以防止内部人员访问用户数据。GCP 是唯一提供访问透明（Access Transparency）功能的云服务提供商。GCP 可以让用户监控自身账号的活动，提供报告和日志，以便用户管理员检查潜在的风险、跟踪访问权限、分析用户活动等。

（4）身份认证。2017 年 9 月，谷歌启动了"Google Cloud Identity and Access Management"（Cloud IAN）项目，通过预设角色赋予不同用户对不同资源的访问权限，防止用户对其他资源的非授权访问，与 AMS IAM 类似。

（5）安全合规。GCP 通过独立第三方审核取得了 SAE16、ISO 27017、ISO 27018、PCI、HIPAA 等安全认证，以此证明 GCP 安全保护实践符合标准规范要求和对用户的承诺。

17.1.2　国内实践案例

与微软、亚马逊、谷歌等国际巨头相比，国内云服务提供商也纷纷部署云安全保障措施，阿里云、华为、腾讯也相继提出了云安全解决方案及云安全产业布局，不断发展私有云的安全产业生态。

1. 阿里云

阿里云一直致力于打造公共、开放、安全的云服务平台，将基于互联网安全威胁的长期对抗经验融入云计算平台的安全防护中，将多种合规标准的安全要求融入云计算平台的合规内控管理和应用设计中，通过独立的第三方验证取得国内外十余种云安全相关标准认证，旨在提供稳定、可靠、安全、合规的云计算基础服务。在《阿里云安全白皮书 V3.0》中，阿里云提出了其安全责任共担架构，该架构共分为两个层面，即云计算平台安全架构和用户安全架构。

（1）云计算平台安全架构。云计算平台的安全架构包括物理安全、硬件安全、虚拟化安全、云产品安全四个层面。在物理安全方面，阿里云计算数据中心建设满足《电子信息机房设计规范》（GB 50174）中的 A 类和《数据中心机房通信基础设施标准》（TIA942）中的 T3＋标准，从机房容灾、人员管理、运维审计、数据擦除四个方面部署了安全控制措施。在硬件安全方面，阿里云采用了硬件加固、芯片级加密计算、基于 TPM 2.0 的可信计算等技术保障硬件安全，进而提高用户数据安全和密钥安全。在虚拟化安全方面，阿里云主要通过用户隔离、虚拟机逃逸检测、补丁热修复、虚拟化系统变更管理等安全技术来保障虚拟化层的安全。在云产品安全方面，阿里云通过云产品安全生命周期（Secure Product Life Cycle，SPLC）管理，将安全融入整个产品的开发生命周期中，在产品架构审核、开发、测试、应用发布、应急响应等各个环节实施安全审核机制，确保产品的安全性能够满足云要求。

（2）用户安全架构。阿里云在用户侧的安全架构包括账户安全、主机安全、应用安全、网络安全、数据安全、安全运营及业务安全。在账号安全方面，阿里云提供多种安全机制来帮助用户保障账户安全以防止未授权的用户操作，包括账户登录、多因素认证、子用户创建、子用户权限集中管理、子用户操作审计、数据传输加密等。在主机安全方面，阿里云通过部署入侵检测、漏洞管理、镜像加固、自动宕机迁移等技术保障主机安全。在应用安全方面，阿里云采用了 Web 应用防护和代码安全检测技术，防护各种常见攻击，过滤海量恶意访问，保障网站的安全与可用性。在网络安全方面，阿里云通过网络隔离、虚拟专用网络、专有网络、分布式防火墙、防护 DDoS 攻击等，全面保障用户网络的安全。在数据安全方面，阿里云从数据安全生命周期角度出发，通过采用数据所有权管控、多副本冗余存储、全栈加密、镜像管理、密钥管理、硬件加密、残留数据清除等技术，建设了全面、系统的阿里云数据安全管理体系。在安全运营方面，阿里云提供态势感知、操作审计、应急响应、安全众测等多种安全机制，提高运营安全能力。在业务安全方面，阿里云基于大数据风险控制能力，通过海量风险数据和机器学习模型，解决账号注册、认证、交易、运营等关键业务环节存在的各种风险问题，保障用户业务健康持续发展。

2. 华为云

华为云将安全作为其重要发展战略之一，同样以业界广泛认可的云计算安全责任共担模型为基础，在遵从所有适用的国家和地区的安全法规政策、国际网络安全和云计算安全相关标准的基础上，从组织、流程、规范、技术、合规和生态等方面建立了安全保障体系，以开放透明的方式，全面满足用户的安全需求。

（1）在组织方面：华为建立了全球网络安全与隐私保护委员会，并将该委员会作为其最高网络安全管理机构，负责决策和批准公司总体网络安全战略。同时设立全球网络安全与用户隐私保护官，负责领导团队制定安全战略，统一规划、管理和监督研发、供应链、市场与销售、工程交付及技术服务等相关体系的安全组织和业务，确保网络安全保障体系的实施。

（2）在业务流程方面：将安全保障活动融入研发、供应链、市场与销售、工程交付及技术服务等各主业务流程中。华为建立内部审计机制，并接受各国政府安全部门及第三方独立机构的安全认证和审计，以此来监督、改进各项业务流程。华为云在公司级的业务流程基础上，将已在华为全面采用的安全开发周期管理（Security Development Lifecycle，SDL）集成于当前适合云服务的 DevOps 工程流程中，形成有华为特色的 DevSecOps 方法论和工具链，既支撑云业务的敏捷上线，又确保研发部署的全线安全质量。

（3）在人员管理方面：华为云严格执行华为长期以来行之有效的人事和人员管理机制。华为全体员工、合作伙伴及外部顾问都必须遵从公司相关安全政策，接受安全培训。华为对积极执行网络安全保障政策的员工给予奖励，对违反政策的员工给予处罚。违反相关法律法规的员工，将依法承担法律责任。

（4）在云计算安全技术能力方面：依托华为强大的安全研发能力，以数据保护为核心，开发并采用世界领先的云计算安全技术，致力于实现高可靠、智能化的云计算安全防护体系和自动化的云计算安全运维体系。同时，通过大数据分析技术来分析网络安全态势，有目的地识别出华为云存在的重要风险、威胁和攻击，并采取防范、削减和解决措施；通过多维、立体、完善的云计算安全防护、监控、分析和响应等技术体系来支撑云服务运维安全，实现对云风险、威胁和攻击的快速发现、快速隔离和快速恢复，全面保障用户安全。

（5）在云计算安全合规方面：面向提供云服务的地区，华为云积极与监管机构沟通，理解其担忧和要求，提供华为云的知识和经验，不断巩固华为在云技术、云服务和云计算安全方面与相关法律法规的契合度。同时，华为也将法律法规的分析结果共享给用户，避免用户因信息缺失导致的违规风险，通过合同明确双方的安全职责。华为一方面通过获得跨行业、跨区域的云计算安全认证满足监管机构要求；另一方面通过获得重点行业、重点区域所要求的安全认证建立用户信赖度，最终在法律法规制定者、管理者和用户三者间共建安全的云计算。

（6）在云计算安全产业生态方面：华为云建立云计算安全市场，与业界领先的安全产品和服务供应商一起为用户提供易部署、易管理、易完善的安全解决方案，以及主机安全、网络安全、数据安全、应用安全、安全管理等各领域的安全技术产品和服务。协助用户应对各种已知和未知的安全威胁。

3. 腾讯云

腾讯基于多年业务实践形成了较为完善的云计算整体架构，为游戏、视频、移动、医疗、政务、金融和互联网＋等多个领域提供云应用和服务支持。与阿里云和华为云相同，腾讯云也非常重视云计算安全，基于全面规划的整体架构，在物理安全、网络安全、数据安全、业务安全、运营管理安全等各个层面都部署了安全防护机制，形成了从安全体检、安全防护到安全监控与审计的事前、事中、事后的全过程防护。腾讯云的云计算安全管理体系同样基于业界广泛认可的安全责任共担模型，由其与云上用户共同保障整个云计算信息系统的安全。然而，腾讯云的安全责任共担模型还有其独特之处，不仅清晰地界定了腾讯云的责任和用户的责任，还阐述了应由二者共同承担责任的部分，这在其他云服务提供商的安全责任共担模型中未曾出现。

在 IaaS 中，腾讯云为用户提供的是基础云产品，类型主要包括云主机、云存储、负载均衡、物理服务器、CDN（Content Delivery Network，内容分发网络）等。腾讯云负责整个云计算中底层的物理和基础架构安全，使用腾讯云的用户对数据安全、终端安全、访问控制管理和应用安全负责。物理基础架构和应用安全之间的主机和网络安全则由腾讯云和用户共同承担。在该层面中，腾讯云对虚拟化控制层、数据库管理系统、磁盘阵列网络等云产品底层系统提供包括漏洞发现、补丁修复、升级更新、审计监控等安全管理措施；用户对已购买的云主机的操作系统、数据库实例文件、云主机间的网络通信，以及由内向外的网络通信等加以安全控制。

在 PaaS 中，腾讯云为用户提供的是平台类云产品，主要包括云数据库、云缓存、音/视频云通信等。腾讯云负责整个云计算中底层的物理和基础架构安全，以及为平台类云产品提供支撑能力的主机和网络层的安全。使用腾讯云此类产品和服务的用户对数据安全、终端安全负责。应用安全和访问控制管理则由用户与腾讯云共同承担。其中，在应用安全层面，腾讯云通过对平台类云产品的应用系统制定并实施详细的安全控制措施，来帮助用户减少信息安全的成本和投入；用户则需要负责对平台类云产品进行正确的使用配置，并根据更高的安全需求整合额外的安全能力（如身份管理等）。在访问控制管理层面，腾讯云为用户提供基于角色的访问控制、账号保护、多因子身份验证、单点登录等安全能力；用户则应根据业务需求和合规要求，自行管理并合理设置平台类云产品的账号和权限。

在 SaaS 中，腾讯云为用户提供的是应用类云产品，主要包括云通信、云搜索、人脸识别等。腾讯云负责底层的物理和基础架构、主机和网络层面以及应用层面的安全；使用腾讯云此类产品和服务的用户对数据安全负责；访问控制管理和终端安全则由用户与腾讯云共同承担。其中，在访问控制管理层面，腾讯云和用户的责任划分与 PaaS 中的安全责任相似。在终端层面，腾讯云通过天御业务安全产品为用户提供终端设备类型识别、登录保护、应用安全评测与加固、应用分发渠道监测、安全 SDK（Software Development Kit，软件开发工具包）、真机适配检测等终端安全保护能力；用户则负责终端设备（如笔记本电脑、PC终端、移动电话等）的使用限制和接入控制，并合理运用腾讯云提供的终端安全能力来获得完善的安全保护。

可以看出，无论哪种云计算服务类型，腾讯云不仅可以全面保障自身产品的安全性，还可以通过构建云计算安全产业生态，提供各种安全能力供用户选择使用。此外，腾讯云也一直致力于安全合规能力建设，获得了多项国际国内信息安全和云计算安全相关行业认证，建立了内部统一的云计算安全内控体系，持续参与相关安全标准的制定及推广，不断优化自身的安全性能和安全管控能力。

17.2　国内外典型产品或项目

云计算技术的逐渐成熟，使其在企业、教育、金融、政务、军队等场景得以快速发展。随着业务向云端的不断迁移，云安全逐渐成为用户关注的热点。那么云安全与传统安全有什么区别呢？云安全产品在云计算领域的应用有哪些？该领域的安全产品和传统型安全产品的区别又表现在哪些地方？笔者将在下面的章节进行详细的介绍。

17.2.1　传统安全产品与项目在云中的应用

在传统的 IT 建设中，用户需要根据自己的需求去购买硬件，如 GPU、CPU、网卡、硬盘等，部署相应的操作系统，然后，在此基础上开发自己的软件和系统。与此同时，用户还需要投入大量的资金来对系统进行管理与维护。在使用过程中，由于对资源的利用具有瞬时性，将会产生大量的冗余资源，降低资源的利用率，此时，当系统对某一资源需求量加大的时候，只能重新购买相应的资源，无法尽快地满足需求。因此，在传统 IT 建设中，资源管理方式具有很大的缺点，云计算的出现有效地解决了这类问题，将硬件资源虚拟化，然后通过网络将各种资源连接起来，根据不同用户的需求进行资源分配，用户可通过网络直接利用这些资源。但是云计算在带来便利的同时，也对网络安全提出了新的重大挑战。

思科 CEO 钱伯斯曾说："这将是一个安全噩梦。"作为云服务的租用者，无法看到其系统的各种数据存储的物理位置，系统的安全性难以得到较好的保障。

对于云服务提供商而言，安全需求并没有什么大的变化，依然需要保证数据的安全性、完整性、可用性。在传统的安全产品中，需要做到的是建立网络边界的同时，将信任区域与非信任区域进行划分,对访问进行控制并做好安全防御。云计算构建的资源池与 Internet 之间仍然存在外部边界,并且在资源池内部,根据不同的需求也划分了不同的区域,同时形成了内部边界,因此,传统的安全产品仍旧可以在云中发挥它的作用。

在传统的 IT 建设中,业务的所有者知道系统的数据以及存储位置,其本身是平台的所有者,同时也是业务安全负责人。但是在云计算中,业务的所有者是平台的租用者,而并不是平台的所有者,因此,安全负责人也有所不同,在这种改变之下,云服务的提供者和使用者需要不同的安全视图。对于云服务的提供者来说,需要实时地检测每一台机器的安全;对于云服务的使用者来说,仅关心自己数据的安全就可以了。传统网络安全产品运用虚拟化技术将使云的这一安全性能得到满足。

以下为不同场景中传统安全产品的虚拟化:

(1) 在 IaaS 中,云服务提供商为租用者提供连接 Internet 的资源池,并在 Internet 的出入口部署防火墙、入侵检测等安全设备用以提供安全服务,进行安全监测,这些设备可以监控资源池中所有服务器的流量。在通用场景下,统一资源池流量都经过同一台安全设备,然而不同的租用者对于安全的需求不尽相同。因此,安全设备需要在功能层面具有虚拟设备的能力,将虚拟设备与用户的资源对应起来,根据不同的 IP、VLAN 等标识对不同的租用者进行区分,从而为不同的用户提供不同的安全策略。

(2) 在 PaaS 和 SaaS 中,不仅需要云服务提供商对安全进行监测,各租用者也要对自己的数据进行监控。因此,安全设备的使用者有提供商和租用者。在此情况下,安全设备不仅需要有虚拟引擎,还需要具备为租用者创建账户的功能,并指定一个或多个虚拟设备进行管理。

(3) 随着用户需求的不断增加,同一个用户的资源可能存在于多个资源池中。因此,安全设备并不是独自工作,而是多个设备之间共同协作,在这种情况下,就需要把多个虚拟设备绑定在一起,使用户可以对其拥有的多个安全设备进行统一管理。

结合以上三种情况可以看到,通过对传统安全产品增加虚拟化功能,就可以满足云的安全需求。云计算的出现对传统的网络安全提出了挑战,积极探索、不断创新是为用户业务保驾护航的必要条件。

17.2.2　针对云计算环境的安全产品与项目

随着云计算的出现,用户可以租用资源池中的资源,节省了不必要的开支,其对资源的使用更加方便。与此同时,云计算环境的安全问题也成了一个极大的挑战,各大 IT 厂商亦卷入了一场“云战争”,各种面向云环境的安全产品应运而生。

1. 云防火墙

云防火墙是阿里云旗下的一款云安全产品,也是云计算行业内第一款公有云环境下的 SaaS 防火墙,是阿里云团队根据云的优势为用户特别订制的安全产品。其支持防护范围不仅有互联网方向的 EIP、HAVIP、SLB EIP 等,还有 VPC 间的通信流量。南北向、东西向流量控制块构成了云防火墙的两个主要模块。前者实现了互联网与主机之间的控制,后者实现了四层访问控制。

云防火墙的功能强大,应用场景广泛,优势显著,为用户的安全提供了极大的保障。例如,互联网边界访问控制、内网访问控制、VPC 边界访问控制、入侵防御、流量可视化等安全需求都可以应用云防火墙。

云防火墙的优势如下：

（1）简单易用。用户购买以后，只需简单设置就可以迅速投入使用。

（2）系统稳定可靠。使用了双 Available Zone（AZ，可用区域），任何一个 AZ 或者任何一台服务器故障都不会对防火墙造成影响。

（3）实时入侵防御。对网络威胁情报进行实时更新，可在重要的攻击阶段进行防御。

（4）满足等保合规要求。可以满足等保防护中的边界防御等要求。

（5）业务关系可视。云防火墙提供了拓扑图，用户开通服务后，可以看到业务内部的访问情况。

（6）云上深度集成。云防火墙同时采用东西向和南北向访问控制，为用户提供了完整的安全隔离。

（7）支持平滑扩展。云防火墙采用了集群部署模式，可以进行平滑扩展性能，单个 IP 的最大防护流量可以达到 2 Gb/s。

（8）全托管方式。云防火墙是 SaaS 化的防火墙，用户无须部署任何设备，由阿里云全权提供任务服务。

2. 云查杀

"云"就是用户很少可以看到的服务器端，给用户一种虚无缥缈的感觉，从而称之为云。随着云计算的产生，传统的安全产品难以很好地保护产品，其对病毒的判断效果准确率低下。例如，传统的安全产品会将一些非病毒软件误判为病毒软件，而携带病毒的软件却会被判断为安全软件，这种误判行为给 IT 行业带来了巨大的损失。在这种形势下，云查杀的出现是必然趋势。

云查杀覆盖的病毒类型包括蠕虫病毒、木马程序、后门程序、恶意程序、病毒性感染、DDoS 木马、勒索病毒和挖矿程序。

（1）蠕虫病毒。在 DOS 环境下，遭受蠕虫病毒攻击的计算机屏幕上会出现一个类似于虫子的痕迹，屏幕上的字母会被吞噬、变形，如图 17.1 所示。该病毒可通过网络进行复制和传播，从而感染电子邮件和网络。近几年的"尼姆亚"病毒和 2007 年的"熊猫烧香"病毒都属于蠕虫病毒。

图 17.1　伪装文件

（2）木马程序。如图 17.2 所示，木马病毒通常隐藏于电脑中，经由外部攻击人员控制对本机文件信息等进行窃取，同时还会带来抢占系统资源、降低电脑性能等危害。

图 17.2　伪装文件

（3）后门程序。后门程序指代绕过安全监测获得系统访问权的现象。

（4）恶意程序。恶意程序具有攻击意图、对他人系统有威胁的程序。

（5）病毒性感染。病毒性感染具有感染能力的病毒，能够感染正常文件。

（6）DDoS 木马。DDoS 木马通过控制肉机（被入侵者经过攻击形成的新感染主机）对目标进行攻击。

（7）勒索病毒。勒索病毒将钓鱼邮件、网页挂码等伪装成合法的软件进行传播，系统一旦受到感染，需要支付高额的费用来进行解密，无法通过其他任何手段进行恢复，且解密完成后并不能保证数据信息不被泄露。

（8）挖矿程序。挖矿程序利用非法手段占用具有超高算力的资源进行货币挖掘。

云查杀具有很大的优势，如自主可控、轻量、实时、统一管理等。

3. Web 应用防火墙

Web 应用防火墙是阿里巴巴基于其长达 10 年的网络安全经验建立的，可以有效地识别 Web 应用的恶意流量，并进行过滤，将安全的流量传递给服务器，为用户提供网站一键 HTTPS 和 HTTP 回源、Web 攻击防护、业务风控方案、缓解恶意 CC 攻击等多种功能。

1）Web 入侵防护

（1）自动防护漏洞：最新 Web 漏洞（含阿里云独家 0day 漏洞）小时级自动防御，需人工打补丁。

（2）多重动态防御：独家自研安全规则加上 AI 深度学习进行主动防御，搭配不断更新的独家全网威胁情报，扫除防御死角。

（3）防扫描及探测：根据扫描及探测的特征和行为，配合全网威胁情报、深度学习算法进行自动拦截，避免黑客发现可利用的系统弱点。

（4）防护规则可自定义：用户可根据业务实际需求，灵活自定义防护规则。

2）流量管理和爬虫防控

（1）灵活的流量管理功能：支持对全量 HTTP header 和 body 特征进行自定义组合，从而实现满足业务个性化需求的访问控制和限速要求。

（2）CC 攻击防护：基于不同等级的默认防护策略及灵活的精准访问控制和限速策略，配合人机识别、封禁等处置手段有效缓解 CC 攻击（HTTP Flood）。

（3）精准识别爬虫：基于指纹、行为、特征、情报等多维度数据，配合 AI 智能，精准识别爬虫并自动应对爬虫变异。

（4）全场景防控：适用于网站、H5、App、小程序等各类型 Web 业务的爬虫风险防控，帮助企业防控业务作弊、薅羊毛等业务风险。

（5）丰富的爬虫处置手段：可根据实际业务场景需求，对流量进行包括拦截、人机识别、限流、欺骗等。

（6）场景化配置：场景化配置引导是帮助零经验用户快速上手。

3）数据安全防控

（1）保护 API 安全：主动发现存在老旧、缺乏鉴权、数据过度暴露、敏感信息泄露等风险的 API 接口。

（2）防敏感信息泄露：检测并防护身份证、银行卡、手机号、敏感词等敏感信息泄露。

（3）防页面篡改：通过锁定重点页面的内容，保证即使页面被篡改，也能通过返回缓存的方式保证用户看到的页面内容不变。

（4）检测账户风险：自动识别撞库、暴力破解、弱口令等常见账号风险。

4）安全运维与合规

（1）安全接入：一键实现 HTTPS、全链路 IPv6、智能负载均衡、云上云下高可用和快速容灾。

（2）全量访问日志：记录和存储全量 Web 访问日志，支持实时 SQL 查询分析和自定义告警。

（3）自动化资产识别：基于云上大数据，全面发现未接入防护的域名资产，收敛攻击面。

（4）混合云部署：支持流量不上云的本地防护。

（5）满足等保合规：满足各行业等保合规需求。

4. 堡垒机

堡垒机是在特定的环境下，为了保障服务器不受内部和外部恶意攻击而形成的一种技术，它切断了终端计算机与目标资源之间的直接联系，即终端不可以直接访问目标，而是需要通过运维安全审计中介。通过运维安全审计可以对非法的恶意软件进行拦截，同时，对一些运维常见的数据流进行记录，以便回放进行维护。

堡垒机功能强大，可以实现操作审计、安全认证、权限控制、高效运维等功能。下面对这些功能进行简述：

（1）操作审计。堡垒机不仅可以对各种恶意、危害操作进行记录，还可以对远程虚拟桌面进行录像，通过定点回放，监测并进行维护。

（2）安全认证。堡垒机通过引用双因子认证，即 AD 认证和 LDAP 认证，实现一键认证，降低了密码泄露带来的安全风险。

（3）权限控制。运维账号唯一，按照不同部门分配不同资源，解决账号共享、滥用权限的问题。

（4）高效运维。接入了支持 RDP、SSH、SFTP 协议的 C/S 架构运维，支持 Xshell、PuTTY 等的多运维工具，支持一键同步并导入 ECS 实例、RDS 专有主机组的 ECS、RDS 高效接入。

堡垒机可以帮助金融、保险类公司提供更加完善的审计机制，将各个部门进行隔离，保障数据的安全性，同时，提供统一的运维入口，解决了因分散导致的难于管理问题。

随着互联网快速发展，企业内部员工数量的不断增长导致服务器的数量快速增长，企业内部需要稳定的审计系统，堡垒机可以很好地解决这个问题。通过在云平台部署堡垒机，可以实现多达千人的并行会话，并且有 SLA 保障，使得服务器可以稳定运行，如图17.3 所示。

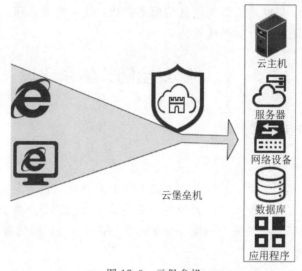

图 17.3　云堡垒机

5. 漏洞扫描

漏洞扫描采用 2.0 爬虫技术对页面进行深度爬取，自动进行漏洞扫描测试，为用户提供了一个安全的使用环境。漏洞扫描由三部分组成：扫描任务、资产分析和数据中台。其架构如图 17.4 所示。

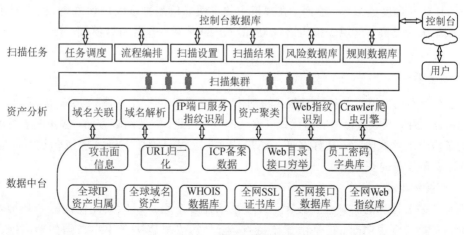

图 17.4　漏洞扫描架构图

漏洞扫描的三部分组成的简述如下：

（1）扫描任务：扫描任务由部署于云中的 work 集群来实现，主要进行任务调度、流程编排、扫描设置、调用风险数据库等工作。

（2）资产分析：资产分析依托阿里云的数据库，进行域名关联、域名分析并对 IP 端口服务指纹、Web 指纹进行识别。

（3）数据中台：数据中台用于存储各种数据，如攻击面信息、URL 归一化、ICP 备案数据、Web 目录接口、员工密码、全球 IP 资产归属、全球域名资产、WHOIS 数据库、全网SSL 证书、全网端口指纹和全网 Web 指纹。

漏洞扫描覆盖了各种类型的风险，全方位地扫描各种漏洞，避免了短板问题，为用户提供更加安全的环境。集群式的架构使其响应速度快，处理引擎高速，并且无须安装就可以进行扫描，可随时随地查看扫描任务。

17.3　云计算安全防护体系建设

17.3.1　安全威胁与需求分析

1. 安全威胁

随着媒体技术的不断发展，云计算技术给人们带来便利的同时，在边界模糊、信息泄露、虚拟环境威胁等方面也带来了巨大的安全隐患，因此建设安全防护体系极其重要。云计算的使用不仅保留了传统的安全风险，也带来了云平台安全风险的威胁。

1）传统安全风险

传统的木马、蠕虫、病毒等安全问题依然是云计算的安全风险之一，并且在云计算的特殊环境下，该类风险传播迅速。云环境内部和外部之间任何一种传播方向的攻击行为，都会对云平台上的业务带来极大的威胁。

2）云平台风险

云平台利用了云计算、虚拟化的技术将各种资源进行池化，用户可以自由调度所需资源，动态迁移和调度虚拟机。然而，虚拟机中的东西通信流量难以得到监测，病毒对虚拟机的攻击频率大大提高，出现虚拟机之间互相攻击的现象，边界隔离模糊，传统的物理隔离被打破，提升了使用风险。

2. 安全需求

随着云计算的发展以及各种安全威胁的出现，云计算的安全需求极其迫切，且由于云计算系统的复杂性，很难从单一方面认识其安全问题，因此，需要从多方面、多角度进行思考。

为了应对这些风险，云计算保证多租户技术、远程存储技术以及虚拟化技术的安全使用，进而满足自身的安全需求。

1）多租户技术

多租户是云计算的一项独特技术，该项技术使多个租户可以共同使用一个环境，并按自己的需求进行资源调度。正是由于该特点，云计算需要解决多用户数据的隔离问题。此问题可以在以下两个层次得到解决：

(1) 数据。多租户的模式下,用户的数据存储有三种方式。首先,共享数据库表的形式增强了用户之间共享数据的方便性,但是实现对该共享方式的隔离操作比较复杂;其次,专用数据库的形式,即每个用户都拥有自己的数据库,这种方式虽然隔离性好,但是用户之间的共享性会大大下降;最后,共享数据库的模式,在该模式下,多个用户在同一个数据库中建立自己的表,在实现高隔离性的同时又便于数据在用户之间进行共享。

(2) 系统。系统供应商可以运用虚拟化技术将运算单元进行分割,每个用户使用一台或者多台各不相同的虚拟机,提高不同用户之间的隔离性。

2) 远程存储技术

在云计算的环境下,用户的数据信息等一般都存储在云端,这种存储方式就产生了许多安全层面的需求。

(1) 数据的可靠性。数据的可靠性,即数据的可用性。在日常工作中难免会造成数据丢失,因此应当及时对数据进行备份,以应对突发状况,同时也应当及时对数据进行同步,保证各个备份之间的数据一致性。充分做好数据的备份才能更好地获得用户的信赖。

(2) 数据的完整性。数据的完整性需求主要体现在三个方面:存储、日志以及操作。与传统的安全不同,在云计算环境下,数据存储在云端,因此,用户无法对数据进行完全的控制,导致完整性难以得到保障。众所周知,日志在程序出错时可以为用户提供可用的历史操作信息,便于开发者进行修改,鉴于日志存在以上的重要性,其也是恶意软件最常见的攻击目标。因此,需要设计一种方案,防止恶意软件对其进行非法修改。

(3) 数据的存储安全性。在云计算的环境下,用户需要将自己的数据上传到云端进行存储,在数据上传到云端之前,用户可以选择对数据进行加密,但是由于技术或者加密数据可用性等原因,一般情况下,用户不会对数据进行加密。因此,供应商可以为用户提供读写透明的数据加密功能,保障用户数据的安全性。

3) 虚拟化技术

云计算利用虚拟化技术为用户带来了很多便利的同时也消除了网络的边界,带来了很多的安全隐患。

(1) 虚拟机之间通信安全。为了满足用户的资源调度需求,虚拟机与物理机之间需要进行通信。在通信的过程中,两者很容易受到恶意软件、程序的攻击,存在一定程度的安全隐患。除此之外,在一些特定功能的需求下,虚拟机需要和主机进行直接通信,某一台受病毒感染的虚拟机可能会影响到整个虚拟系统的正常运作。

(2) 虚拟机逃逸。虚拟机可以使我们共享相同的物理资源并实现安全隔离,不同的虚拟机之间应互不影响、独自工作,最后进行统一管理。但是由于一些缺陷,恶意程序会绕过监测获取权限,并在虚拟机所属的物理机上执行非法操作,使得其安全性难以得到保障。

17.3.2 软硬件的选型和调试

构建私有云计算平台,选取具有充分扩展性和高效能的硬件是整体平台的重要基础。具体的硬件设备涉及服务器(包括 x86 架构服务器和非 x86 架构服务器)、外置磁盘存储、网络设备(如路由器、交换机等)、安全产品(如硬件防火墙、监控设备等)。

在进行服务器的选择时,针对运行基于互联网或者增值应用,选用开放架构的 X86 服务器会具有较好的适用性。但是在运行某些复杂应用、数据库应用，或者对安全性和稳定性需要较高时，采用非 x86 架构的 Unix 服务器更加适用。

CPU 和内存直接影响服务器的最大负载，而存储和 NUMA 为服务器的正常运行和稳定提供了保证。

存储部分是系统进行存储资源的核心部件，包括机械硬盘、SSD 等，选取设备的性能与虚拟机紧密相关，如选取不合适，则会降低平台上资源的运行性能。

网络部分包含四层 TCP/IP 模型和七层 ISO/OSI 模型。在这里，我们讨论结合两者的混合模型。其中，物理层进行传输介质的选取，对于私有云而言，可以使用带宽较大的物理链路减少对整个平台产生的影响，防止网络带宽对用户体验造成影响；数据链路层和网络层，主要是交换机/路由配置、IP、VLAN 的划分；传输层与应用层，致力于保持用户端到云平台之间具有良好的通信，主要的协议包含：Http、Spice 等。

操作系统的选取，一般要满足效率高、稳定性强、具有兼容性、易维护等需求。目前，主流的云平台主要基于 CentOS、Ubuntu 或者 RHEL。

如图 17.5 所示，软件服务的选取，虚拟化管理（Libvirt）提供了一套用于管理硬件虚拟化的开源 API、守护进程和管理工具。它可以用于管理 KVM、Xen、QEMU 等其他虚拟化技术。Docker 为打包和分发容器化应用程序提供了一个开放的标准，而 Kubernetes 则协调和管理通过 Docker 这类容器引擎创建的分布式容器化应用程序。Docker 和 Kubernetes 已经成为云计算的主流。

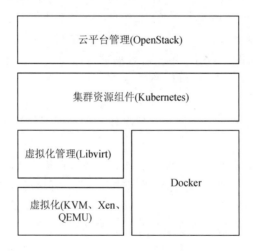

图 17.5　云平台相关软件架构

17.3.3　安全系统运行和维护

云计算是当前 IT 技术的一个热门话题，它通过将各种资源连在一起，形成资源共享池，为用户提供"召之即来、挥之即去"的资源服务，其方便、快捷的服务模式吸引了大量企业的目光，被预测为 IT 界的又一增长点。然而，云计算现在面临着很多问题，其中，安全问题就首当其冲。

云安全系统根据所属层次的不同，可以分为云安全应用服务、安全云基础以及云安全基础，如图 17.6 所示。

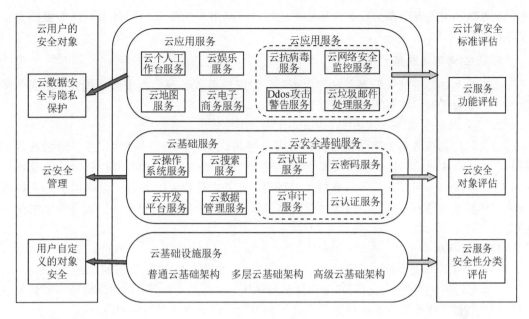

图 17.6 云计算安全系统技术框架

1. 云安全应用服务

云安全的应用服务与各个用户所提出的需求关系密切，且种类巨多。其中，Botnet 检测、DDoS 攻击防护、云垃圾邮件的防治和过滤、云网页的过滤和杀毒应用、内容安全、安全事件监控与预警等都是典型例子。传统类型的网络安全在防御的速度、性能以及规模上都存在一定的不足，无法满足用户对信息安全的需求，而云计算很大程度上解决了这个问题。云计算提供了极其强大的计算能力，它拥有超级大规模的存储和计算能力，使得系统的安全能力在病毒采集、分析和防范方面的速度大幅度提升，从而提高了系统整体的安全性能。云计算可以构建超级大规模的安全平台，提升系统总体的安全防护能力以及对整体系统的控制能力。除此之外，云计算还可以快速地将安全信息采集到云端进行分析，以便于及时找到应对的方案，大大提高了对未知病毒的防范，保障了用户的信息安全。

2. 安全云基础

安全云基础的目的是为上层的应用提供数据存储安全能力以及各种计算资源，是云计算安全系统最基础的部分。安全云基础主要包含两个方面的内容。

第一个内容是系统需要具备抵御外部黑客攻击、病毒侵袭的能力。云计算平台应当针对传统的安全防护系统所存在的问题进行分析，从而做出全面的应对方案。例如，可以在应用层、网络应用层、系统层、数据层以及物理层等不同方面展开工作。在应用层，需要考虑数据的检验是否完整以及可能存在的漏洞；在网络应用层，需要考虑拒绝攻击、网络可达性以及数据传输过程的机密性；在系统层，应当考虑补丁、虚拟机以及系统管理员的问题；在数据层，需要考虑数据库的安全性、完整性以及隐私性；在物理层，应当考虑存储的完整性、安全性以及日志、备份等问题。

第二个内容是系统需要保证自身不能破坏用户的数据信息。云平台应当具备高程度的数据保护能力，以防用户的隐私被侵犯。例如，用户在云端保存的数据应当以加密形式存在，应用程序代码应当在受保护的环境下运行，根据用户的需求不同提供不同等级的安全服务。

3. 云安全基础服务

云安全基础服务属于云基础软件服务层，为用户提供各种数据安全功能，是云安全系统的一个重要手段。典型的服务有以下几种。

1）云访问控制服务

云访问控制服务的实现依赖于如何妥善地将传统的访问控制模型（如基于角色的访问控制、基于属性的访问控制模型以及强制/自主访问控制模型等）和各种授权策略语言标准（如 XACML、SAML 等）扩展后移植入云环境。此外，鉴于云中各企业组织提供的资源服务兼容性和组合性日益提高，组合授权问题也是云访问控制服务安全框架需要考虑的重要问题。

2）云密码服务

在云计算的环境下，为了保障用户的数据安全，需要时常进行数据的加密、解密工作，因此，云密码应运而生。云密码除了可以进行加密、解密操作以外，还可以对密钥和证书进行分发和管理，使安全方面的模块和设计得到简化，安全功能更加集中统一。

3）云用户管理服务

该服务主要涉及身份的供应、注销以及身份认证过程。在云环境下，实现身份联合和单点登录可以支持云中合作企业之间更加方便地共享用户身份信息和认证服务，并减少重复认证带来的运行开销。但云身份联合管理过程应在保证用户数字身份隐私性的前提下进行。由于数字身份信息可能在多个组织间共享，其生命周期各个阶段的安全性管理更具有挑战性，而基于联合身份的认证过程在云计算环境下也具有更高的安全需求。

4）云审计服务

由于用户一般缺乏对安全的举证和管理能力，因此，要追踪安全事故的责任就需要服务提供相对应的支持。此时，第三方审计的重要性就极其明显。审计服务要求必须提供满足审计事件所规定的所有证据以及证据的可信度。证据需要对其他用户的信息进行保密，所以需要进行特殊的处理，而云审计则是保障其他用户信息安全的一个重要手段。

17.3.4 安全制度与方案建设

1. 建设虚拟化的安全体系

虚拟化是云计算的一项关键技术。在当今阶段，各方面的资源都已经在虚拟化方面迈进了一大步。虚拟化技术实现了按需分配，用户可以根据自己的实际需求分配到合适的资源，并且可以通过虚拟化的逻辑实现隔离，保障用户数据的安全性。不论是安全即服务，还是基础网络架构，都需要支持虚拟化。

对于安全即服务来说，云计算供应商与安全服务商所提供的防恶意软件攻击功能需要虚拟化实例，以保证每个用户在检测病毒时数据不会受到其他虚拟机的访问；对于基础网络来说，不同的虚拟化实例具备不同于其他实例的安全检测能力，用户映射到这些不同的虚拟化实例中，实现各自独立的管理。

2. 加强客户端和云端之间的耦合程度

在云计算的环境下，利用云端的高计算能力检测安全问题是一个重要的发展方向。传统的安全系统需要具备安全检测和防护功能，而云端安全系统除了具备以上这些功能以外，还需要具备对未知威胁和潜在危险进行检测的能力。任何本地无法识别的潜在威胁都需要第一时间传送到云端系统，利用其高计算的能力进行检测，快速找到安全威胁，并将其发送到客户端和网关，使整个系统都具备检测这种威胁的能力，增强客户端和云端的耦合程度。

3. 应对无边界安全防护问题

不同于传统的安全建设具有物理上的安全边界，云计算的安全边界仅是逻辑层面的边界。因此，在安全防护这方面，已经不能使用传统的方式将每个用户的安全体系进行独自部署，只能在整个云计算层面进行部署，建立一个统一的安全系统。系统管理员可以将需要安全服务的用户流量导向到整个云计算层面的安全系统中进行处理，服务完成后再反馈回去。此安全体系在节约资源的同时，也实现了用户安全的独立配置，提供了安全服务。

4. 建设高性能的一体化网络安全防护体系

为了应对云计算的独特环境，安全防护体系需要拥有更高、更可靠的性能。现阶段，多条链路集合形成大流量的现象已经普遍存在，因此，安全体系应当具有对高密度接口的处理能力。无论是独立设备，还是与数据中心的交换机配合使用的安全设备，用户都可以根据自身的需求和建设思路进行相应的配置；同时，因为云环境下的业务具有永续性，云计算的安全体系必须具备较高的可靠性，实现大流量下的安全防护体系。

第18章　轻量级多域安全私有云解决方案

　　本章主要介绍一个自主可控的云计算平台——DragonStack 轻量级安全多域云平台，该系统由作者所在的西安电子科技大学网络与信息安全(NSS)团队研发，是行业内最早基于容器化部署和管理的轻量级多域安全私有云解决方案。

18.1　平　台　概　述

　　云计算是国家信息基础设施的重要组成部分，为智慧城市、电子政务、医疗健康、金融证券、军事国防等国家重大行业提供"智慧大脑"支撑。国家"十三五""十四五"规划明确提出将云计算作为未来科技发展的重要领域，支持云计算发展的相关政策也密集出台。2020年，国家发展改革委和中央网信办联合发布了《关于推进"上云用数赋智"行动 培育新经济发展实施方案》，呼吁进一步加快产业数字化转型，在企业"上云"等工作基础上，打造数字化企业，提升企业发展活力。

　　云计算平台的关键在数据，核心是计算，基础靠运维。因此，如何确保数据可靠、计算可信、运行可控是云安全的主要需求与目标。随着网络空间安全上升为国家战略，这些问题直接影响着我国网络空间安全态势，严重制约了云计算的进一步发展、应用和普及，云平台安全保护成为各界关注的焦点和热点。然而，由于资源拥有者和使用者相分离，云计算既面临着恶意攻击、拒绝服务等外部安全威胁，又面临着严峻的非授权访问、监听、窥视等内部攻击，更需要注意的是，当前主流云计算技术仍然被国外垄断。云计算平台安全示意如图 18.1 所示。

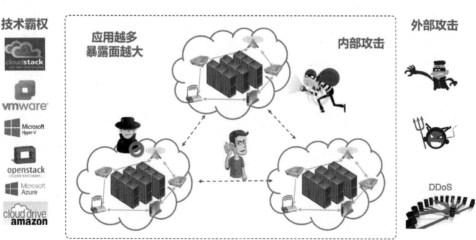

图 18.1　云计算平台安全威胁示意图

　　根据中国信息通信研究院发布的《中国私有云发展研究报告(2018)》，安全性和可控性依然是企业选择私有云最重要的因素。公有云由于其技术特点，敏感数据的安全性很大程度上依赖云服务商的信任可靠度，且更易遭受网络攻击，这与自主安全可控云计算产品的需求相违背。与公有云相比，私有云具有更高的灵活性、安全性和缩放性，本地部署私有云平台不仅具有硬件专用、支持定制化、方便系统迁移、充分利用原有 IT 资源等优势，还可以更好地支持企业内部管理系统和办公系统的应用。据 IDC 预测，到 2023 年，中国私有云 IT 基础架构支出将成为全球最大的市场。

　　现有私有云解决方案广泛存在着"不能用、不会用、不好用、不敢用"等许多问题。部分私有云基础功能不足，缺乏对虚拟云桌面等功能的支持，不能根据实际场景进行定制，缺乏对工作负载、使用率、流量和性能等的可视性，给云平台管理带来巨大的盲点，严重限制了"上云"政策的落地实施。部署安装烦琐复杂，OpenStack 等开源云平台，部署时间动辄数小时，且需要专业技术人员进行人工运维，缺乏完备的自动化运维系统，导致运维成本居高不下。通信及数据缺乏加密，数据冗余度低，没有可靠的安全防护体系，极易造成数据信息丢失泄露，导致灾难性的后果。

　　为此，作者所在的团队瞄准网络空间安全国家战略需求，立足学科前沿，坚持自主创新，依托国家"863"、"973"、国家自然科学基金、科技重大专项等项目，设计并实现了行业内最早基于容器化部署和管理的轻量级云计算平台——DragonStack 轻量级安全多域云平台，已在智能制造、军事国防、航空电子、智慧城市、金融科技电子政务等领域得到实施应用，如图 18.2 所示。

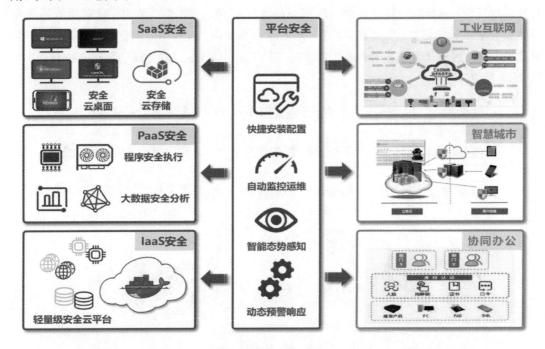

图 18.2　轻量级多域安全私有云解决方案示意图

18.1.1 DragonStack 系统设计思路

DragonStack 安全多域私有云计算平台提供多域间的存储、计算、网络等多种虚拟化资源与服务的管控，强调数据安全、计算安全和健康管理等特色能力，如图 18.3 所示。

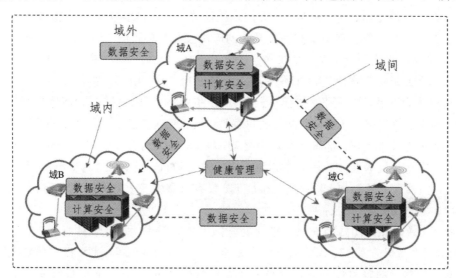

图 18.3 轻量级多域安全私有云架构设计思路示意图

首先，以保护数据安全为主线，解决当前云数据安全产品的分治化严重、普适性差、连续性弱等问题，根据云计算平台中数据所处位置的不同，形成覆盖域内、域间和域外的完整数据安全保护功能集。根据业务场景，将数据分为域内、域外和域间数据，分别使用不同的安全技术，达到让恶意攻击者或非授权用户见不着、得不到、看不懂的数据安全目标，如图 18.4 所示。

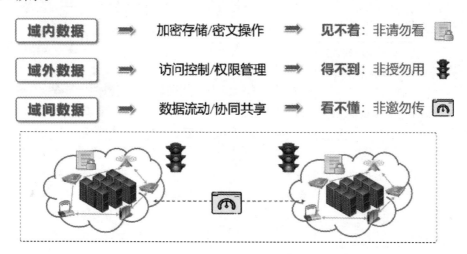

图 18.4 DragonStack 数据安全示意图

其次，以保护计算安全为主题，突破传统技术复杂度高、先危害后补救等困境，基于新型密码学原理和技术，设计开发具有主动防御机制的云脑安全计算组件，保护程序逻辑的机密性、计算过程的完整性、输出结果的完备性，实现不让人知道在做什么、不让人破坏程序执行、不让人篡改计算结果的目标。图 18.5 所示为提升新型的内部和外部安全威胁的防范效果。

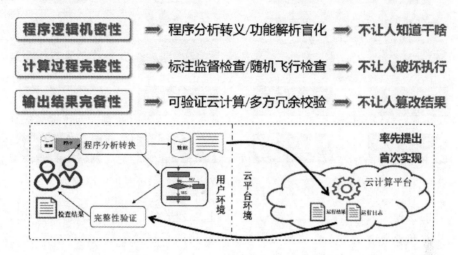

图 18.5 DragonStack 计算安全示意图

最后，以管理系统健康为主旨，克服现有云计算管理系统面临的部署配置繁复、监管响应滞后等问题，为用户提供友好易用的安装管理入口，实时对云脑平台进行全面体检和态势感知，智能化地分析安全风险和威胁，自动化地预警响应和动态处理，实现什么时候都能用、该是谁用时谁能用、什么人都会用的良好用户使用体验，如图 18.6 所示。

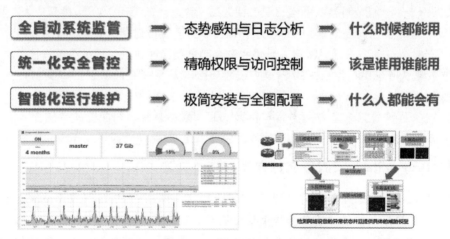

图 18.6 DragonStack 健康管理示意图

18.1.2 DragonStack 的主要功能特点

DragonStack 多域安全私有云轻量级解决方案具有一键式管控、一站式服务、一证化安全、全天候感知的特点，如图 18.7 所示。

"一键式"管控：DragonStack 是业界最早基于微服务架构设计和容器的云计算平台，支持多域部署的容器化安装模式，提供轻量级虚拟化资源管理控制方案，实现了基于差异

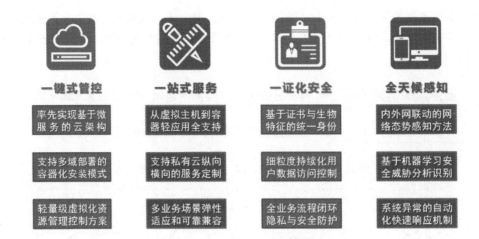

图 18.7 DragonStack 功能特点

化异构硬件的快速安装部署,相比传统 OpenStack 等云平台,实施速度和资源利用率更高。

针对中小企业业务场景多样化和应用类型多样化的双重复杂性,该项目支持一对一的个性化定制研发,最大程度精准匹配客户的需求。

基于内生安全和零信任安全的思想,该项目能够根据客户的特征,提供基于口令、生物特征、设备特征、数字证书等多种类型的标识、认证与访问控制,在应用闭环内,实现了对各参与实体的零感知安全监管。

基于实时状态和日志记录的智能感知,能够保证系统的自动安全运行和智能维护,降低了客户的使用门槛和成本。

相比主流的云厂商和安全厂商,该项目在特色安全功能和综合价格成本方面具有明显的优势。

技术上的特征对比分析,也表明该轻量级安全私有云更适合于中小企业客户。

18.2 功能展示

18.2.1 DragonStack 云服务交付方式

该项目的云服务交付方式为基础设施作为服务,即所谓的 IaaS(Infrastructure-as-a-Service)。在目前存在的三种基本交付模型及基于这三种交付模型的变种模型中,IaaS 是最简单的云计算交付模式,DragonStack 通过基于云服务提供的接口和工具,对底层的 IT 资源(如 CPU、内存、硬盘、网络等)进行监控和管理。以虚拟化的方式将这些 IT 资源展示在用户面前,通过这种方式,在资源扩展和基础设施的定制方面就变得非常简单。

该项目将对底层 IT 资源的管理和操控进行封装,允许云服务提供者对其资源配置和使用进行更高层次的操控,而无须了解底层资源是如何进行划分的。

18.2.2 DragonStack 平台管理功能示例

如图 18.8 所示,用户可以访问平台网站,输入个人信息进行注册,在网站首页点击上方导航栏虚拟云跳转至虚拟云服务，点击立即使用，进入申请页面。在虚拟云主机申请页面，选择要申请的地域、使用时间、安装方式、操作系统、内存、CPU、硬盘大小等，并设置虚拟机密码，选择完毕，点击立即申请。等待管理员对此申请进行审核。

图 18.8　虚拟机申请功能

在控制台界面用户可以看到自己所拥有的虚拟机相关配置，包括 CPU、内存、硬盘、所在地域、局域网 IP、公网连接端口、创建时间、虚拟机当前状态等信息，如图 18.9 所示。

图 18.9　虚拟机管理功能

勾选虚拟机后，在内网环境下点击立即使用，可通过 noVNC 以网页形式进行连接操作。

如图 18.10 所示，在控制台中，可以点击修改配置并输入新配置信息进行虚拟机配置修改，点击提交配置按钮，等待管理员审核。审核通过后，将重启虚拟机，新的 CPU 及内存配置生效。若申请更大硬盘空间，则需要审核通过后手动挂载或分区。

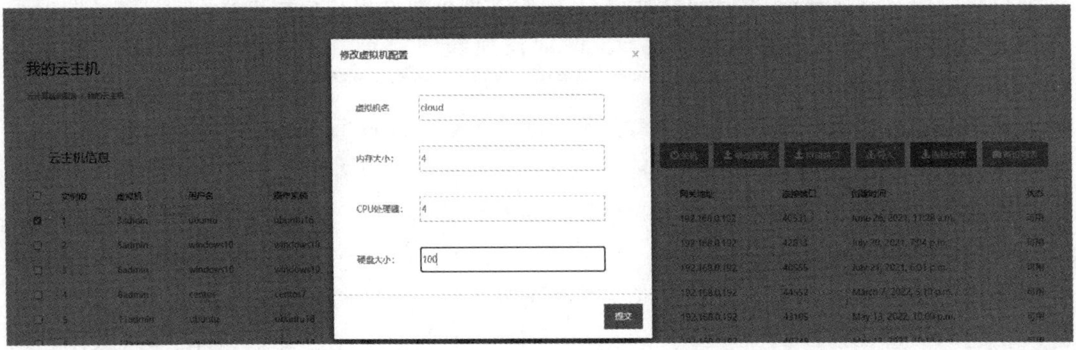

图 18.10　虚拟机配置修改

平台管理员可以通过管理员账户进入后台，管理域管理-添加域-输入地域网关等相关信息，如图 18.11 所示。

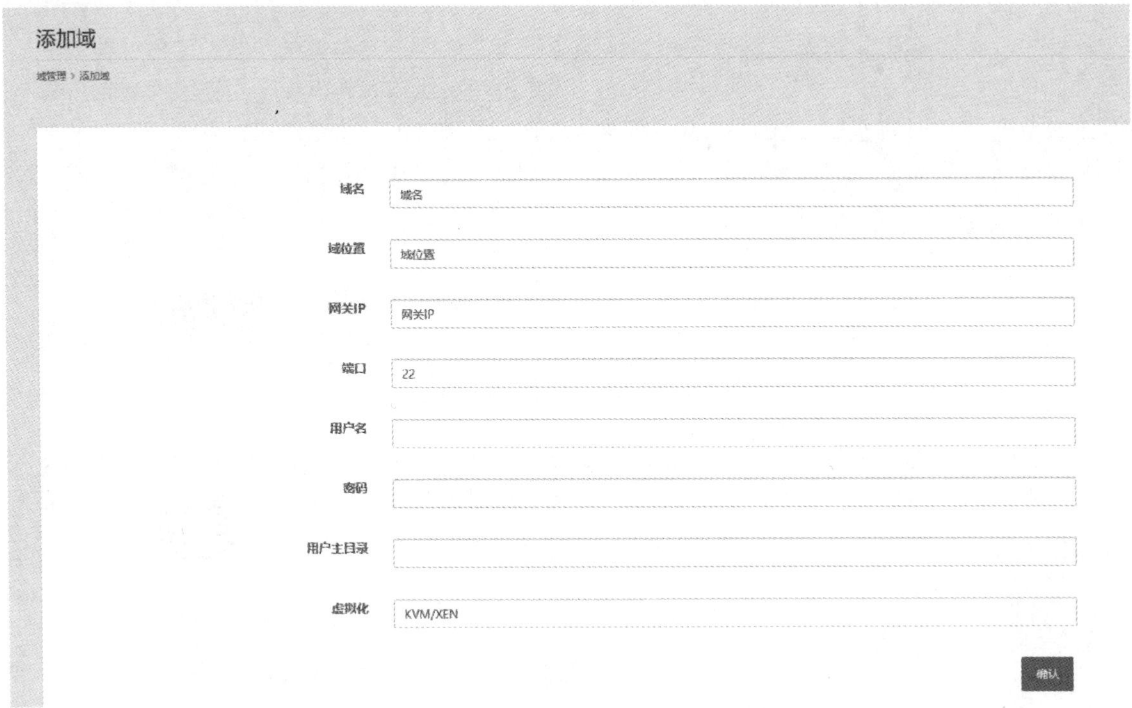

图 18.11　添加域

在后台管理页面，点击虚拟机审核，显示正在申请的虚拟机配置，点击同意或拒绝进行审核。如点击同意，系统会提示审核成功，如图 18.12 所示。

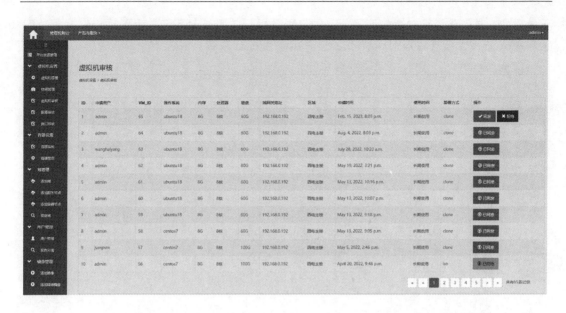

图 18.12　虚拟机审核功能

在后台管理界面，点击虚拟机管理，显示目前现存的所有虚拟机信息，运维人员可以对所有虚拟机进行管理操作，包含回收和备份，如图 18.13 所示。

图 18.13　虚拟机审核功能

点击用户管理按钮，显示所有用户的数据，并且能够点击删除，将用户删除。但是，如果此用户还在使用虚拟机等服务，是无法直接删除的，需要将此用户的所有使用的服务删除，然后，才能删除此用户，如图 18.14 所示。

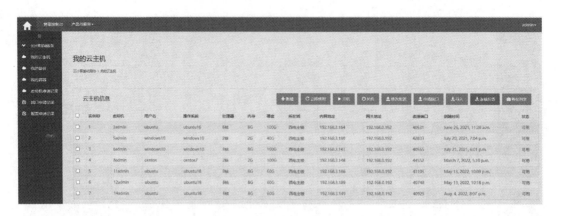

图 18.14　用户资源管理功能

参 考 文 献

[1] 任永杰，程舟. KVM 实战[M]. 北京：机械工业出版社，2019.

[2] 浙江大学 SEL 实验室. Docker 容器与容器云[M]. 北京：人民邮电出版社，2016.

[3] 英特尔亚太研发有限公司. OpenStack 设计与实现[M]. 北京：电子工业出版社，2020.

[4] 李强. QEMU/KVM 源码解析与应用[M]. 北京：机械工业出版社，2020.

[5] 林闯，苏文博，孟坤. 云计算安全：架构、机制与模型评价[J]. 北京：计算机学报，2013，36(9)：1765 - 1784.

[6] 陈驰，于晶，马红霞. 云计算安全[M]. 北京：电子工业出版社，2020.

[7] 林康平，王磊. 云计算技术[M]. 北京：人民邮电出版社，2017.

[8] 肖红跃，张文科，刘桂芬. 云计算安全需求综述[J]. 成都：信息安全与通信保密，2012(11)：28 - 30，34.

[9] KINDERVAG J. Build security into your network's DNA：the zero trust network architecture[J]. Forrester Research Inc，2010：1 - 26.

[10] WARD R，BEYER B. BeyondCorp：A new approach to enterprise security[J]. login：2014，6(36)：6 - 14.

[11] DECUSATIS C，LIENGTIRAPHAN P，SAGER A，et al. Implementing zero trust cloud networks with transport access control and first packet authentication[C]// IEEE International Conference on Smart Cloud，2016：5 - 10.

[12] ZIMMER B. LISA：A practical zero trust architecture[R]. USENIX Enigma，2018.

[13] SAMANIEGO M，DETERS R. Zero-trust hierarchical management in IoT[C]// IEEE International Congress on Internet of Things，2018：88 - 95.

[14] TAO Y，LEI Z，PENG R. Fine-grained big data security method based on zero trust model[C]// IEEE 24th International Conference on Parallel and Distributed Systems，2018：1040 - 1045.

[15] AHMED I，NAHAR T，URMI S S，et al. Protection of sensitive data in zero trust model [C]// Proceedings of the International Conference on Computing Advancements，2020：1 - 5.

[16] 中华人民共和国国务院新闻办公室网站. 我国加快实现网络"内生安全"[EB/OL]. http://www. scio. gov. cn/xwfbh/xwbfbh/wqfbh/39595/41492/xgbd41499/Document/1662814/1662814. htm，2019 - 08 - 27.

[17] 经济参考网. 奇安信内生安全框架力争"主动免疫"[EB/OL]. http://www. jjckb. cn/2020-08/13/c_139286625. htm，2020 - 08 - 13.

［18］ 刘杨，李珺，陈文韵. 面向6G的雾无线接入网内生安全数据共享机制研究［J］. 北京：通信学报，2021，42(1)：67 - 78.

［19］ ATENIESE G，BURNS R，CURTMOLA R，et al. Provable data possession at untrusted stores［C］//Proceedings of the 14th ACM conference on Computer and communications security. 2007：598 - 609.

［20］ SAHAI A，WATERS B. Fuzzy identity-based encryption［C］//Annual international conference on the theory and applications of cryptographic techniques. Springer，Berlin，Heidelberg，2005：457 - 473.

［21］ GENTRY C. Fully homomorphic encryption using ideal lattices［C］//Proceedings of the forty-first annual ACM symposium on Theory of computing. 2009：169 - 178.

［22］ SHAMIR A. How to share a secret［J］. Communications of the ACM，1979，22(11)：612 - 613.

［23］ BLAKLEY G R. Safeguarding cryptographic keys［C］//Managing Requirements Knowledge，International Workshop on. IEEE Computer Society，1979：313 - 313.

［24］ 王博. 基于神经网络的云计算程序逻辑混淆方法研究［D］. 西安：西安电子科技大学，2020.

［25］ GENNARO R，GENTRY C，PARNO B. Non-interactive verifiable computing：Outsourcing computation to untrusted workers ［C］//Annual Cryptology Conference. Springer，Berlin，Heidelberg，2010：465 - 482.

［26］ BASS M T，BRIEFING C. CC2 and Cyberspace Situational Awareness［J］. 1999.

［27］ CORTES C，VAPNIK V. Support-vector networks［J］. Machine learning，1995，20(3)：273 - 297.

［28］ ENDSLEY M R. Toward a theory of situation awareness in dynamic systems［J］. Human factors，1995，37(1)：32 - 64.